# 草の根の中国

村落ガバナンスと資源循環

田原史起――［著］

Grassroots China
Village Governance and Resource Circulation

東京大学出版会

Grassroots China:
Village Governance and Resource Circulation
Fumiki TAHARA
University of Tokyo Press, 2019
ISBN978-4-13-030212-8

# 目次

序章　草の根から中国を理解する……1
第一章　「譲らない」理由……11
——農民の行動ロジックの変遷——
はじめに　11
第一節　「日常的抵抗」の時代　12
第二節　出稼ぎ経済の浸透　16
第三節　抵抗から権益主張へ　23
むすび　35
第二章　「つながり」から「まとまり」へ……37
——村落ガバナンスとその資源——
はじめに　37

第一節　村　落　38
第二節　ガバナンス　48
第三節　資　源　58
むすび　71
第三章　社会主義農村の優等生……73
――山東果村――
はじめに　73
第一節　農家経済とコミュニティ　74
第二節　灌漑ガバナンス　84
第三節　飲水ガバナンス　98
第四節　定期市ガバナンス　99
むすび　102
第四章　出稼ぎと公共生活の簡略化……107
――江西花村――
はじめに　107
第一節　農家経済とコミュニティ　108

第二節　簡略化されるガバナンス　112
第三節　道路ガバナンス　119
第四節　「つながり」ベースと「まとまり」ベース　129
むすび　133

第五章　人材流出と資源獲得……135
——貴州石村——
はじめに　135
第一節　農家経済とコミュニティ　136
第二節　道路ガバナンス　141
第三節　教育ガバナンス　144
第四節　埋葬ガバナンス　149
第五節　文化ガバナンス　152
むすび　155

第六章　小さな資源の地域内循環……157
——甘粛麦村——
はじめに　157

第一節　農家経済とコミュニティ　158
第二節　人民公社期のガバナンス　163
第三節　道路ガバナンス　169
第四節　宗教ガバナンス　174
第五節　飲水ガバナンス　181
第六節　「資源」としての人民公社時代　183
むすび　192
第七章　比較村落ガバナンス論……195
はじめに　195
第一節　領域間比較　195
第二節　地域間比較　204
第三節　資源循環モデル　215
むすび　223
終　章　草の根からの啓示……227
はじめに　227
第一節　村落ガバナンスの先進諸国　228

第二節　「つながり」と「まとまり」のコントラスト　232
第三節　「公平さ」のダブル・スタンダード　234
第四節　脱政治化　238
むすび　241
注　243
あとがき　275
参考文献　ix
索　引　i

# 序章　草の根から中国を理解する

分け入っても分け入っても青い山――。

中国社会をイメージで理解しようとする時、筆者の脳裏には放浪の俳人、種田山頭火（一八八二―一九四〇）の有名な句が思い浮かぶ。草をかき分け、藪だらけの小径を縫うように、山奥深くに入り込んでいく。その先に何があるのか。「分け入っても分け入っても」まだ、たどり着けない。人が住んでいるはずなのだが、底辺の部分がなかなか見えてこない。

中国は懐が深く、奥行きのある社会である。目の前に見えているのは社会の表面、そのごく一部かもしれない。北京や上海から飛行機で中国に入国した外国人の目にまず映るのは、発展を遂げた大都市とそこに暮らす都市市民の姿である。ここまでは数時間で、あっという間にたどり着ける。大都市市民の生活ぶりは、彼らの方がややリッチで流行に目ざとい点を除けば、私たちのものと何の変りもないものと映る。

もう一歩、分け入ってみる。西安や成都など内陸の地方大都市や、各省の省都レベルの都市、たとえば済南（山東省）、南昌（江西省）、蘭州（甘粛省）、貴陽（貴州省）などを仕事や観光で訪れる外国人も少なくないだろう。だがさらに分け入って、もっと小さな都市、中国語で「地区級市」と呼ばれる地区の中心地である煙台（山東省）、上饒（江西省）、天水（甘粛省）、興義（貴州省）などの都市となると、そこに足を踏み入れるどころか、中国に関心のある人でも耳にしたことがない都市名が混じってくるはずである。

さらに、より下のレベルには、全国に二〇〇〇ほどある、中国社会の「細胞」といってもよい、「県」と呼ばれる地方行政単位が広がっている（「〇〇市」と呼ばれる「県級市」も含む）。ここに至っては、特段の事情がない限りは外国人が訪問することもなく、多くの人々にとっては「どこかの田舎」程度の意識しかもつことのできない世界であろう。ところが実際、この「県」の範囲には大雑把に見積もって中国の人口の約七割の一〇億人が生活しているのである。私たち海外の市民は、よほどのことがない限りこの「県域」の住民と直接的に接触するチャンスはない。近年、急増している来日中国人[(1)]の中で、中国の国土の大部分を占める「県域」住民はかなりの少数派であろう。大多数の訪日者は、大・中都市を中心とする四億人の中からやって来るのである。

さて、平均的な「県」の人口規模は約五〇万人といったところだろう。各県の中心には「県城」と呼ばれる小都市があり、これが中国で「都市」（城市）と呼ばれる最末端となる。しかし、ここまで分け入ってもまだ先がある。むしろそこからが本番といってよい。県城の周辺に広がっている広大な農地や山林、河川、湖沼、荒れ地、その所々に点在する集落を含む地域が「農村」である。都市が「点」であるとすれば、周囲に広がる農村は「面」であるといえる。そこに暮らしているのが、本書の主人公である「農民」である。

歴史のある人口大国であるがゆえのこの懐の深さと奥行きは、それ自体が、中国社会の基本的特徴として私たちが銘記しておくべき事柄である。すなわち真っ先に目に付きやすい地域や現象の背後には、より目立ちにくく広大な後背地が何層にも重なって控えている、という点を折に触れて思い出す必要がある。

ところが実際には、草の根の農村の生活は、そもそも外部者が「分け入って」いくこと自体のハードルが高いうえに、社会の実態を公開したがらない一党制の問題もあり、様々なバイアスや情報操作により実態が分からなくなってしまう。海外や大都市と、グラス・ルーツの間には空間的・社会的な距離と、ある種の亀裂が横たわっている。海外に暮らす日本人はもとより、中国国内の大都市住民においても、農村への理解や共感は圧倒的に不足したままである。ステレオ・タイプの「農村問題」は巷に溢れているが、中国農村の暮らしへの等身大の理解は欠如したままである。

以上のような問題意識のもとに、本書は主として二つの読者層を意識して書かれている。一つは、日本の中国研究、海外農村社会の研究者や、あるいはもっといえば、日本国内のより広範な一般読者に対してである。すでに明らかなように、中国農村部の実態は、都市の経済発展や政治・外交の動向に比べると、どう贔屓目に見ても、馴染みが深いとはいえない。本書の立場は、できるだけ等身大の中国農村の姿を伝えたいということである。従来の中国認識や中国研究に一番欠けていたのは、社会の最末端にありつつ人口の大部分を占めてきた農民に対する学問的考察や内在的理解だったと思うからである。戦後の長い期間、中国農村でのフィールド・ワークの機会自体が大きな制限のもとにあったことからすれば、いわばやむを得ないこととはいえ、中国をめぐる学知は、政府側の代表者や高級知識人の世界観に軸足を置きすぎていたし、置かざるを得なかったといえる。農村や農民に関する学知は、その社会全体に占める比重の大きさとはアンバランスに、常に周縁部に追いやられてきた。

とはいうものの、いままで中国農民に関する研究が皆無であったわけではない。それどころか、改革開放後に解禁された――依然として種々の制約が付きまとう――中国農村でのフィールド・ワークに基づく研究で、単行本として刊行されているものに限っても、相当数に上る(2)。しかし問題は、こうした中国農村に関する良心的な学知の蓄積はほとんど日本の一般読者・市民には伝わっていかず、日本社会の知的財産としては活かされていないことである。

情報の偏りにはいくつかの原因がある。その一つは、メディアを含めた中国論が「発展の裏側に取り残された悲惨な農村」イメージや、「点」の部分で生じる貧困、暴動、陳情、そして地方・末端幹部の腐敗、土地収用をめぐる衝突、などの目立った現象や事件をセンセーショナルに、かつ針小棒大に伝えようとする傾向をもつことである。これらの報道はすべて事実であるかもしれないが、その反面、懐が深い社会で矛盾が集中した「点」であることも忘れてはならない。これらの「点」をとっかかりとして、その背後にある構造的要因を探るのであればメリットもあるが、しかし「点」の現象をもって農村の全体状況を推し量るのは大変に危険である。

二つ目は、農村問題というとすぐに「都市部と農村部の（経済的）格差」の問題としてフレーミングされてしまう点である。確かに、統計上、近年の中国の都市住民と農村住民の間には二～三倍の収入格差が存在してきたのは間違いない（Naughton 2018: 142-148）。見過ごされがちなのは、この格差は国民経済が高度成長する中での格差だということである。農村の貧困についていえば、農民負担をめぐる衝突が大きな問題となっていた一九九〇年代ならいざ知らず、「三農」（農業、農民、農村）に傾斜した優遇策がとられた胡錦濤政権期（二〇〇〇年代）の一〇年を経た現在、メディアが好んで伝えたがる「悲惨な農村」イメージはどう見ても実態にそぐわなくなっている。地元での就業機会の多い沿海部（東部）の農村はいうまでもなく、内陸部（中部・西部）の農民たちも、出稼ぎの収入によって確実に生活ぶりを向上させているからである。本書でみていくように、農村住民が何らかの不満を抱くのは、多くの場合、身近な隣人と自らを引き比べて「不公平だ」と感じた時である。対照的に、都市は憧れの対象ではあっても引き比べの対象ではなく、ましてや不満をぶつける対象ではない。

三つ目の問題は、これもまた中国の「懐の深さ」ゆえに、農村の現場ではなく、都市部での「農民工」（出稼ぎ農民）ばかりが、それも沿海部大都市の労働現場での彼ら／彼女らの姿ばかりが、多少の同情も入り交じりつつ、不釣り合いにクローズ・アップされる傾向である(3)。多くの農民工に関する報道や研究には、彼ら／彼女らを出身地の農村との関係も含めてトータルに理解する視点が欠けている。また農民工の出身地に注目する場合も、ほとんどが「留守児童」問題との絡みにおいてである(4)。

こうして本書の第一の目的は、中国農村を色眼鏡やプリズムを通してではなく、直接、自分の目で見、その等身大の姿を浮き彫りにすることである。そのために筆者自身が近年来、フィールド・ワークで得た情報、それも研究の手薄であった内陸部農村を主としたミクロ・データをもとに考えていく。筆者はここ二〇年来、農村に住む友人たちに会うために、幾度となく「分け入っても分け入っても」を繰り返してきた。中国の農民が何を考え、どういう論理で行動しているのか、現実の暮らしの中でどういう困難に突き当たり、どのようにそれらの問題を解決しているのかを見出したいと思ってきた。その結果たどり着いた一つの理解の枠組みが、本書が副題に掲げた「村落ガバナンス」である。

もう一つの読者層としては、主として中国国内で活発に展開されている中国農村研究や、もっと一般的に途上国農村社会の研究の世界である。筆者には、ますます精緻に、学術的になってきた農村研究に一石を投じたい思いがある。それは単純なことであるが、学術的研究に「暮らし」の視点、あるいは当事者（＝農村住民）の目線を持ち込むことである。この目標はあまりに平凡であるかもしれない。しかし、外国社会の研究をめぐる現状は、学術的な研究を目指すあまりに、意外にも住民の実際の「暮らし」からずいぶんと乖離してきたようにもみえる。特に中国農村の研究に関しては、特殊な事情もある。胡錦濤政権以来、「三農」問題は中国中央政府が最も重視する内政領域となり、中国の来し方行く末を論ずるうえで、農村問題は最大の焦点である。よって、中国の政策担当者のみならず、天下国家を論ずる士大夫たる知識人・研究者にとり農村問題は正に「ど真ん中」のテーマとなったのである。こうした状況は、海外にいる私たちが中国の農村問題と聞くと、政治経済や外交問題に比して特殊で周縁的な領域と見なしがちであることを考えると、そこには目もくらむような落差がある。しかし一方で、農村をみる中国国内の研究者の目線は、それが天下国家の問題であるがゆえに、無意識のうちに「発展」や「民主」など、農村社会にとり外在的な基準――ここでは「プリズム」と呼んでおく――によって屈折させられがちなのである。

まず「発展」のプリズムである。改革以降の中国においては、経済の発展は「固い道理」であり、信仰の対象でさえある。中国国内の文脈では、農村問題とは究極的には農村の経済発展の立ち遅れの問題であり、都市部との「格差」の問題として認識される。如何に農村を発展させるか？　発展がすべてを解決する、という考え方は――そこには一面の真理もあろうが――非常に普遍的である。農村の経済発展のためには、農村社会の安定が不可欠である。そこで、近年に至っては、発展のため地域社会の安定を保障しようする一連の活動――「維穏」（安定を維持する）と総称される――が地方政府の重要課題となり、膨大なコストをかけて実施される。それはある地域において「維穏」が失敗すれば、自動的に発展も水泡に帰す、という事情に関わっている（樊 二〇一三）。「ガバナンス」の概念は中国語では「治理」と表現されるが、その語感は、「発展のための安定確保を目指す上からの取り組み」、というニュアンスを色濃く帯びてくる。(5) 実証的なデータで農村ガバナンス研究を行う中国国内の研究者たちも、「如何にして農村経済を発展させるか」あるいは「経済発展のために望ましい環境を作るために、如何にして民衆の不満・もめごとを抑えるか」という政府サイドの問題関心から無縁ではありえない。

次に「民主」のプリズムである。国内の農村をみる際、「発展」とならぶ研究者のもう一つの価値基準は、農村社会における民主的要素の重視であった。一九九〇年代、中国知識人の誰もが多少なりとも国内農村の研究に手を出したのは、当時は新鮮なまなざしで迎えられた「村民自治」や「民主選挙」が、国内政治社会全体の民主化の試金石として彼ら／彼女らの心を捉えたためである。(6) その後、一時の熱狂はかなり冷めてきたものの、農村の現実を「民主」からの距離によって位置づける傾向は、今なお、多くの研究者の叙述の中にその痕跡を認めることができる。それは、ものごとの処理において、①リーダーの個人的要素が突出するのは望ましくない、および、その裏返しとして、②一般村民の参加度が高い方が好ましい、という二つの暗黙の前提に立ち、現実の農村ガバナンスを評価する傾向を生んだ。

経済発展すべき、あるいは民主的たるべき、というのはある種の「健康観」である。それらは農村外部の人々が——善意からであれ——勝手に持ち込んだ願望に過ぎない。ともあれ、こうした健康観を尺度とした結果、中国の農村ガバナンス研究は、とりわけ農業諸税の徴収が廃止された二〇〇六年以降の「ポスト税費時代」(7) の基層ガバナンスの苦境の説明に関心を集中させることになった。狄金華（狄 二〇一五：一一―一二）は次のように総括する。

> 農業税廃止以降の農村ガバナンスを扱った最近の多くの著作は、多少なりとも、このポスト税費時代に現れたガバナンスの苦境について強調してきた。すなわち、陳情数の増加、暴力を伴う集団的な抗議行動（群体性事件）の増加、説得に応じない頑固な世帯（釘子戸）の扱い、公共インフラ・公共サービス提供の停滞、社会治安・風紀の悪化（灰色化）などである。

総じて、経済発展からも、民主化からも、現在の農村は隔たっており、危機に瀕している、とする見方が、中国農村研究の主流をなしているようである。

本書の目標の二つ目は、農村の現状と未来に、いささかの「希望」を見出せる視点の提出である。希望なくして人は生きられない。村という社会にしても同じである。筆者は、ここに述べたような中国国内の研究動向が、仮に深い憂国の思いから発しているとしても、農村社会が蓄えてきた可能性を見えなくさせ、「永遠のないものねだり」に終始してしまうことを懸念する。経済発展が大事だからといって、中国のすべての村が「スーパー・ビレッジ」として名高い南街村（河南省）や華西村（江蘇省）を目指せるのかといえば、そんなことはそもそも不可能だし、目指す必要もない(8)。また、農村住民にとって重要なのは当面の問題が解決されることであって、それがいわゆる民主的な手続きで行われるかどうかは副次的なことであるはずだ。「発展」や「民主」など、研究者の問題関心から農村生活の特定の部分を切り取ってしまうのでなく、あくまでそこに生活するものが何を求めており、どのような困難に直面しているのか、住民自身がそれを実際にどのように解決しているのか、という視点からアプローチすべきだろう。この作業を通じ、農村社会に「ないもの」「失われたもの」を探すのではなく、「あるもの」すなわちまだ農村に残されており、現地の人々の生活にとり有用な、小さな資源が再発見されることになる。本文で明らかとなるように、ガバナンス資源の循環という視角そのものが、「希望」を導くことのできる分析枠組みとなっている。

以下、次章以下の本書の構成について述べる。

「第一章『譲らない』理由」では、中国農村が辿ってきた歴史をコンパクトな形で理解する。その意図は、二一世紀現在の村落ガバナンスの主要アクターである、中国の農民の行動ロジックを、彼ら／彼女らが置かれてきた環境の変化から理解することにある。とりわけ、中国の小農を取り巻いていた「リスク」と、農民たちがそれに対処していくための物理的・社会的な「資源」の多寡に注目し、ポスト税費時代の農民の行動ロジックを、身近な他者との引き比べにより自己の

**図 0-1 本書の事例村の位置**

出所）筆者作成

行動を決定する「他律的合理性」の概念のもとに位置づける。

「第二章 『つながり』から『まとまり』へ」では、近年、中国農村に関して蓄積されてきた中国内外の研究成果を踏まえたうえで、本書全体に関わるフレーム・ワークを提示する。まず、本書の主たる舞台である「村落」という地域社会につき基本的な知識を獲得する。次に、農村社会というものを動態的に理解するうえで、住民による問題解決の取り組みを主軸とした「ガバナンス」のフレームが有効であることを示し、さらに個別具体的な「領域」からガバナンスをみることの重要性を強調する。そのあとで、ガバナンスに用いられる各種の「資源」についても基本的な分類枠組みを提示する。

第三章から第六章までが、筆者自身のフィールド・ワークに基づく、四地域の四村における実際のガバナンス過程のケース・スタディである。[9]「第三章 社会主義農村の優等生」では、中国農村全体の中では経済的に発展した東部の、しかも南＝北の区別でいえば北方農村に属する山東省の果村を取り上げる。同村では、農地の灌漑、飲水の確保、定期市の整備などが村民生活の関心事となってきた。人民公社時代から形成・蓄積された「集団経済」が、これら現在の村ガバナンスの中核をなしている点から、同村の事例は社会主義の経験が首尾よく現在にまで継承された中国村落の「プロトタイプ」（原型）として位置づけられる。

もっとも、誰もが優等生であるクラスが存在しないように、果村のような村は中国農村全体の中では少数派に属す。ここから、第五、六、七章においては、経済的には相対的に未発展である内陸一般農村にフォーカスしていく。「第四章　出稼ぎと公共生活の簡略化」は、出稼ぎ者を多く輩出する内陸農村を代表する江西省の花村を事例とする。出稼ぎによる人材の流出が、旧来、存在していたガバナンス項目を簡略化させているとみる。そうした中で、現地の村民が最も関心をもってきた道路建設問題をめぐる、ここ一〇年ほどの動きを中心にたどってみる。特に注目されるのは、出稼ぎによる住民の流出や政府のプロジェクト資金の動向により、道路ガバナンスが簡略化されたり、途切れたり、紆余曲折を経つつ目的実現に向かって螺旋状に進んでいく様である。

「第五章　人材流出と資源獲得」では、花村と同様に中国南部に属しつつも、地理的条件のより過酷な山岳地帯に位置する貴州省の石村に舞台を移す。一人あたりの農地面積もより少なく、交通が不便で現地での就業機会も少ないため、出稼ぎによる人材流出度合いも花村よりさらに高くなっている。このようなコミュニティのガバナンスは如何にして展開されうるのかを、埋葬、道路、初等教育のイシューから探ってみたい。石村のガバナンスをみるうえでは、いったんコミュニティから流出した相対的に高学歴の人材が引き込む「外部資源」がポイントとなる。

「第六章　小さな資源の地域内循環」の舞台は、中国西北部、石村同様の山岳地帯に属する甘粛省の麦村である。この章では、一般には資源に乏しく停滞したイメージで捉えられる西北部のコミュニティで、人民公社期以来、誰が、いかなる資源を用いて、農田、山林、初等教育、道路、宗教、飲水など各種のガバナンスを展開してきたかを描く。素朴な生活を守る麦村村民の営みは、時として他者との引き比べによる紛糾を生じさせつつも、現地のガバナンス資源が自然や文化と一体となって、緩やかに循環していることを示してくれる。

「第七章　比較村落ガバナンス論」では、ここまでの考察を踏まえた比較分析を行う。第一に、ガバナンスの領域ごとの比較である。ケース・スタディで論じた事例を、「つながり」ベースと「まとまり」ベースに、「生態領域」と「象徴領域」を掛け合わせた四象限に位置づける。そのうえで、とりわけ「まとまりベース」×「生態領域」のガバナンスが困難に陥りやすく、外部資源への依存が進んでいる点を示す。そのうえで第二に、東・中・西と南・北の軸に沿って、地域ごとのガバナンスの比較から、相対的に優勢な資源について考察する。第三に、各地域の比較を踏まえた中国農村ガバナンスの一般的な法則性を探り、「資源循環モデル」として提示する。

「終章　草の根からの啓示」では、中国に特化してきたここまでの議論を、一歩引いた目線から再整理する。同じユーラシアの地域大国であるロシア、インドの農村社会との比較により、空間軸を用いて現代中国農村の普遍性と特殊性を理解する。中国農村の特殊性について最終的に浮かび上がってくるのが、①「つながり」と「まとまり」のコントラスト、②「公平さ」のダブル・スタンダード、③脱政治化、の三点である。この三点は、これまでの中国研究が概ね自覚してこなかった中国（農村）社会の特質といえる。最後に、「村落ガバナンス」の発見が日本社会に暮らすわたしたちに対して持ちうるインプリケーションについても触れることにしたい。

# 第一章 「譲らない」理由
## ――農民の行動ロジックの変遷――

### はじめに

私たちがこれから分け入っていこうとする、中国の農村はどのような過去をもっているのだろうか。この章ではそれをコンパクトな形で提示したい。歴史を理解することの意図は、二一世紀現在の村落ガバナンスの主要アクターである、中国の農民の行動ロジックを、彼ら／彼女らが置かれてきた環境から理解することにある。その際にただ漫然と歴史を記述するのではなく、とりわけ、中国の小農を取り巻いていた「リスク」と、彼らがそれに対処していくための物理的、社会的な「資源」(1)の状況に注目してみたい。まずは、読者の理解を助けるために、中国農村のあゆみを思い切って要約した年表を掲げておこう［表1－1］。

前近代から近代にかけての中国は、しばしば自然災害の猛威と戦乱の影響で、人口が大幅に変動することもあるような、日本などと比較しても想像を絶するほどの「リスク社会」であったといってもよい(2)。他方、相対的に閉鎖的な経済システムの中に農民たちが生きていた前近代、リスクに対処するための物理的な資源は、ほぼ土地＝農地に限定されていた。費孝通らが指摘する通り、コミュニティの農地というパイが変化しない状況下で個別農民が私的な発展を追求しようとすれば、他の成員の取り分を奪うことにつながってしまう。こうした状況下では、農民はたとえ労働力が余っていても必要以上に働かず、現状に満足（contentment）することを貴ぶようになる（Fei and Chang 1945: 81-84）。政府は農村から最低限

**表 1-1 中国農村のあゆみ**

| 年 代 | 出 来 事 |
|---|---|
| 前近代から清末 | 自然災害，戦乱の頻発 |
| 清末～中華民国期 | 県以下への行政的浸透の試み，保甲制導入 |
| 1940 年代後半～1950 年代初頭 | 土地改革 |
| 1955 年 | 農業集団化 |
| 1958 年 | 大躍進政策推進，人民公社制度導入 |
| 1959 年 | 戸籍制度導入 |
| 1959～60 年 | 大躍進の失敗により全国農村に飢餓発生 |
| 1962 年 | 人民公社制度完成 |
| 1960～70 年代 | 都市＝農村二元構造の形成／<br>農村で「自力更生」のガバナンス展開 |
| 1980 年代初頭 | 人民公社解体，農地使用権の平均分配 |
| 1987 年 | 村民自治制度導入 |
| 1990 年代 | 農民負担問題の深刻化 |
| 1990 年代後半～2005 年 | 税費改革実施 |
| 2000 年前後 | 内陸部を中心に「村民総出稼ぎ時代」到来 |
| 2006 年 | 農業税全廃，「ポスト税費時代」到来 |
| 2012 年 | 十八回党大会，都市・農村発展一体化政策の展開 |

出所）筆者作成

の資源調達を行おうとしたが、それは後の段階に比べればよほど緩やかなものであった。むしろ、自然災害と戦乱、飢饉に向き合って、「人民を飢えさせない」ことが歴代王朝の統治の正当性の根幹であった（白石 二〇〇五：二〇五）。

以上の条件下での農民の行動原理は、主として自然環境を相手どり、災害や不作に対応する生存維持・リスク削減ロジックであった。

以下、第一節では、一九九〇年代後半に至るまでの中国農民の行動ロジックを理解するために、J・スコットが「日常的抵抗」（everyday forms of resistance）と呼んだようなフレームが有効であった点を示す。そのうえで、第二節では、二〇〇〇年代の農民の行動を大きく変化させることになった「出稼ぎ経済」現象について説明する。第三節では二〇〇六年以降の「ポスト税費時代」に至って、従前のリスクと資源の関係が大きく変化した点を示す。

## 第一節 「日常的抵抗」の時代

政治学者・人類学者のJ・スコットの指摘する通り、小農の生活は自然環境や政治権力に向き合った際の不安定さ、すなわちリスクへの対処ということを第一に考えざるを得なかった（Scott 1976=1999: chap. 2)。他方、リスクに対処するための資源は歴史上の長期間にわたって、極めて有限なものでもあった。その意味で、コミュニティの人間関係に保険を掛けたり、パトロンの庇護を求めたりすることが必要となった。パトロンは有力な郷紳である場合や、また大家族制度（＝父系血縁集団である宗族）が貧者救済などの社会福祉機能を担うこともあった（Fei and Chang 1945: 54-56)。

清末から民国期にかけていわゆる近代化が開始される時期においては、統治機構の整備や工業化、そして特に抗日戦争（一九三七―一九四五）を支えるために、国家による農村資源調達の圧力が加わった。中華民国初期はいわゆる「軍閥混戦」の時代であり、社会の混乱により匪賊の跋扈が進み、自らの生命と安全を守るため、地域住民が自らの安全をもとめて結束する「防衛ガバナンス」の必要性が高まった[3]。南京国民政府時期に入ってからは、農村からの資源調達のために、県レベル以下への行政的浸透が試みられた。農民の側からすれば、従来からの自然災害に加え、戦争遂行のための政治権力による徴税・徴兵にも対処していく必要が生じた[4]。こうした環境下での農民の行動原理は、自然のみならず政治権力・社会勢力をも相手どった生存維持・リスク削減ロジックが前面に出てくる。

本書の事例の一つである甘粛省の麦村（第六章）に即して、この点を跡付けてみよう。建国前の状況に関し、麦村村民の記憶は概ね曖昧であったが、多くの村民が国民党による壮丁の徴発について回顧していた。一九八〇年代に村長を務めたある人物によれば、一九四九年の建国前の社会は非常に混乱しており、国民党の哨兵が壮丁を徴発し、一三歳の少年までもが徴集された。また村民の何有銘によれば、長兄が軍の徴集を逃れるために人口希薄な地域に逃亡し、数年間戻ってこなかったが、麦村に戻る途中で腹痛を起こし、死亡した。何の次兄も徴集された。一九三二年生まれ、元支部書記の林世傑は貧農家庭に育ったが、四兄弟の中で唯一、身体が壮健であった長兄は徴兵を逃れるために近隣の宕昌県で商売をしていたという。当時、西和県で徴兵を担当した張廷哲の回想によれば、「徴兵の対象となった者は万策を尽くしてこれを逃れようとしたので、保甲長[5]は保丁[6]を率いて徴発を行い、人心は荒れてただならぬ気配が立ち込めた。自らの右手人差し指を切り落としてまで徴兵を逃れようとする者も出た。家を離れて就学するのも徴兵逃れの一つだった。一部の富裕な者は金で人を雇って徴兵の身代わりにした」(張廷哲 一九九六:五四)という。政府の権力に表立って抵抗する選択肢があり得ない中で、ギリギリの方策として逃亡、自傷行為、就学、身代わりなどが農民の日常的抵抗をなしていたことがわかる。

生存すれすれの水準、スコットの比喩を使えば「首まで水につかりながら」、パトロンにかけた「保険」や日常的抵抗にも関わらず、ついには溺れてしまう農民が多く出た。麦村が位置している甘粛省の人口は一九二六年以来、飢饉と内乱と匪賊とチフスのため、その三分の一を失ったといわれる(Tawney 1932: 76=1935: 81)。

同様の状況は、社会主義体制下での近代化の時代(一九五〇~七〇年代)にも引き継がれた。この時期には、重工業化・国防建設のための農村からの資源調達が史上かつてなかったほどに高まった。とりわけ一九五九~六〇年にかけての全国的な飢餓は、政府の政策自体が新たなリスク要因となりうることを農民に悟らせた。当時、西和県は隣県である礼県と合併し「西礼県」の一部だったが、同県の範囲で、一九六〇年の死者は四万四六〇八人に達した。また一九五八~六〇年にかけて県外に逃れた人口は一万四二四一人であった(趙 二〇〇六:六四七―六六八)。一方、大躍進後の麦村での死者は少なく、二人が犠牲となるにとどまり、これは当時の状況の中では「相当にすごいこと」であった(7)。かつての村長によれば、「農業生産をしっかりと押さえていた」ことと麦村村民の「気風が良く、皆が助け合った」ためだろうという。一九六〇年当時、麦村の隣村で生産隊長を務めていた李言照は、飢えていた村民にこっそりと食糧を与えたが、この行為により、「反右傾運動」の中で大隊の積極分子に殴打されたという(8)。ともあれ、厄災をもたらした大躍進政策のリスクに対し、人民公社のもとでの基層レベルの集団は、多少なりとも「保険」の役割を果たしたことが窺われる。こうして、一九六〇~七〇年代を通じ、中国農村では、理不尽と思われる政策に対しては、様々な形で基層組織による日常的抵抗の形が生まれた(9)。

現在の中国農村を理解するうえで、一九六〇~七〇年代のもつ意味は大きい。第一に、この時期、政府は都市社会と農村社会を戸籍制度や配給制度で分断したうえで、都市部は「単位」、農村部は「人民公社」という異なるシステムにより統治した。この結果、都市市民と農民は全く異なる世界に生きるようになってしまった[10]。そればかりでなく、人口の二〇％程度にコントロールされた都市市民は政府の手厚い保護＝ガバメントの対象となる代わりに、残り八〇％を占める農民は「自力更生」のガバナンスを求められた。都市＝農村間の差別待遇と不平等を「前提」として受け入れるメンタリティはこの時期の政策により形成されたのである。

第二に、一九六〇～七〇年代にはこの「自力更生」イデオロギーと人民公社体制下での労働力の組織化により、農村のガバナンスが展開した。農田・水利建設が進んで農業生産力が向上する（Blecher and Shue 1996: 174-176; Li 2009: chap. 10）とともに、ダム・水利施設の建設により洪水や旱魃のコントロールが進んだ（Pietz 2015: 130-193）。これにより、自然を相手取った生存維持・リスク削減の課題は、かなりの程度、達成されたといえる[11]。後述するように、山東果村では生産大隊のイニシアチブで灌漑用の井戸が掘られ、社隊企業が創設された（第三章）。甘粛麦村でも同時期、農地の改造、植林、学校建設などが進んだ（第六章）。

人民公社解体後、いわゆる税費時期（一九八〇～二〇〇五）にいたっては、再び行動単位が農民世帯に戻った。しかしその行動原理としては相変わらず、主として政治権力に向き合っての生存維持・リスク削減ロジックが続いた。経営主体、そしてリスク引き受けの主体は個別の小農家庭に戻り、一見すると建国以前の段階に戻ったように思える。ただし、この時期は次の二つの点で、建国以前とは異なっていた。

第一に、前述した通り、人民公社体制下では労働蓄積の方法で農田・水利建設やインフラ、教育・医療などの整備が進んだ。このため、農民の生存が脅かされるリスクは建国以前に比較してはるかに小さくなった。

第二に、一九八〇年代初頭に人民公社が解体されると、行政村を単位として、極めて平均主義的な発想で農地が各世帯に分配されたことである[12]。それも、所有権は村（かつての生産大隊）、小組（かつての生産隊）などの「集団」に残したままで、使用権だけを再分配するという措置が全国で取られた（白石 二〇〇五：一二一―一五）。このように、勝手に売却することのできない小さな土地がすべての村民に分配されたことで、各家庭が少なくとも飢えることはない状態を保障することにつながった。これは、中国社会主義が農村に残した「遺産」と呼んでもよいだろう（賀 二〇一四）。前世紀の農業集団化以前、とりわけ土地改革以前には土地保有量の格差が大きく、土地を持たない人々は、様々な保険にも関わらず往々にして生存維持に失敗したことは前述の通りである。

こうして税費時期の中国農民は、飢餓のリスクからはほとんど無縁になったが、よりよい生活を目指していくための資源の面からは、まだまだ欠乏状態にあった。とりわけ一九九〇年代後半には国家や地方政府、郷鎮政府、村組織が取り立てる税・上納金などのいわゆる「農民負担」が重くのしかかった（Bernstein and Lü 2003）。しかし、中国農民はめったなことでは基層政府すなわち村幹部の税費の取り立てに表立った抵抗は行わなかった。その理由は、第一に、末端で税費を取り立てる郷・鎮および村幹部は、その上納金を用いて村の公共財の提供を実質的に担っていたことである（狄 二〇一五：一六〇―一七三）。その意味で、農民にとって基層幹部との人間関係はまだ、コミュニティあるいはパトロンに掛ける保険の一環をなしていた[13]。第二に、中国農民は税費に抵抗するための経済的・社会的・政治的な資源を欠いていたためである（賀 二〇一三：八一―八六）。同時に、農民は中央政府がすでに農民の味方に転じていることは理解し始めていた[14]。そこで、農民を擁護する中央政府への高い信頼と、地方・基層幹部への不信感（仝 二〇〇六）をベースに、中央の政策や法規を盾にして、目立たない日常的抵抗から表立っての非日常的抵抗に移行する農民たちが現れ始めていた。

## 第二節　出稼ぎ経済の浸透

### (1) フラットな村落社会構造と出稼ぎ経済

ここまで見てきたような中国農民の行動ロジックの変遷を、農家経営の観点から位置づけなおしてみよう。小農経済は、①農地経営と、②それに付随した農外就業の二層からなる。第一に、小農経済の核になるのが農地経営である。中国農村、とりわけ内陸部の一般農村では、近代、人民公社時代、そして税費時代を通じ、ごく近年までのほぼすべての時期にわたって、農地経営はその核を構成してきた。この点は小農が多数を占める世界の途上国農村に共通する基盤といえる。社会主義革命を経る前の中国農村の構図も基本的に同一であった。

中国農村が他の途上国農村と前提条件を大きく異にするのは、社会主義的集団農業を経て、人民公社解体時には集団農地使用権の平均主義的分配が実施された点である。核となる農地の配分がコミュニティ内で平等に行われた点が、その後の中国の小農経済を他の途上国農村と区別する、重要な特徴となった。一九八〇年代初頭の中国農民は、コミュニティの範囲でみればいわば階層をリセットされ、ほぼ同じ規模の農地によって生計を立てる「どんぐりの背比べ」からのスタートだったのである。しかも、集団所有制のため農民が勝手に農地を売却することはできなかったので、各世帯の農地使用権は平均的な規模のままで保持された。

第二に、農地経営に付随して行われる農外就業である。上述した農地経営の「どんぐりの背比べ」状況は、実は農外就業（＝出稼ぎ）のスムーズな浸透を後押しするものであった。農民の出稼ぎ現象が発生するためには、農村の実家において安定的な土地保有があることが基本条件だからである。そうであればこそ、ポスト税費時代には、農地経営を安定した陣地として、自家消費するための最低限の食糧を確保したうえで、現金収入を求めて、相対的に賃金の高い沿海部への出稼ぎに果敢に打って出ることが可能となった。中国のいわゆる農民工をめぐる既往研究は、出稼ぎ現象を市場経済化に伴う自明の理として捉える傾向にあり、その背景にある中国的特徴について自覚的でない。筆者が強調したいのは、中国内陸部の一般農村では、核としての耕作権が安定していたがゆえに、小農世帯は家計の中の現金収入部分の最大化に向けて果敢に打って出る積極性が高まった、という因果関係である。二〇〇〇年代の中国内陸農村で、これだけ出稼ぎが津々浦々にまで浸透したのはなぜか。その理由は、一九五〇年代の社会主義化による農地の共有化と、脱社会主義過程でのその農家への平均主義的再分配という歴史を抜きにして説明は不可能である。ここが、①出稼ぎ現象が主として東北・北陸や九州などに偏在した高度成長期の日本（大川 一九九四）[15]や、②実家の農地保有が不安定で、土地無し農業労働者が生活難から都市部に流入してスラムを形成する多くの途上国[16]などとは異なる顕著な特徴である（賀 二〇一四：四〇―四八）。

ともあれ、一般的な中国内陸農村での農地経営と出稼ぎは、①基本的な食糧の確保と、②現金収入の最大化という、それぞれ異なる目標をもっている。①はJ・スコットのいう生存維持（subsistence）に関わり、まずは譲れない線である。②は途上国から新興国に向かう地域の住民として、高度化していく消費生活への対応、家屋の新築、子女の教育など、総じて望ましい未来のために必要な収入を得るためのものである。その基本的発想は、S・ポプキン（Popkin 1979）のいうコストと利益（costs and benefits）計算の領域に属する。この二つの目標は、前者を「保険」として用い、生存維持を確保したうえで、後者を柔軟に組み合わせて追求される。[17] 農外就業は基本的に不安定であるが、農地経営は安定している。中国農民は、小さくとも実家に必ず農地を保有しているからこそ、イザという時には、都市での就業を暫時、中断して農村に戻り、農地経営をしながら、時機が熟するのを待つことも可能である。二〇〇八年の世界金融危機の際に明らかになったように、中国の農民は出稼ぎ先で解雇になった場合でも、農村の実家に引き揚げて淡々と次の機会を待つことができた。このため、中国社会全体としては何の混乱も生じなかった（賀・袁・宋 二〇一〇）。そうした意味で、現在の中国農村は中国社会全体の「貯水池」であり、また「安定装置」であるとする指摘（賀・袁・宋 二〇一〇、賀 二〇一四）は、極めて的を射ている。

通常、小農世帯は上記の①と②を同時に追求する。そのロジックを「家族経済戦略」（family economic strategy）と呼んでもよい（Song 2017）。この戦略の要諦は、家庭内の労働力を無駄なく合理的に、しかも柔軟かつ臨機応変に組み合わせ、農地経営と出稼ぎ、在地での農外就業、家庭副業、家庭内労働などをこなしていこうというものである。多くの場合、ある世帯内では父親世代が在地で農地家庭の世話をし、青年・壮年の子世代が農外就業という分業のかたちをとる。[18] また子世代においてはジェンダー間の分業がみられ、通常、男性が現金収入最大化のための農外就業に親和的であるのに対し、女性は家庭戦略の柔軟な「駒」として、家庭状況に応じ農外就業と在地就業・家庭の間を絶え間なく往復する傾向にある（Song 2017）。

この点、身寄りのない老人や「親不孝」な子をもつ老人、あるいは身体障碍者家庭などは、生活の糧として農地しか持たないことになり、「家族経済戦略」を立てる余地が小さい。こうした世帯の場合、やはり「生存維持」が一番の課題になってくる。ただし、次節でみる通り、ポスト税費時代ではこうした独居老人や貧困家庭、身体障碍者家庭の扶養は、「五保戸」の制度や最低生活保障制度などの社会政策がカバーするようになっている。さらに、中国政府は二〇二〇年までに「貧困」を根絶することを目指し、貧困削減事業を進めている[19]。こうした環境下にあって、「生存維持」の原理は農民の行動ロジックから消滅したとはいえないものの、かなり周縁化しているものとみられる。

他方で、出稼ぎによる蓄積には限界があり、成功者として小農経営から離脱して自営のビジネスまで進むことはかなり困難である（Song 2017: 93）。こうした中で、数少ない「成功人士」は、大きく三つに類型化できる。（a）出稼ぎからたき上げて自営ビジネスの段階まで進んだ経営者層、（b）教育の階梯を順調に駆け上り、高等教育卒業後に都市の機関や企業で正規の職を得た人々、（c）政治的な成功者として上級政府部門に職を得た幹部である[20]。

以上をまとめるなら、現在の麦村を始めとする中国内陸の一般農村は、村民の大多数が安定した農地の経営ですでに生存の維持に関しては不安がなく、出稼ぎでさらなる経済的実力を求めるが、いまだ成功者とはなり得ていない人々が大多数を占める、相対的にフラットな構造をもつ社会であるといえる[21]。

### （2）出稼ぎ経済の地域差

本項では、近年の出稼ぎ経済の農村への浸透がある程度、全国的な現象であることは認めつつも、その浸透度合いについては地域差が存在していることに着眼してみたい。管見では、出稼ぎ経済の浸透度における東部、中部、西部や南部、北部などといった地域差を正面から取り上げた研究はまだ見受けられないからである。

ここではまず、二〇〇六年末に実施された農業センサスのデータを用いて、農村の就業者全体に対する在外就業者[22]の割合を全国で比較してみよう。［図1-1］はその結果である。在外就業者の比率が三〇％以上と相対的に高い地域は、安徽、江西、湖北、重慶、四川、湖南、江蘇であり、江蘇を除き、すべてが長江以南の内陸諸省である。逆にその割合が低い地

**図 1-1 農村就業者中の在外就業者比率**

出所）国務院第二次全国農業普査領導小組弁公室・中華人民共和国国家統計局（2009b: 678, 730）を参照して筆者作成。

域は、東北、華北、西北など北部の諸省、および沿海諸省である。

次に、どこで出稼ぎするか、すなわち就業地点の選択も出稼ぎのもつ地域的なイメージを鮮明にする。［図1-2］は各省の在外就業者のうち、省外で就業する者の割合を示したものである。これをみれば、省外での就業が六〇％以上と多いグループは、安徽、江西、湖北、重慶、四川、湖南、貴州、広西である。これは前節でみた就業者中の在外就業者が多いグループとかなり大きく重なっている。すなわち、出稼ぎに出る者の比率が高い省であるほど、より故郷から離れた地域――沿海都市部であると考えられる――で出稼ぎする傾向が強いということである。他方で、同じ内陸地域でも、東北、華北、西北地域など北部諸省は、省外で就業する農民は概ね四〇％以下であり、過半数の農民は沿海大都市に出るのではなく、省内で就業しているのである。いい換えれば、後者の諸省では、もしも近場に就業先が見つかるのであれば、近場で就業することを選択する農民が多いことになる。

このような差異を生じさせるのはどのような要因だ

**図 1-2　農村在外就業者中の省外就業者比率**

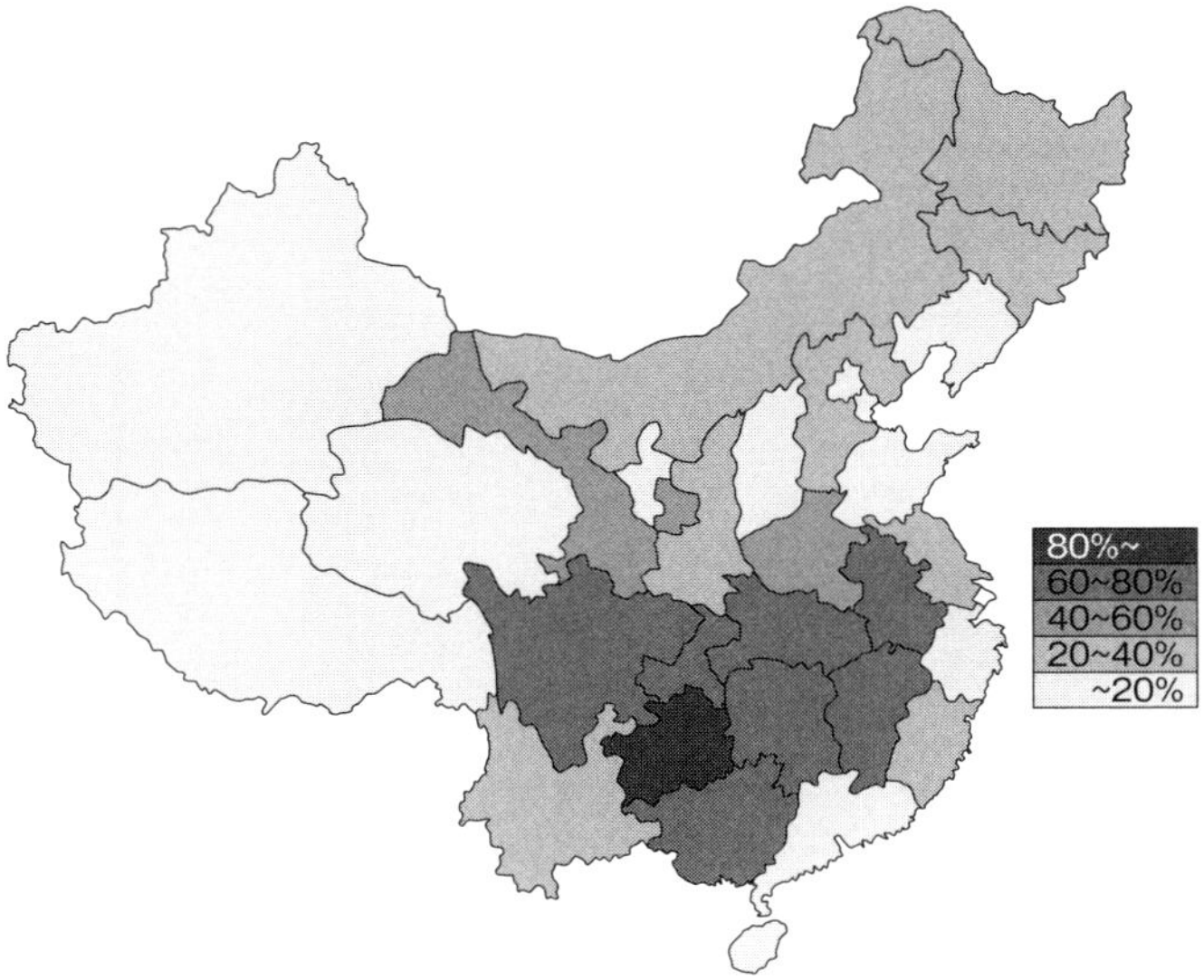


出所）国務院第二次全国農業普査領導小組弁公室・中華人民共和国国家統計局（2009b: 730）を参照して筆者作成。

ろうか。前記の問題のうち、沿海諸省の農村において概ね在外就業率が低く、また省外就業率も低くなっている点については、説明は容易である。すなわち、これら諸省では沿海大都市、中都市などの市場の中心地が比較的近場に存在するうえに、道路事情など交通の便が良いため、在村のまま農外就業が可能な地域が多い。また村レベルの集団経済が発展しており、村内就業が可能である地域も多く存在するためである（第三章参照）。

それでは、もう一つの疑問として、中部、西部を含む内陸の諸省の間でも在外就業率、省外就業率において差が現れるのはなぜだろうか。もしも、経済的中心地からの距離の近さや交通条件が「出稼ぎ経済」の浸透度を決めるのだという前提に立てば、市場の中心地が集中する沿海部からの距離が遠い西部が在外就業率の低いグループを構成し、その距離が近い中部が在外就業率の高いグループを構成しそうである。だが、実際の分布をみると、在外就業者比率の差は、中部と西部というよりは、むしろ北部と南部の対照として現れている。ここには、どのような背景が予想されるだろ

図 1-3　内陸諸省における一人あたり耕地面積（畝）

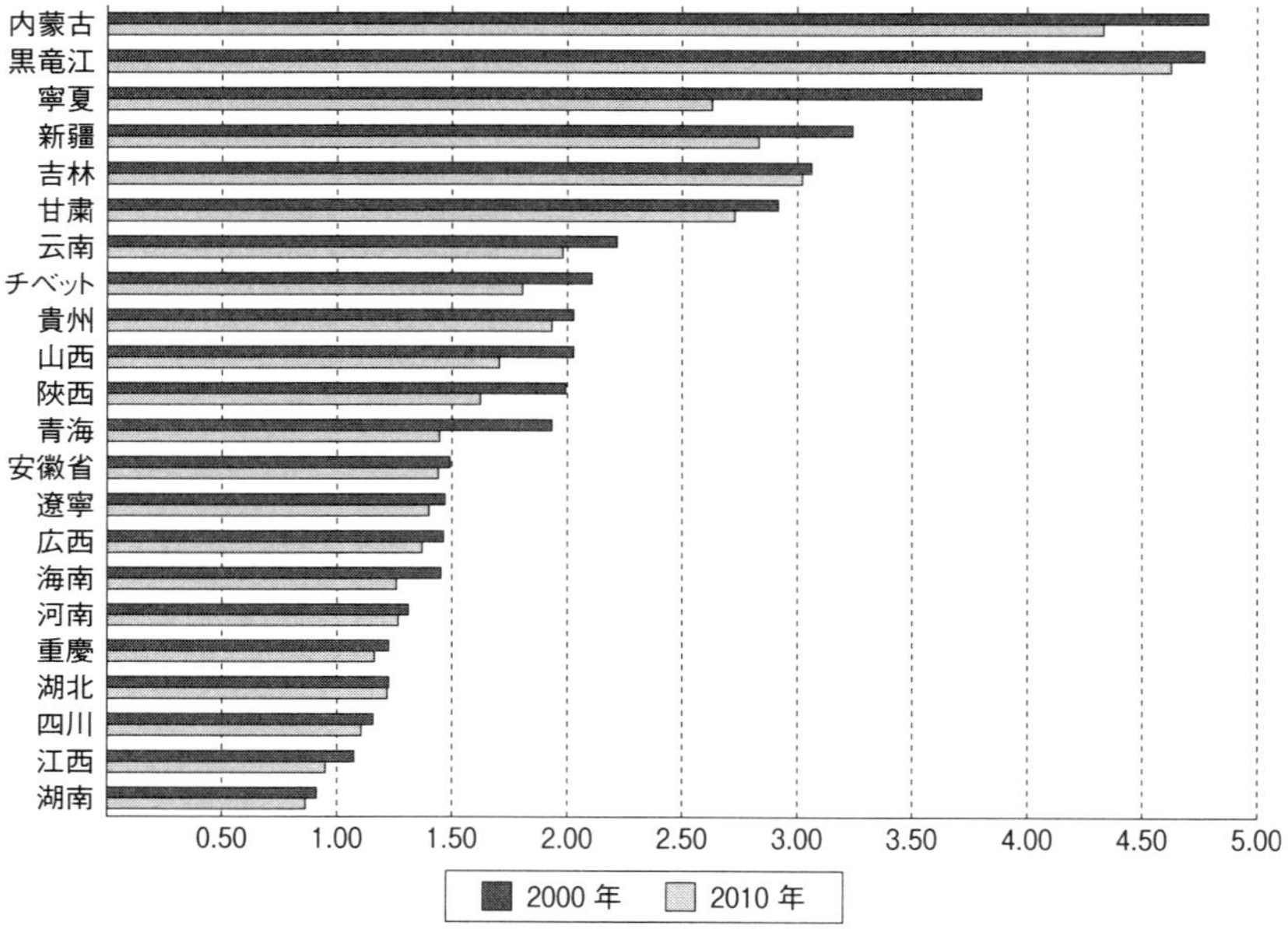


出所）中華人民共和国国家統計局（2011: 103, 463），中華人民共和国国土資源部（2001: 706-707）より筆者作成。

うか。

一つ考えられるのは、一人あたり耕地面積の多寡である[23]。［図1－3］は内陸諸省についてそれを示したものである。すると、一人あたり耕地面積の小さい諸省は、湖南、江西、四川、湖北、重慶などの南部に集中しており、在外就業率三〇％以上の諸省に大きく重なる。ここから、少なくともマクロにみた場合、労働力を吸収する耕地が不足していることが、出稼ぎ経済浸透の一つの背景をなしているという予測が成り立つ。

以上から、「出稼ぎ経済」の浸透度合いの地域差を構成するパターンとしては、東部、中部、西部というよく用いられる区分よりは、内陸の南部諸省で出稼ぎ経済の浸透度は高く、村民は遠く離れた省外の中心地に就業機会を求める傾向にあるが、それ以外の地域では「出稼ぎ経済」はより浸透度が低かった。その理由について単一の要因を指摘することは難しいが、内陸南部諸省では一人あたり耕地面積も少なく人口圧力が高いにも関わらず、在地での就業機会が乏しいためであろう。内陸北部の諸省も就業先に乏しいことは南部と同程度かもしれないが、人口圧力が南部ほど高くないこともあり、まったく外に出ていかないか、あるいは高い賃金水準を求めて沿海部まで出ていくよりは、賃金はそこそこでもより故郷に近い省内で農外就業する傾向が強い。

## 第三節　抵抗から権益主張へ

### （1）農民が見た「ポスト税費時代」

ここまで歴史的な流れの中に位置づければ、ポスト税費時代（二〇〇六～）の農民の行動の意味もより明確になる。この時期の特徴は、農民の生存リスクが低水準にコントロールされるとともに、農民にとっての資源獲得機会が急速に拡大したことである。すなわち、①市場経済化の深化、日本の高度成長期を彷彿とさせるような経済活況とそれに伴う農外就業機会の拡大に加え、②胡錦濤政権（二〇〇二～二〇一二）のもとで鮮明になった農業諸税の廃止と農民・農業セクターの優遇政策の展開である。二つの条件のもとで、農民らは従来の狭いコミュニティの枠を超えた新しい多元的な外部資源を発見するとともに、農民身分あるいは社会的「弱者」であることそのものが一つの「資源」となってきた（董 二〇〇八a、二〇〇八b）。

第一に、前節にみた通り、ほぼ二〇〇〇年前後を境として、特に内陸農村においては「村民総出稼ぎ時代」が到来し、中国全体の高度経済成長に沿う形で、農村住民の家計規模が急速に増長した。ここでは二つのグラフ［図1-4、1-5］を用い、農民側の実感からこの時期の変化を裏づけてみたい。

人民公社が解体し、農村改革がスタートした一九八〇年当初、農村住民の消費支出は実にささやかなもので、それが一五年ほどをかけて一人あたり一〇〇〇元の水準に達したが、一九九〇年代の後半は低迷し、再び上昇が始まるのが二〇〇〇年代の前半である。その後の支出の伸びは目覚ましく、二〇一六年には一万元を突破している。

**図 1-4 農村住民の消費支出（元／人）**

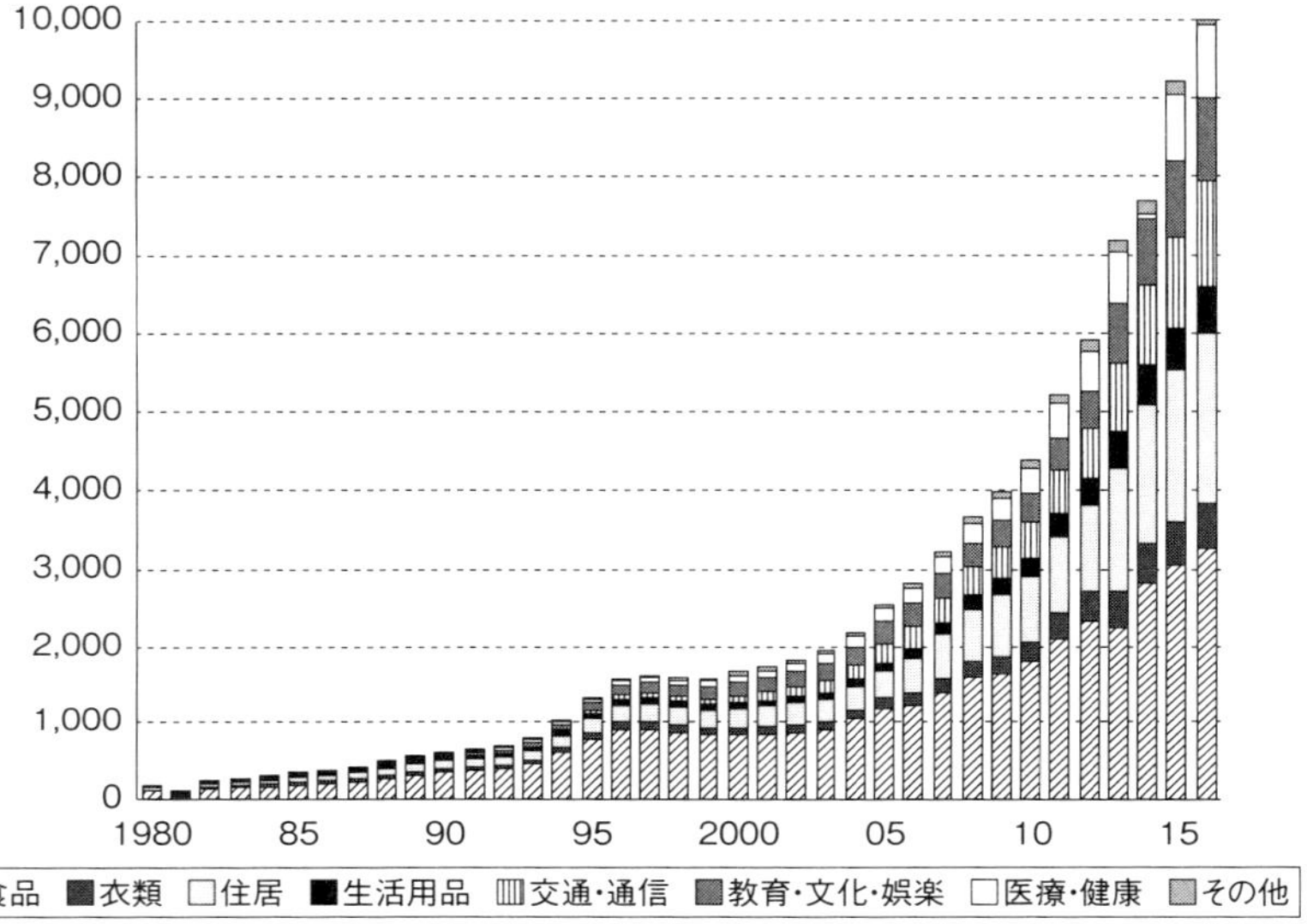


出所）国家統計局住戸調査弁公室（2017: 31, 227）を参照して筆者作成。

農民が生活の改善をより身近に感じるのは、家庭で使用される耐久消費財の存在であろう。一九九五年ころまで、グラフで取り上げた耐久消費財のうち、自転車がほぼ唯一のものであった。ところがこれも二〇〇〇年以降、各種の消費財が急速に普及し、カラーテレビ、携帯電話は二〇〇八年ころ、洗濯機、冷蔵庫、そしてエアコンも二〇一六年には一家に一台の水準に近づいている。中国の農民について語る時、私たちはともすれば、都市市民との「格差」、それも経済格差ばかりを問題にしがちであるが、彼ら／彼女らにはそもそも自分を都市市民と引き比べる発想は弱い。彼ら自身の文脈からすれば、一年ごとに物質的な生活が向上していくのを実感できたのが、「村民総出稼ぎ時代」が始まってからの、この一五年ほどの時期だった。

第二点として、二〇〇六年以降のポスト税費時代の画期的な変化は、農業・農村支援のための各種補助金が政府から農村にむけて投入され始めたことである。かつては農民から国家に向けて流れていた資源の方向が逆になり、国家から農民に向けて「三農」資源、すなわち政府の優遇農政の各種資金が流入を始めた。政府資金の農村

**図1-5 農村住民の耐久消費財保有数（100世帯あたり）**

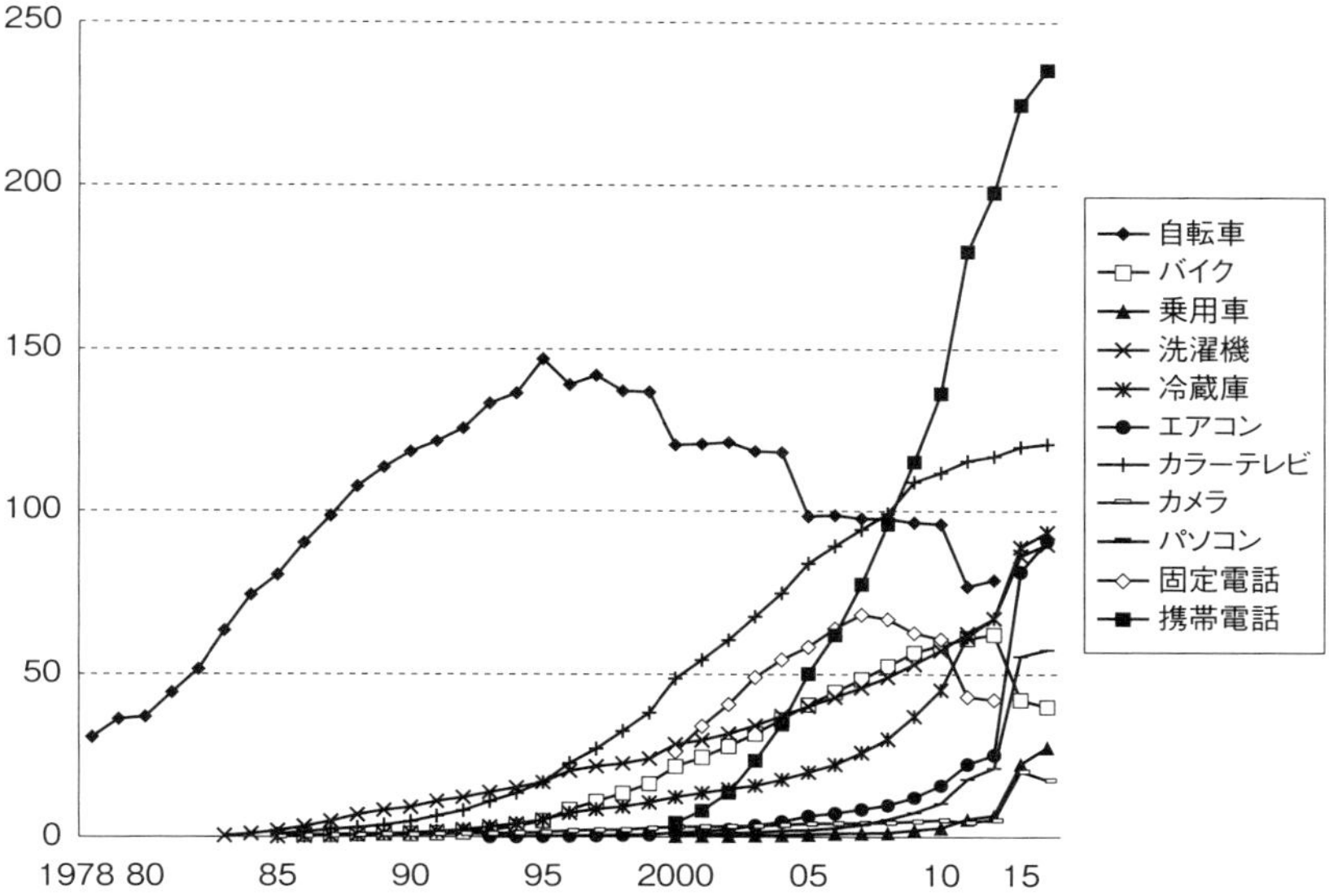


出所）国家統計局住戸調査弁公室（2017: 79-80, 95-96, 235-236）を参照して筆者作成。

への分配というのは、中国農村では未曾有の事態であり、農民の目にはたいへん新鮮に映ったことは想像に難くない(24)。さらに、農村優遇資金を授与できるのは農村戸籍の保有者に限られたことで、過去においては農民からの収奪を行うためのシステムであった「都市＝農村二元構造」（城郷二元結構）と戸籍制度が、ポスト税費時代においては農民優遇のための制度的枠組みに転化した（賀 二〇一四：一二二）。現在の農民は、かつてとは異なり、農村戸籍を放棄せず、農民身分を手放そうとはしなくなった(25)のもそのためである。

農村に流入する政府資金には、全国共通のものもあれば、地域的なもの、さらに災害後の補助など一時的なものもある。再び甘粛麦村の現実に引き付けて、この変化を確認しよう。政府資金の流入が始まって間もない二〇〇七年時点で、西和県の農民一人あたり純収入は一五〇八元、麦村が属する河巴鎮で一四九九元、麦村では一四二〇元であった（西和県統計局 二〇〇八：二七、三二―三二）。以下に述べる①から⑥の金額も、現地農民の収入規模に照らすことでその重みが知られよう。

①五保戸への補助：面倒をみてくれる子女をもたない六〇歳以上の老人世帯を「五保戸」と呼び、衣・食・住・医療・埋葬が保障される[26]。これらの条件さえ満たせば、仮に生活に余裕があっても対象となる。二〇一一年現在、麦村では二世帯が該当し、さらに一世帯が申請中であった。二〇一〇年の全県の対象者は一六九九人、二〇一三年の一人あたり補助金額は年間二四〇〇元であった（西和県志編纂委員会 二〇一四：七四〇）。

②計画生育奨励金：西和県では二〇一〇年より、二人続けて女児が生まれたのち結紮手術を受けた夫婦（両女戸）一一六〇組を認定し、世帯あたり三〇〇〇〜四〇〇〇元の奨励金を供与した。二人の女児は大学統一試験（高考）の際、一〇点を加点される。夫婦は六〇歳を超えてから毎月六〇〇元ずつ、二人で一二〇〇元を支給される[27]。

③食糧直接補助・農業資材総合補助（糧食直補・農資総合補貼）：農民が小麦、トウモロコシ、ジャガイモなどの食糧作物を栽培することを奨励するための補助金であり[28]、麦村での聞き取りによれば、二〇〇八年には一畝（＝約六・七アール）あたり二五元、二〇一〇年で三〇元、二〇一一年で五〇元であった。なお、二〇〇九年の麦村所蔵資料[29]によれば、同年の補助基準は食糧直接補助が四・二二元／畝、農業資材総合補助が三七・六七元／畝で、合計すると四一・八九元／畝であった。補助金を受け取った農家は麦村のほぼ全世帯に当たる三八〇世帯で、その平均補助対象農地面積は五・三二畝、平均補助金額は約二二二・七九元であった。

④最低生活保障金（低保）：県で政策が開始されて以降、最低生活保障の対象者と補助額は不断に拡充されてきている［表1-2］。誰が「低保戸」に該当するのかは村幹部が認定する。このため、村民の間には不公平感が伴い、最後に「低保戸」に選ばれるのは村内で最も生活が困難なものであるとは限らない、と認識されている[30]。原則的には毎年、再評価と補助対象の入れ替えが行われる。「低保戸」は村の人口の八％を超えてはならないとの規定がある。二〇一一年段階で、麦村では一〇〇〜一一〇人ほどが対象となった。そのうちには、一社から七社まで七人の「社長」[31]に与える枠も確保されている。社長は村幹部のもとで煩雑な仕事をこなしているので、そのいわば「奨励金」として枠を配分しているという。二〇一五年段階では、「低保戸」の定数は一五八となり、個人単位ではなく、世帯単位となっ

**表1-2 西和県農村最低生活保障金配分状況**

| | 対象人数 | 補助金額（／月／人） |
|---|---|---|
| 2008 | 31,802 | 30元 |
| 2010 | 57,939 | 65元 |
| 2011 | 67,087 | 72元 |
| 2012 | 67,087 | 一類160元／二類100元／三類45元 |
| 2013 | 67,087 | 一類160元／二類100元／三類45元 |

出所）西和県志編纂委員会（2014: 705-706）より筆者作成。

ている。一例を挙げれば、五〇代の寡婦とその息子、という世帯があり、息子は軽度の知的障碍があり、労働能力がないため、一つの枠を与えているという。書記の証言によれば、世帯単位の低保は柔軟な使い方も可能である。たとえば五人を適当に組み合わせて一世帯とみなし、支給された定額を五人で均分するなどである。[32]

⑤退耕還林補助金[33]：一九九九年から宣伝が始まった政策で、最終的に麦村に割り当てられた枠は三七三畝である。山に近い農地の土地生産性は非常に低いため、どの世帯も退耕還林に参加し、補助金を得たいと考えている。二〇一〇年時点、四〇八世帯のうち、退耕還林に参加できたのは半数の二〇四世帯だった。二〇一〇年の補助基準は一二五元／畝であり、世帯平均にすると一・八畝ほどを退耕還林に付し、毎年二三〇元ほどを受け取ることになる。ただし、補助を受け取れた村民の間でも格差は大きく、最大で八・七畝を差し出した世帯から最小で〇・二畝と幅が大きくなっている。[34]互いの不公平感は強いことが予想される。

⑥震災復興金：二〇〇八年五月一二日の四川大地震（現地での通称「五一二大地震」）はちょうど、ポスト税費時代の到来と重なって発生したため、農民の目から見れば震災の復興金も数ある政府資金と同列に捉えられたはずである。復興金の内訳は、（a）家屋再建補助金（災後重建款）、（b）家屋補修補助金（災後維修款）、（c）生活費補助である。麦村で（a）家屋再建補助金が与えられた世帯（災後重建戸）は七一世帯で、世帯あたり二万元（そのうち二世帯の「五保戸」には三万元）の支給であった。（b）家屋補修の対象（災後維修戸）は二〇四世帯で、一戸あたり三〇〇〇元であった。（c）生活費補助が与えられたものは九九世帯であり、一回目の支給は二〇〇八年一〇月で六〇元／人、二回目の支給は八五

元／人、三回目の支給は八〇元／人であった。

以上のうち、①～③の政府資源の受益者は比較的明瞭で、配分に際して議論の余地がないのに対し、④～⑥については村というフィルターを通じて受益者が選定されるという意味で、農民の行動に大きな影響を与える政府資源である。

## (2) 権益主張

麦村での筆者の主たる調査方法は、村内に住み込んだうえで、現地語の話せる助手とともに村の中を歩き回り、出会った人々と道端で、あるいは農家のオンドルの上で自由におしゃべりをするという、緩やかなスタイルを採った。自由で形式ばらない会話の中で、村民の口から繰り返し語られたのは、表現の仕方に差こそあれ、「今の政策は良いが、きちんと実施されない」（現在政策好、但是不到位）というモチーフだった。これに続き、たとえば「災害後の家屋再建費用は一件につき二万元のはずが、まだ一・六万元しかもらっていない」「震災後、三回目の生活費補助がまだ下りてきていない」などの具体的な権益の主張がついてくる。「本来、手中にすべき利益が得られていない」ということである。そしてその責任はほとんどの場合、村幹部に帰されることになり、そこではさらに様々な憶測や噂が飛び交う。震災後の三回目の生活費支給について、「二回目の生活費が支給された際に、村幹部が三回目の分も印を押してしまったのではないか」と想像する村民もいた。ただし、そういった場合でも村幹部の側に確認すると、家屋再建補助の残りの四〇〇〇元は実際に家屋が完成してから支給することになっており、さらに多忙のため支給が遅れていただけであったりする。村幹部の側も、彼らに対する村民世論の動向を気にかけているようであった。こうした経緯もあり、二〇一六年の五度目の訪問では、村の書記により、事実上、筆者の住み込み調査を拒絶されるというハプニングに見舞われた。麦村での調査はここで頓挫を余儀なくされたが、翻って考えてみれば、書記がこのような措置を採らざるを得なかった事態そのものが、麦村のおかれた困難なガバナンス状況と、その裏返しである村民たちの行動ロジックの変化を映し出すものである。

以下、村民による「利益」の主張に関し、筆者が麦村のフィールドで出会ったいくつかの日常的な場面、日常的な会話の再現を通じて明らかにしたい。

【事例1-1　宴会の酒の肴】

二〇一五年五月三日、新築家屋の棟上げ（現地では「封頂」と呼ぶ）の作業を終えた後、オンドルの上で胡坐をかきながら簡単な料理をつつき、酒を酌み交わす七、八人の男性村民たちの姿があった。そこで、「政府の政策を村の幹部は実行していない」という、いつもの論調で議論が始まった。それからわずか一、二時間の間に、村での生活に関わるありとあらゆる不満が酒の肴となった。たとえば、①貯蔵用井戸（旱井）のプロジェクトは本来一五袋のセメントが無料で配布されるはずだが、本村では五〇元が徴収された。②最低生活保障（低保）の対象は、他の村では毎年変わり、順番にメリットを享受しているが、本村では書記とコネクションのある世帯に対象が比較的固定されている。③「五一二」大地震後の第三次生活費の支給が行われていない。④小麦畑の中の畦道が狭すぎ、収穫後の麦は人が担いで運ばねばならない。⑤このたび舗装された中心集落内の小径（第六章で詳述――引用者）の路線選択は、コネクションのある世帯に有利なように行われたのではないか。⑥柳代溝（麦村行政村内の一つの集落――引用者）には水道があるのに、ここ（麦村中心集落）には水道がない。不公平である。⑦小学校の教員に責任感がない。ある教員などはタクシー車両を購入して副業にいそしんでいる。学校には体育と音楽の教師がいない。⑧幼稚園がない。[35]⑨一部の村民は退耕還林の補助金を受け取れていない。

ここで酒の肴となった話題は、近年の麦村の公共的イシューの広い範囲をカバーしている。その特徴は、第一に、それらのすべてが村の公共問題についての様々な不満の表出であることである。第二に、不満の対象は、個々の村民世帯の直接的な経済利益に関わるもの、とりわけ政府資金の分配に関わるものが多く（①、②、③、⑨）、その他は、道路、水道や学校などの公共財の未整備に対するものである（④、⑥、⑦、⑧）。第三に、不満の背景としては多くの場合、村民間、あるいは他村村民との間との格差が意識されており、不公平な分配があるとの認識（①、②、⑤、⑥、⑨）が指摘できる。第四に、それら差別待遇を作り出した元凶とした彼らに認識されているのは、村書記などの村幹部の不適切な配分措置（コネクションの重視など）である。

上記第二の点に関し、最低生活保障金の分配は、麦村村民が最も関心を注ぐ話題の一つである。

【事例1－2　最低生活保障金への関心】

筆者らが調査中に住み込んだ家屋の家主である林凱恵は、五社の社長である何有銘に大変悪い印象を抱いているが、その理由の一つは、何にはちゃんと息子がいるにもかかわらず、まんまと最低生活保障の枠を獲得していることである。筆者らが聞き取りのため何宅を訪問したことを知り、林凱恵はその場で激高し、何有銘のことを罵り始めた。

また第三の「公平感」に関しては、次のようなエピソードがある。

【事例1－3　小麦粉の争奪戦】

二〇一一年の旧正月に政府から配給のあった小麦粉は、もとはといえば「五保戸」や老党員、生活困窮世帯に向けたものだったという。ところが麦村村民はこれに不満を覚え、小麦粉を奪い合う局面が生じてしまった。結果的に採った措置は均分であり、およそ一四〇袋の小麦粉を七つの社で均分し、一社あたり約二〇袋で、それを社の中で各世帯にさらに均分した。情報は大変に錯綜しており真偽のほどは定かでないが、「村書記の関係者が小麦粉を持ち去った」とする見方もある。

ここからわかるのは麦村村民の間に働く独特の公平感である。麦村村民は現在、毎日、小麦の食事をとることが可能であり、わずかの小麦粉を貰い損ねたところで、生活に支障が出るわけではない。彼らにとり重要なのは分配物の多寡ではなく、分配の方法であり、コミュニティ内での均分がその最も有効な解決法だということである。(36)

さらに、①にみられるように他村と自村を引き比べたうえで、自村への待遇が劣っているとする考えも麦村村民の間には普遍的である。

【事例1-4　他村への補助金移譲に対する不満】

村民によれば、これから半夏栽培を手掛けようとする農民に、政府が一畝につき四〇〇〇～五〇〇〇元の補助金を出す政策があった。ところが、麦村の書記がこの優遇政策の枠を、隣村である紅江村に譲ってしまった。書記の側の言い分はこうである。半夏の栽培は草取りなどに相当の労働力の投入が必要で、栽培技術の要求水準も高い。農地は乾きすぎず湿り過ぎないよう管理する必要があり、しかも毒性が強いために二～三年同じ農地に植えた後は場所を変えてやる必要があり、四～五年は元の土地には植えられない。こうした制約のため、新米の農家が半夏を植えても元手をすってしまう可能性が高い。こうした理由があるにせよ、村民の側は書記が補助金の枠を他村に譲ってしまったことに不満たらたらだった。

人民公社時代と比較すればはるかに豊かになったはずの麦村村民の間に、かくも様々な不満の表現が満ち溢れているのは何故か。その背景は、いうまでもなく、史上例を見なかった政府の農村優遇政策に伴う資源の農村への逆流現象がある。農民の側も当初、こうした現象について半信半疑だったようである。麦村の旧主任の語ったところによれば、(37)五一二大地震後の政府による家屋再建資金の申請に際して、村民の態度は三種類に分かれた。第一に、老人を中心に、たとえ自然災害に見舞われても政府の金は受け取らない、という者、第二に、政府が補助金をくれることを信じられず、くれたとしてもまた返済を迫られるのではないかと懐疑的な者、そして第三に、政府がくれるならば受け取っておき、あとで返済を求められれば返済すればよい、と考えた者である。第一、第二のタイプの村民は再建資金を申請しなかった。政府の資金を受け取り、最も利益を得たのは第三のタイプの村民である。第一、第二の村民は、政府が実際に補助金を支給し、しかも返済義務もなかったことを知り、嫉妬にかられ、騒ぎ始めた。こうした際の不満はたいていの場合、村幹部に向けられる。

【事例1‐5　前村長の辞任】

前出の林凱恵の弟の文恵などは、家屋再建資金の分配をめぐり、十数回にわたり前村長林玉文の家に抗議に来た。正月にも数人を引き連れてやってき、銅鑼と太鼓を叩いて騒ぎ、手には大字報（大きな紙に評論・批判・要求などを記した壁新聞――引用者）のような白い紙に、村長を批判する文面が書かれていた。正月にもめごとや喧嘩を起こすのは不吉なことであり、村長の家族は彼らを門の外に防ぎとめた。林文恵は鎮の派出所まで村長を訴えに何度も陳情に出向いている。その他の場面でも、村長は村民に殴打されるなどの事件があり、二〇一三年には辞表を出して退任した。

ここまでみてきた通り、様々な政府の「三農」優遇資金――家屋再建資金、復興生活費、最低生活保障、退耕還林、食糧直接補助、計画生育、井戸、小麦粉、特産品への補助金など――の麦村への流入に伴い、当初は半信半疑だった村民も、徐々に利益や損得について鋭敏になってきた。その要諦は「貰えるものは、たとえ少しでも貰えるだけ貰う」ということであり、さらに「どれだけ貰えるか」、に関しては、他の村民や他村との比較、すなわち引き比べが決定的に重要な役割を演じていた。まさに、『論語』季氏篇の「寡なきを患えずして均しからざるを患う」（不患寡而患不均）にも似た状況が、ポスト税費時代の麦村村民の間で行動の指針となりつつある(38)。

前節にみた通り、利益の分配をめぐり、村ごとに定数があり、村幹部による再分配のフィルターを通すタイプの資源は少なくない。最低生活保障や退耕還林などがその典型である。麦村でのこれら資源の分配は、村幹部によって受益の対象を選定する過程で、必ず紛糾を招くといっても過言ではない。その際、村民の不満は十分な資源をよこさない政府に対してではなく、割り当て作業に携わる村幹部に向けられる。政府資源分配のフィルターとしての村幹部の措置は、如何に公平に配慮して行ったとしても、必ず一部の村民にとっては「不公平」な分配を行ったと認識され、【事例1-5】にみた通り非難のターゲットになり、村幹部と村民委員会は求心力を失う。前節で跡づけた通り、中国農民の、中央政府に対する信頼感は高く、基層に近い政府ほど威信は低く、村幹部への信頼は概して最低となっている。その結果、「政府がやることであれば文句はないが、村がやることには協力しない」との農民の基本的なダブル・スタンダードが形成される。村幹部がリードして、村民の多数の参加を必要とするようなガバナンスのコストは高くなってしまう。

ガバナンスのコストは、村民が公共的な事柄について私的な利益を「譲る」あるいは「負担する」ことのできる度合いに比例して下がっていく。逆に「譲らない」あるいは「負担しない」度合いが高くなると、一つの目標に向けて村民をまとめていくコストは高くなる。そしてここでも、「譲る」「譲らない」あるいは「負担する」「負担しない」基準は絶対的なものではなく、他人である。すなわち「他人が譲らないなら自分も譲らない」（別人不譲、我也不譲）というもので、実際に村民の口から多く聞かれた言葉である。「譲らない」農民が多くなったことは、以下のような事例により明らかとなる。

【事例1-6　麦場の使用法】

麦村が属する西北農村で、刈り入れの終わった麦を積んでおき、脱穀作業を行うのが「麦場」と呼ばれる公共の場所である。五社の社長、何有銘が現在頭を痛めていることとして、先に麦刈りを終えた社員が、共用の麦場に自分の物を置いて場所を塞いでしまうことを挙げた。彼自身の麦はいつも最後に脱穀する。何は「今の人間たちは聞き分けが悪くなった。共産党は良く、政策も良すぎて、人民は野蛮になってしまった」（〝現在的人不听話、共産党太好了、政策都特別好、人民変野了〟）と嘆いている。

【事例1-7 偏屈な村民】

公共的な生活に対し「譲らない」姿勢を崩さない村民の一人に、二九歳の林徳恵がいる。[39] 旧村主任の証言[40]によれば、二〇一一年前後に彼が自らの権益を主張したケースは三度ある。①彼の自宅付近に新設された老人養護施設（五保家園）に村が深さ七メートルほど井戸を掘った。すると徳恵は三角形の書き込まれた図をもってきて、この井戸は深さ四メートルにとどめなければ、隣にある自分の農地に悪い影響を与える、と主張した。②徳恵の自宅の後ろに、隣人が石を置いているが、石を置くときの振動が気になると主張した。③自宅の裏にある公共の「麦場」が彼の家の〇・五畝の土地を侵食していると主張。徳恵はこれらについて、鎮政府に直接訴え、解決してくれるように訴えている。他方で、彼の飼育している数頭の豚が、③の公共麦場の地下を掘り崩してしまっているという問題があり、現在、豚はあらわになった木の根につながれている。

ポスト税費時代の中国農村では、フラットな構造のもとで小農同士が競い合う中で、ここに見たような農民の「譲らない」行動が発生している。現在の中国の条件のもとでは、貧者が生存維持のために富者との間のパトロン＝クライアント的な関係に依存するケースは、皆無ではないかもしれないが、少なくとも例外的であろう。その代わり、小農家庭はそれぞれが富裕を目指して出稼ぎに行く。出稼ぎとは、農地経営で生存維持を確保したうえで、現金収入を求め果敢に打って出る行為である。そのロジックは、ポスト税費時代において政府から逆流し始めた新しい資源を自らの当然の権益として果敢に求める行為と表裏一体である。配給小麦の文字通りの争奪戦（【事例1-3】）にみられたように、他人を押しのけて自らの小農世帯の利益を押し出すことに、農民は痛痒を感じなくなっているのである。コミュニティの人間関係に保険を掛ける必然性は弱くなった。こうした人々の変化は、村の公共施設ともいえる「麦場」の使用方をめぐっての、「人民は野蛮になった」との社長のコメント（【事例1-6】）に象徴されていた。

# むすび

本章では、中国農村の軌跡を背景としながら、農民の行動ロジックの変遷をたどってきた。改めてポイントを整理しておこう。

①一九六〇～七〇年代に形成された都市＝農村二元構造により、「農民」身分が固定化し、都市市民との格差への意識は曖昧化した。逆に農村内部、コミュニティ内部の平等に対する意識は鋭敏なものとなった。

②二元構造の下で、農村では「自力更生」のガバナンスにより、自然環境に対する改造が進められた。これにより、歴史上、長期にわたって存在してきた農民の生存上のリスクはかなりの程度、制御されるようになった。

③一九八〇年代初頭の脱集団化の過程で農地の平均分配が実施され、コミュニティ内の階層がリセットされた。

④このことが契機となり、二〇〇〇年前後から出稼ぎによる現金収入の追求が横並びの状態からスタートした。

⑤さらにこのタイミングで、歴史上、農民自身が想像さえしてみなかったような各種政府資源の農村への逆流が起った。

以上の①～⑤が、現在の農村住民の行動ロジックを深く規定している歴史的要因である。もちろん地域的な差異も大きいが[41]、広大な内陸部を中心とする現在の農村住民の行動の底流には、「貰えるものは貰えるだけ貰っておく」という権益主張や、「他人が譲らないなら自分も譲らない」という負担の均分要求が広くみられる。私たちはこのロジックを、「他律的合理性」と呼んでおきたい。すなわち、自らの行動選択を内的・自律的に決定するのではなく、隣人や同じ村の村民、近隣の村落などの身近な他人との「引き比べ」を基準にして決定する原理である。重要なのは、しばしば外部の観察者が想定するように、農村住民の「引き比べ」の対象は都市市民に代表される、遠くにいる他人ではなく、身近な他人である、という点である。

基底部分にある農民の「他律的合理性」を踏まえることで、それにもかかわらず各地で実際に立ち上がってくる「村落ガバナンス」（第三章～第六章）のもつ意味が、より深く理解できるはずである。そしてそこには、次の第二章で検討していく各種の「資源」が関わってくるのである。

# 第二章　「つながり」から「まとまり」へ
## ――村落ガバナンスとその資源――

### はじめに

「他律的合理性」に支配された現在の中国農民の行動は、一見すると自分勝手で、てんでバラバラにみえることもある。こうした近年の村民の人間関係の変化はアトミックなイメージで、「原子化」と呼ばれる。(1) しかし同時に、具体的な農村の場に暮らしの根をもつ彼らは、大都市に漂う匿名的な群衆が文字通りバラバラである状態ともまた、異なっている。彼らは利己的にみえつつも、同時に、必要に応じて身近な他人と交わったり、また一定の条件のもとで団結してことに当たったりもするからである。

バラバラ（原子）でありながら時として「つながり」（関係）、「まとまる」（団結）こともできる中国農民のあり方は、どれか一つの状態が真実であるというよりは、動態的な社会相というべきである。これら三つの社会相は、原子→関係→団結→原子……のように、時々の局面に応じ循環的に立ち現れると考えた方がよい（田原 二〇〇八）。つまり中国農村の実態を捉えるには、フォーマルでかつ恒常的に存在する制度や組織からみるのではなく、そこで発生している出来事の観察から、実際に誰が、どのように動いたのか、そしてどのような結果がもたらされたのか、を具体的に知ることが重要になってくる。

では、中国農民はいかなる状況下で「つながり」「まとまる」ことが可能になるのか。この点に関し、本章では、この本全体に関わる基本的な枠組みとして、「村落」、「ガバナンス」、そしてガバナンスの「資源」という三つの鍵概念にフォーカスし、整理しておきたい。

## 第一節 村 落

農村に住む人々が、大都会の住民と根本的に異なっているのは、彼らが「村落」をもっていることに関わる。村落が村落である所以は、それが人々の家屋敷が寄り集まって形成される「集落」という場であると同時に、そこに折り重なる家々の社会関係が多少なりとも「組織化」されている、という点にある（鳥越 一九九三：六九—七〇）。内部の関係が組織化されているという事実は、村落をもつ世界の国々をみるうえでの、共通の出発点である。

一方で、中国の「村落」をめぐっては、前提となるいくつかの特徴もある。中国社会の文脈では、人々の社会関係が組織化される際の血縁と地縁の関係、あるいは自然村（＝集落）と行政村のあいだに独特の隔たりとコントラストが存在している。以下では、この二つに注目してみたい。

### (1) 血縁から地縁へ

#### 血縁と地縁

村落の人間関係が組織化される際の中国農村の際立った特徴は、まず何をおいても、血縁で結びつけられた個々人が豊かさや栄達を目指して行動する大家族制のエートスが社会構造の起点となっている点である[2]。言い換えれば、個人を出発点として、血縁原理を軸に人間関係の秩序を拡張していくのが、中国の郷土社会の原型であった。血縁とは、人と人との権利と義務を親族関係で決定しようとすることである。その際、ヨコの婚姻関係よりも「生育関係」すなわち親子間のタテの関係が主となる。一方で、集落という空間を共有することに端を発する地縁組織は、それほど自明なものではなかったのである。

中国社会論の古典ともいうべき『郷土中国』（一九四八年）の中で、人類学者・社会学者の費孝通は血縁と地縁の関係について意味深い省察を加えている（費 一九四八＝一九九九：三七二―三七八）。全員が顔馴染みで構成される、費孝通のいう「郷土社会」を伝統的中国社会のモデルとして想定してみる。するとそこでは、血縁は最も安定した力である。安定した社会では、地縁というものは血縁の投影にすぎない。たとえば「母方祖母の家」（外婆家）という血縁的な表現は、それに従属した地縁的な含意をもっている。すなわち、父系血縁の原則で村が形成される際、たとえば村の男たちが全員、張姓である場合、同姓不婚の原則に基づけば、異姓の嫁たちは必然的に他村から、しかも通常はそう遠くない近辺の村から嫁いできたことになる。したがって、ある人にとっての「母方祖母の家」とは、血縁関係を指すのみならず、「近隣の村」という空間的な意味をも伴ってくるのである。

人間は植物ではないので流動せざるを得ない。人口が増加するにつれ、一か所に集居することができなくなり、血縁集団の細胞分裂が起こる。移住先で新しい村落が形成されるが、血縁的な連携は保ち続ける。中国には、日本語に訳しにくい「籍貫」という概念がある。これは個々人の出生地ではなく、父のそれを姓と同じように継承していくもので、やはり「血縁の空間的投影」にすぎないという。こうした血縁本位の郷土社会で、「地縁はまだ団結力を生み出すような関係としては育ちあがっていない」（費 一九四八＝一九九九：三七五）と費は一九四〇年代に指摘していた。

費によれば、血縁と地縁の関係は「家」と「戸」（世帯）との間にすでに現れている。「家」は血縁原理で、親族関係における自己を中心とした際の範囲は伸縮自在である。これに対し、「戸」は労働に適した単位で、居住空間、竈を共有する。その意味で「戸」は小さいながらも地域的概念ともいえ、内部に非血縁者を含むことも可能である（費 一九三八＝一九九九：六八―七〇）。

統治権力の側からみれば、「家」はつかみどころがないのに対し、「戸」は支配の単位として分かりやすく、便利でもある。中国では「家」による血縁は最初から存在したが、「戸」を束ねた地縁は後から人為的に作り出す必要があった。宋代に導入された「保甲制」が、南京国民政府時期の一九三五年に復活し、再度適用された（第一章）のは、徴兵・治安維持における支配の便宜のためである。保甲制は、「戸」を単位として、一〇戸を一甲、一〇甲を一保として編成し、その内部において連帯責任を負わせた単位である。また地縁組織としての「村」らしきものが発生したのも、実は中国農村が社会主義の経験を経てから後である。建国後は血縁的な原理が「封建的」として批判の対象となった代わりに、地縁原理に基づく「集団」（集体）と呼ばれる単位が社会主義農村のフォーマルな行政制度として重視されたからである。

## 自然村と行政村

血縁と地縁、「家」と「戸」という諸概念と並んで重要なのが、自然村と行政村という対概念である。「自然村」（natural village, hamlet）は長い歴史の中で血縁集団が移住を繰り返しつつ、自然に形成してきたもので、大小様々のかたちをとる「集落」のことである。瀬川（一九八二）などを参照しつつ要約すると、中国の自然的な集落の形成は以下のようなプロセスをたどる。

まず、村が形成されたばかりの「フロンティア初期」の段階は、①先住民族との接触や国家権力の未統制の結果がもたらす共同防衛の必要があり、また②開発のための共同労働の必要と交通の未発達、という条件に規定されている。この二つの条件下で、集落は分散せず、固まった形態をとる。ところが、開発がある程度進んでくると、①集落の人口が増加し、耕地は次第に集落から遠い場所にまで及ぶようになり、②周囲の開発にともなって内部的な利害分化生じる。そこで、父系血縁理念という軸に沿って集落を構成する血縁組織の一部（たとえば三兄弟）が集落を離脱し、付近または遠隔地の比較的人口希薄な新天地に集落を開く。開村後の過程で他姓の者が集落に混入しなかった場合、「単姓村」が形成される。若干の他姓の混入があった結果、集落の中で一つの姓が多数を占めているような場合、「主姓村」と呼ばれる形態になる。また、激しい人口流動を経て、多くの血縁集団が混じり合った状態になると「雑姓村」と呼ばれる状態になる。

他方で「行政村」（administrative village）とは、以上のように自然形成された集落を統治権力の側が囲い込んで、人為的に形成したものである。二〇〇五年現在の全国行政村の平均規模は、三九四戸、一四八三人であった(3)。

**図2-1　自然村と行政村の形成**

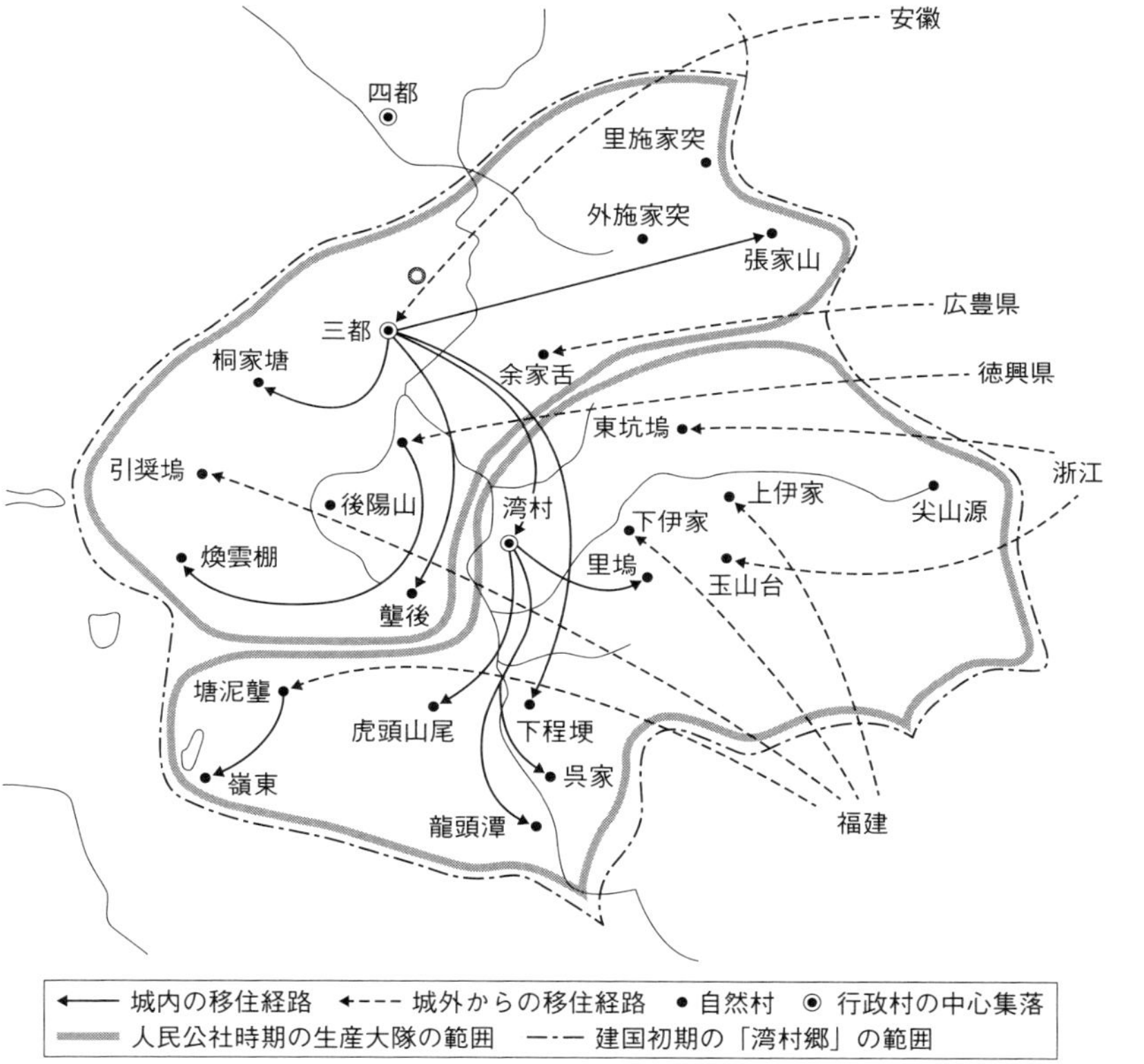


出所）田原（2004: 62）を一部修正。

ここで［図2－1］を用いて、以上の点を視覚的に理解しておこう。図中に矢印で示したのが、江西省玉山県のある地域における自然村の形成過程であり、点で示されたのが自然村＝集落である。外部から移住してきた後に、さらに付近で新しい村を開く場合もあることがわかる。この形成過程は父系血縁原理で展開していく。これに対し、「面」で囲まれた範囲が行政的な単位として形成された人民共和国建国初期の「小郷」、あるいは人民公社時期の「生産大隊」などの範囲である。血縁と地縁、自然村と行政村の原理は明確なコントラストをなしていることがわかる。これは南方に属する江西省の事例を用いることでより明瞭に表れている（後述）わけだが、中国の村落の成り立ちを原理的に理解する

図 2-2　各省行政村の規模と分散度合い

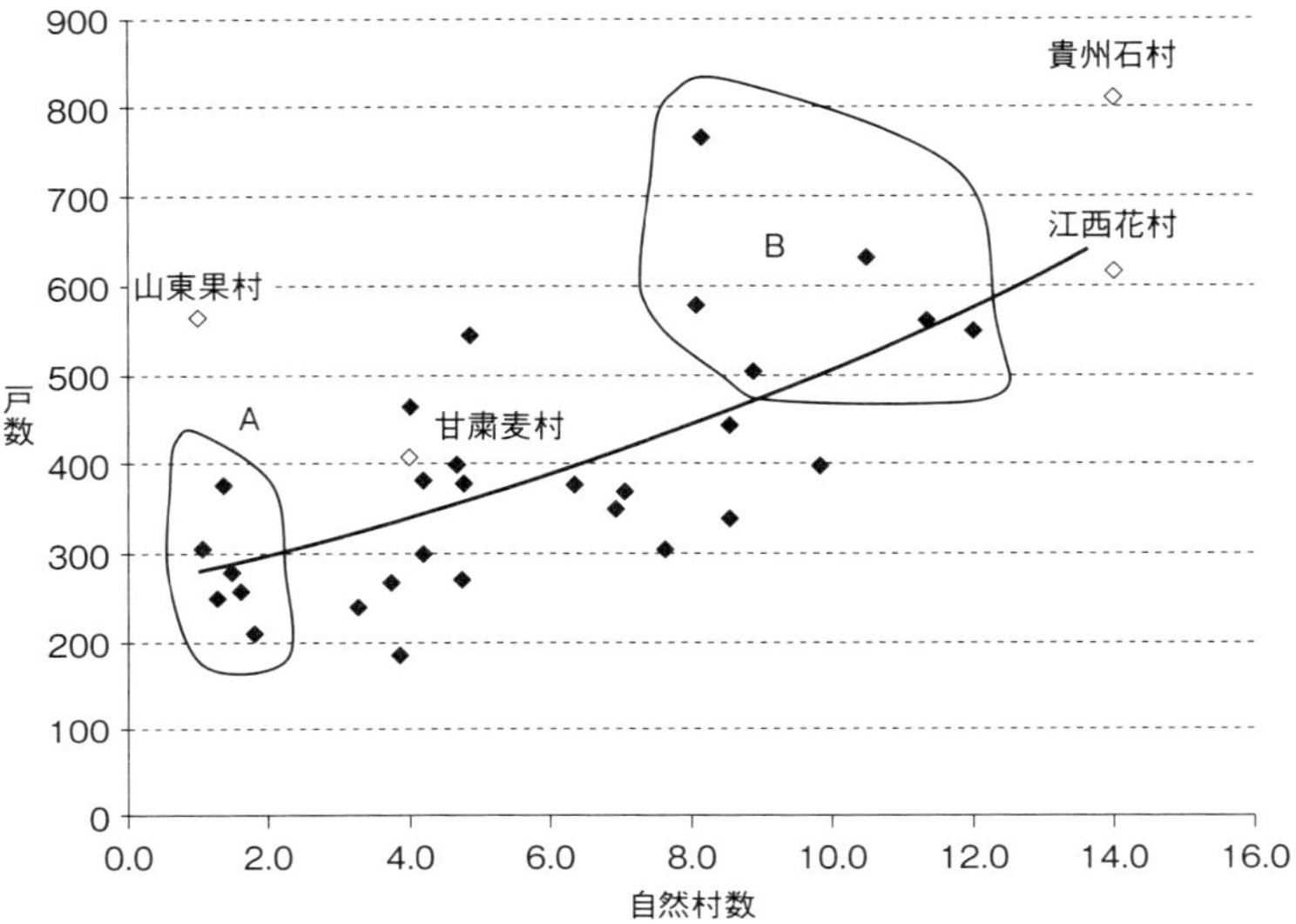


出所）国務院第二次全国農業普査領導小組弁公室・中華人民共和国国家統計局（2009a: 425），国務院第二次全国農業普査領導小組弁公室・中華人民共和国国家統計局（2009b: 549）を参照して筆者作成。

うえで重要な点である。

**地域による差異**

ここで一つのポイントになるのが、自然村と行政村の交錯の具合には、大きな地域差が存在することである。その主たる原因は、地域により集落の形態が大きく異なることである。ここには様々な要因があるが、最も直接的には平原地帯か、山岳地帯か、それともその中間の丘陵地帯か、という地形による差異が大きく絡んでくる。一般に平原地帯であれば集落は規模が大きく集中した形になり、山岳地帯であれば、集落は小規模で、より分散してくる。

［図2-2］は、全国の主要な省につき、縦軸に一行政村あたりの平均戸数、横軸に平均自然村数をとったものである。近似曲線によって示されているように、一行政村内の自然村数が多い、すなわち分散の度合いが高いほど、戸数が多い、すなわち規模が大きくなる傾向がみられる(4)。左下に固まったいくつかの省は、行政村と自然村が一致し、人口規模も小さいグループ（A）であり、北京、天津、河北、山東、山西など華北地域の各省が目立っている。これにたいし、右上の

図 2-3　中国の地方行政単位

| | 人民公社時代 | | 現　在 | 調査地の例 | | | |
|---|---|---|---|---|---|---|---|
| 省レベル | 省(市) | → | 省(市) | 山東省 | 江西省 | 貴州省 | 甘粛省 |
| 地区レベル | 地区 | → | 市(州) | 煙台市 | 上饒市 | 黔西南州 | 隴南市 |
| 県レベル | 県 | → | 県(市) | 蓬莱市 | 余干県 | 晴隆県 | 西和県 |
| サブ県レベル | 人民公社 | → | 郷・鎮 | 大門鎮 | 社更郷 | 長留郷 | 河巴鎮 |
| 基層レベル | 生産大隊 | → | 村民委員会(行政村) | 果村 | 花村 | 石村 | 麦村 |
| サブ基層レベル | 生産隊 | → | 村民小組 | 第9村民小組 | 花村組 | 石城組 | 第5社 |

出所）筆者作成

グループは行政村内の集落が分散し、人口規模も大きいグループ（B）で、江蘇、雲南、重慶、広西、安徽、広東、湖南、江西など、南方諸省が中心となっている。

当然ながら、行政村による村社会の統治という観点に立てば、前者のグループの方が比較的容易にこの目標を達成できる。つまり、行政村による村民の一元的管理には適している。他方、後者のグループは規模が大きく、分散しているために、行政村＝村民委員会が直接に手を下すよりは、サブ・レベルの組織、あるいはインフォーマルな組織にガバナンスを委ねていく傾向がより強く出てくると予想される。

本書の調査地で見た場合も、省レベルで見た場合と同様の傾向を示している。すなわち、①自然村と行政村が大きく重なり、直接管理に有利と予想されるタイプ（山東果村）、②両者が大まかには重なるが、ややズレるタイプ（甘粛麦村）、③両者が大きくズレており、間接的管理が予想されるタイプ（江西花村、貴州石村）である。

### (2) 村のフォーマル組織

中国ではなぜ、行政村が必要とされ、現在でも残り続けているのか。それは統治の単位として、広大な中国の基層社会を地方行政単位に、さらには中央政府に接続する枠組みとして、である。インフォーマルに存在するコミュニティを、フォーマルな上位の政体に結びつけるためといってよい。［図2-3］を参照してみれば、中国において中央にたいする「地方」といった場合、「省レベル」から

図 2-4 村のフォーマル組織

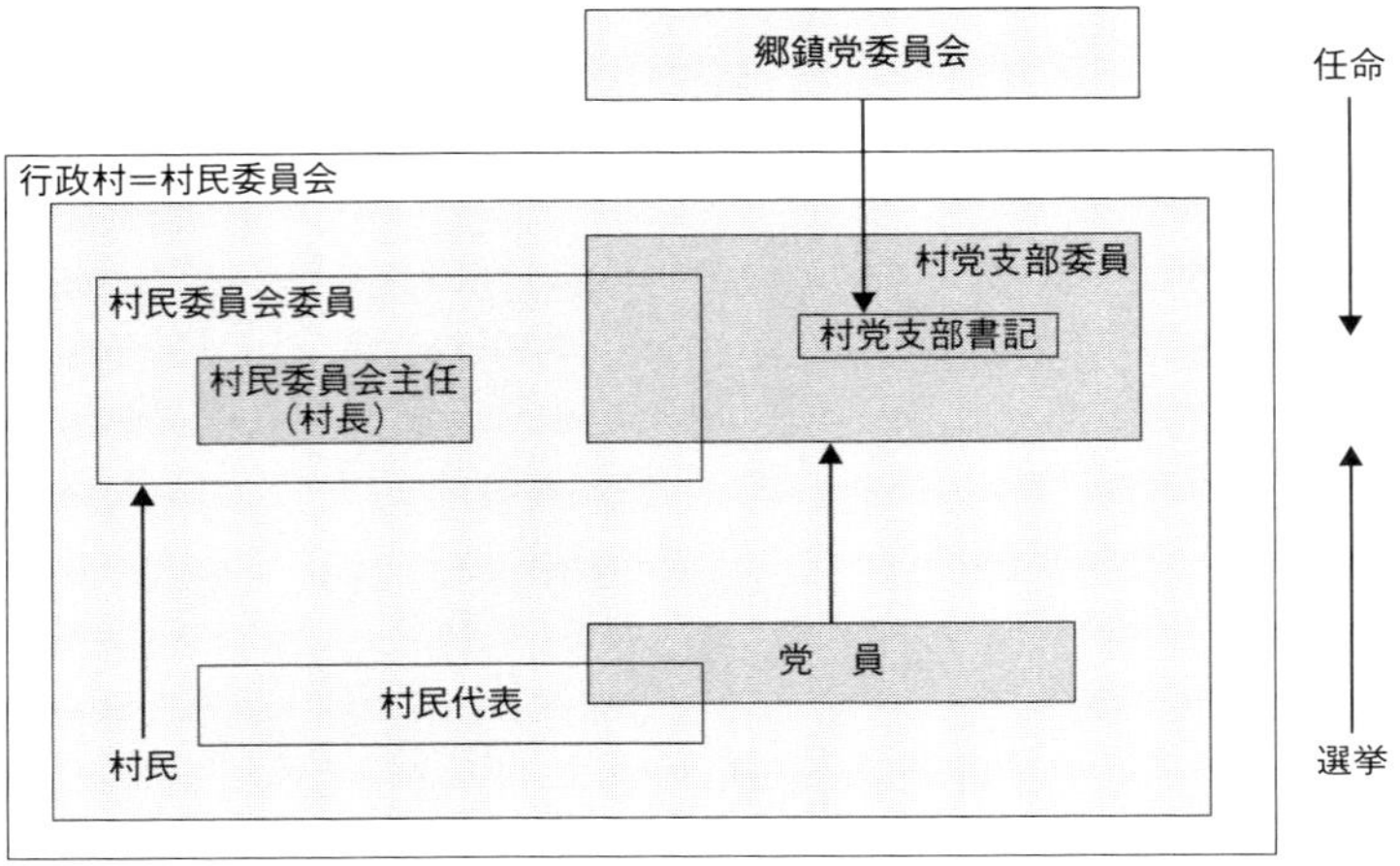


出所）筆者作成

末端の「サブ基層レベル」まで、六つものレベルを想定できる。中国は奥行きの深い社会であるから、行政の階梯も多いのである。農村社会を理解する場合、特に県レベル、サブ県レベル、基層レベル、そしてサブ基層レベルの四つの末端行政単位を念頭に置いておく必要がある。(5) 基層レベルは、ほぼ「顔見知り社会」とも呼べる規模のコミュニティに対応する。かつての人民公社体制のもとでは「生産大隊」が置かれており、そして現在では「村民委員会」（＝行政村）と呼ばれる組織が置かれている。さらに小規模なサブ基層レベル、「生産隊」や「村民小組」などの組織が置かれたレベルは、「顔馴染み社会」と呼ぶべきコミュニティに対応していると考えてよい。

以下、この「行政村」に絡んで［図2-4］を用いて村のフォーマル組織について要点を説明しよう。ここでは、村民委員会と共産党支部委員会との二つを理解する必要がある。

**村民委員会**

村民委員会は一九八二年憲法の一一一条にも規定された農村の住民組織である。人民公社が解体されたのち、もともとの生産大隊であった範囲の、組織的な空白を埋める意味で導入された。その成立の法的な根拠は、一九八七年に「試行」され、一九九七年に正式採択された「村民委員会組織法」である。二〇一〇年には新たな改正を経ている。(6) それによれば、村民委員会とは「村民が自己管理、自己教育、自己服務を行うための基層大衆組織であり、村の公共事務と公益事業の実施、村民の間のもめごとの調停、社会治安の維持、人民政府に向けての村民の意見・要求の提出と建議を行うもの」である。村民委員会は、三年に一度、村民による直接選挙を実施している。選挙を通じ、村の規模に応じ三～七人の委員を選出する。村主任、副主任、その他委員からなる。[7] ここでは組織の詳細に踏み込むことは避けるが、村のフォーマル組織としての村民委員会を国際的な視点から位置づけてみたい。そこには特徴的な点がいくつかある。

第一に、村民委員会は中国の権威主義体制を支える足腰だという点である。競争的な選挙が実施されているため、一見するとそこには「民主」的な価値観を体現するかのようにみえ、内外の研究者らも、「民主」のプリズムを通して村民委員会という組織をみてきた（序章）。しかしより重要な事実は、中央から基層へと連なる中国の政治システムの中で、唯一、競争的な状況、すなわち複数候補を立てての選挙戦が発生し得るのがこの行政村レベルの村民委員会選挙だという点である。私見では、その真の目的は、「民主」の価値の実現ではなく、三年という短いスパンで基層レベルのリーダーの交替を促し、地方ボス化を防止するための「農村リーダー制御の政治」（田原 二〇一二）にある。この基層リーダーの頻繁な交替は、村より上のレベルに及ぶことはない。中国の権威主義体制は、末端の農村リーダーに依拠しつつも、同時に彼らを完全には信頼せず、これを定期的に交替させることで制御するという二つの力の拮抗のうえに立脚してきた。

第二に、村民委員会委員は選挙によって選出されるが、村の「議員」ではない。委員らは、形式的にはあくまで行政の系統すなわち執行機関に属している。つまり、中国農村では「行政スタッフ」を選挙で選んでいるのである。ここから、村民委員会委員は議員（代議機関）と官僚（執行機関）が融合した特質をもっている。これは、科挙制度を通じて「官」を選んできた中国の伝統を考えると理解しやすいものの、選挙区の利害を代表する「議員」のニュアンスからはかなりの隔たりがある。国際的にみるとやはり特殊である。

第三に、村の議員に相当するのは「村民代表」であろうが、その位置づけは曖昧である。「村民委員会組織法」では、村民代表は五～一五世帯に一人の代表を推薦するか、あるいは、村民小組ごとに若干名を推薦するとされる。このように、選挙によって選出される村民委員会委員とは異なり、村民代表は近隣の世話役的な人物が阿吽の呼吸で選ばれているというに近い。村民小組長が事実上、村民代表的な扱いとなる場合や、ポストはあっても名誉職である場合、あるいは村民代表のポスト自体が存在しないなど、実態は様々である。

### 共産党支部委員会

通常、一つの行政村の範囲には、数十人の共産党員がいる。これら党員の間で、数人からなる党支部委員を選出する。前記の村民委員会委員と並び、数人の党支部委員も同様に「村幹部」すなわちリーダーとみなされる。さらに、党支部委員の互選により党支部書記が選ばれる。そのあとで、郷鎮の党委員会により任命を受けるかたちとなる。村党支部書記は、村民の直接選挙で選ばれる村民委員会主任よりも権威が大きいと目され、実質的には村のナンバー・ワンである。

以上、中国農村では二つのフォーマル組織が重要であり、本書でみていく村落ガバナンスの重要な担い手である。ここで注意すべきポイントをいくつか指摘しておきたい。

第一に、党支部委員会と村民委員会を明確な機能的分業関係をもった別組織というふうに考える人がよくいる。しかし、実態は党支部のリーダーと村民委員会のリーダーは人的にも重なっている場合が多い(8)。村民の目からみれば、どちらも「村幹部」であることに変わりはない。総じていえば中国の村リーダーは何らかの専門分野に強いスペシャリストが分業に基づき仕事をするというより、現地の事情や人間関係について全般的に詳しいジェネラリストである（田原 二〇一九）。

第二に、フォーマル組織のリーダーたちは、その正式な身分ゆえに、上級政府部門と村とを結びつけるパイプの役割を果たす。政府に絡んだ各種の補助金が村に適用される場合、これらフォーマル組織の幹部たちがその受け皿となる。村の周辺には様々なインフォーマル・リーダーたちが存在するが、上級政府と直接に、より合法的にやり取りすることができるのは、やはりフォーマル・リーダーなのである。

第三に、これは本書で扱う「ガバナンス」に絡んで重要な点であるが、村では、いつもやるべき仕事があるとは限らない。特に近年の内陸部の村では、普段はやるべきこと、できることが何もない場合が多い。であるから、村幹部は公務員のように毎日きっちりと村のオフィスに出勤するとは限らない。たとえば江西花村（第四章）にはそもそも村幹部が出勤すべきオフィスが存在しないし、甘粛麦村や貴州石村のように、形だけはオフィスが存在していても、普段は鍵がかかったままの場合もある。中国の場合、どの領域でもそうであるが、フォーマルな制度と実態との乖離が非常に大きい場合がままある。フォーマルな「組織法」では村がやるべき仕事が列挙されているが、実際にはできないことが多いのである。なぜできないかといえば、それは財政制度に関わっている。

日本の市町村など地方自治体が住民税や市町村税など独自の税源を保有するのと対照的に、中国の「村」には独自の課税・徴税権がなく、その意味でフォーマルな「財政」をもたない。また二〇〇六年より以前は、日本の「地方交付税」に相当するような、財政力の弱い自治体に配慮した財政再配分措置も存在せず、村の運営費はほぼ「自力更生」で賄われてきた。村は末端において国家の計画出産管理を代行したり、あるいは本書で詳細にみていくように、国家の手の届かない小規模なインフラ整備を行ったりと、実際には多くの仕事を担わされてきた。ここから村には収入と支出が存在する。だが、それは実際の必要から「事実上」存在しているのであって、あくまで国家の財政制度の枠外に位置するものである。

当然ながら、地域ごと、村ごとにみた「財政」規模の格差は非常に大きくなる（孫　一九九五）。筆者の調査地でも、山東果村は毎年、数十万元規模の集団収入があるのに対し、その他の三村は、これがほぼゼロに近い。二〇〇六年以降は政府資金が村に入り始め、内陸農村は公共建設・公共サービスの実施において政府資金に依存することが多くなっている。しかし、この政府資金の場合も自動的に農村に引き込まれるのではなく、そこにはフォーマルな制度の枠内にとどまらない、多様なアクターによる「ガバナンス」が働く余地が存在しているのである。

## 第二節　ガバナンス

### (1) ガバナンスとは何か

本書では、村落の周辺で行われている人々の様々な共同活動を「ガバナンス」と呼ぶ。ガバナンス概念で草の根の中国を認識することには、積極的な意義があると考えるからである。

近年、コーポレート・ガバナンスやグローバル・ガバナンスなど、ガバナンス概念は非常に広範な領域にまたがって使用されている。実のところ、それらの間に統一的な定義を与えることは容易ではない。したがってここでは、本書の「村落ガバナンス」に比較的親和的であると思われる、公共政策や「ローカル・ガバナンス」の文脈におけるガバナンス概念に焦点を当てて整理しておきたい(9)。

公共政策におけるガバナンス概念は、一九八〇〜一九九〇年代に、西欧諸国の公共セクターの改革に伴う国家の役割変化を記述するための用語として生まれたとされる(10)。とりわけ公共サービスの提供において、厳格なヒエラルキーに基づく官僚制に依存したあり方から、一歩進んで「市場」や「ネットワーク」の活用が重視されるようになった。政府はその政策の実施において、徐々に外部の組織に依存するようになったのである。そこには、様々な非政府のアクターが参与するようになった。

この過程には二つの波があった。一つは、ネオ・リベラリズムの考えに指針を採る新公共管理（New Public Management）であり、小さな政府を目指し、民営化および外部請負制など広義の市場化に向かう方向性である。いま一つは、ネットワークの動員や、政府と民間とのパートナーシップの利用などである。これにより政府外の様々なアクターが関与してくるため、説明責任のジレンマが生ずる一方で、市民社会の活性化につながるメリットもあった。

このように欧米の公共政策では、それまで存在していた政府（「公」）による一元的なサービス（ガバメント）が一九八〇年代以降、後退していく中で、政府の役割が市場（「私」）やコミュニティ（「共」）に移譲され、「公・共・私」の多元的なアクターの協働による問題解決が目指されるようになり、それがガバナンス概念の成立につながった。地方自治体の公共サービス提供についても、「自治・町内会など様々なアクターへの事務事業の委託を通じてそれらとの関係を築き、また、それらとのネットワークを構築していく過程においてローカル・ガバナンスは構築されていく（善教 二〇〇九：五五—五六）」とされる。

私たちの考察対象である中国農村では、これとはまったく異なるガバナンスの文脈が存在してきた。前章で見たように、毛沢東時代に形成された独自の「都市＝農村二元構造」のもとで、ローカル・ガバナンスも独特のかたちをとっていたといえる。まず、都市部の国有部門に所属する市民は「単位」システムを通じて細部に至るまで手厚く保護されていた。都市市民については政府による直接的な統治＝ガバメントが行われていた。他方で人民公社制度のもとに置かれた広大な農村は、政府が行政サービスの提供者になるという意味での「ガバメント」の対象外だった。インフラ・教育・医療など生活のあらゆる側面で「自力更生」（「共」）による問題解決が期待されていたからである。政府の資源を期待できないために、最初から「ガバナンス」で乗り切らざるを得ない状況が存在したのである。

本書で示していくように、近年、とりわけ今世紀に入ってようやく、市場経済化と政府の農村優遇政策のもとで、市場（「私」）や政府（「公」）の要素が農村の暮らしに入り込んできた。とはいえ、公共財の提供を政府が一手に担うような状況は中国農村では生まれようがなく、現在でも「共」がガバナンスの中心的なアクターかつ資源であり、それを「公」と「私」がサポートするかたちとなっている。政府が多少なりとも農村の面倒を見るようになったことで、ガバナンスのアクターが「多元化」することになった。こうして、政府が果たすべき役割の方向性は逆であったものの、中国農村においては一貫してガバメントよりは「ガバナンス」が、基層の生活を彩ってきたのである。(11)

ガバナンス概念をめぐって最も重要なのは、それが権威のあり方とその行使についての、より多元的な見方を提供してくれる（Bevir 2009: 29）点である。大きくまとめると、ガバナンスとは以下の二つの要素を含むフレームである。

①アクターの広汎性：公共的な課題の解決のために、政府や公的機関が一方向、トップ・ダウンで政策を執行するというよりは、多様な非政府アクターがそこに参与すること
②プロセスの動態性：公的かつスタティックな制度で問題を解決するというより、多元的なアクター同士がダイナミックに「協働」し、持続的な相互作用を生み出す過程であること

このようなガバナンスの視角は、草の根の目線からポスト税費時代の中国社会を理解しようとする本書の目標にうまく合致する。第一に、現在の中国農村は、村落というコミュニティを大まかな舞台として、上級政府や村幹部などの公的アクターだけではなく、民間のリーダーや一般村民を巻き込んで、ダイナミックに生活の諸問題を解決していく小さなエピソードを豊富に提供してくれる。第二に、中国社会では、目にみえる、看板を掲げた組織が必ずしも建前通りの役割を果たしていない場合がよくある。制度として存在している組織だけに着眼していてはなかなかみえづらい面があるのである。たとえば前述した「村民委員会」は全国に存在するフォーマルな村組織であるが、その実際の働き、カバーする範囲はまちまちである（第三章〜第六章）。ここから、中国基層社会の実態をつかむには、組織から生活をみようとするのではなく、むしろ「出来事中心のアプローチ」の方が適している(12)。すなわち個別の出来事をめぐって、誰が、どのように問題を解決していくのかを観察するのである。ここからも、プロセスの動態性を強調する「ガバナンス」の視角が、なおさらに適合的なものとなる。

ここで、ローカル・ガバナンスに連なる特徴をもちながらも、よりミクロな暮らしの舞台に密着した「村落ガバナンス」に、以下のような定義を与えておきたい。

個々の住民世帯が単独で対処することが困難な諸問題を解決するための、多様なアクターによる組織的な取り組み

たとえば死人が出た農家は、通常、自分たちだけで葬儀を挙行することはない。多くのアクターがそこに関わる。近隣の世帯の助けや、(日本であれば) 菩提寺、ときには葬儀会社、公営の火葬場などが動員され、はじめて十全に目的が達成される。これら一連の取り組みは「埋葬ガバナンス」と呼ぶことができる。また清潔な飲水が得られず頭を抱えている集落の住民はどうするだろうか。深い井戸を掘る必要があるが、個別世帯が掘るにはコストがかかりすぎ、また掘れたとしても無駄が大きい。数十世帯、あるいは村全体で資金を出し合って共有の井戸を掘れば、地中深くまでボーリングが届き、質の良い飲水が得られ、健康にも害がなくなるだろう。こうして色々と工夫を凝らすのが「飲水ガバナンス」である。具体例を挙げ始めればすぐわかるように、本書の定義による「ガバナンス」は農村社会の基層部分の至るところに存在している。

前記のガバナンスの定義に基づけば、個別住民による対処 (ガバナンス未満) か「ガバナンス」による対処か、の境界は常に揺らいでいる。この点に関連して広井良典は次のように述べる。

これまでの経済社会の発展というのは、ある意味で、それまで「家族」の中で行われていた営み、あるいは家族が担ってきた機能を、次々に「外部化」してきた歩みであると見ることができる。たとえば「教育」はかつてはもっぱら家族内で行われていたし、老人の経済的扶養は、年金制度が整備される以前は、もっぱら家族内で行われてきた (広井 一九九七：一四八)。

し尿処理やかつてのゴミ処理なども、もう一つのわかり易い例である。し尿処理は、現在の中国農村でも多くの場合、農家が自分で汲み取り、自給肥料として田畑に撒く。その段階では、これを組織的に対処する「し尿処理ガバナンス」の必要性は生じていないことになる。またかつての農村の生活はゴミを少ししか出さないものであり、組織的な「ゴミ・ガバナンス」は不要であった。ところが消費生活の高度化でゴミの量が増えたと同時に、土壌に溶解しないプラスチック製品、瓶や缶など環境に影響を与えるゴミが出てくる。ここから、少なからぬ地域でゴミの収集も村落ガバナンスの重要な一項目になってきている。

逆の場合もある。つまり、何らかの要因の変化によって、かつてはガバナンスが必要であったものが、不必要になることもある。たとえば、戦前日本農村の著名なエスノグラフィーである「スエ村」の研究である。熊本県須恵村付近の部落では毎年のように洪水で橋が流されたが、流された橋を再建する作業は村民を団結させ、また作業後の宴会を通じた娯楽の機会ともなっていた。このようにコミュニティの定期的な共同事業であった橋の修繕は、橋をコンクリート化した部落ではたちまち消滅してしまったという（Embree 1939: 122–124＝1978: 112–114）。

このように、個々の住民世帯で対応するか（自足原理）それともガバナンスとして共同の問題として対処するかは、地域と時代により、さらには住民自身の認識によって変わってくる。たとえば、村内にゴミが散らかっている状態は、外部者の目からみて「問題」であると捉えられても、一部の村ではまったく問題として認識されず、ガバナンスの対象とはみなされない場合もある。都市と農村の違いも大きい。都市部の市民生活は、家庭内の自足的な力、あるいはコミュニティの力で解決される領域が小さく、その分、政府・自治体の行政サービスや、商業サービスにほぼ頼りきった状態にある。現在の東京都民の生活ぶりを想起すれば、すぐに得心できるところだろう。これに対し、農村、とりわけ途上国や新興国の農村の場合、政府や市場に解決を丸投げするのではなく、家族の自足原理や、あるいはごく少数の世帯間の連携によって解決されていることが多くある。

以上のように、ガバナンスは草の根の生活の至るところに現れたり、消滅したりを繰り返していると考えられる。これを観察対象とすることにより、私たちは奥の深い社会の基層部分をよりダイナミックに理解できる。中国に関する情報の偏りの是正に多少なりとも貢献できると考える。

最後に一つ付け加えるなら、「ガバナンス」の中国語訳として定着している「治理」は、以上の説明からはよほど隔たった、独自のニュアンスを帯びてしまっている。第一に、それは政府・為政者による民衆の「統治」とほぼ同様の語感を帯びている。ただし中国語の「統治」では、トップ・ダウンのあからさまな権力性を感じさせてしまうので、それに代わる語として「治理」がしばしば使用される。「治理」は「統治」に比べ、よりピンポイントな対象に向けられる。たとえば、経済発展の障碍になる民衆のもめごとを未然に解消するための「迎撃システム」としての「治理」である(13)。第二に、この「治理」には、インフォーマルではっきりしないものを制度化・規範化し、「きちんとさせる」という政府の側の潜在的な欲望も込められている(14)。たとえば河川・砂漠・環境などを「治理」するといった使い方もなされるが、その場合、人間の思うようにならない自然環境を人為的な措置で何とか抑え込む、といった意味合いになる。人間社会の「治理」、自然環境の「治理」に共通しているのは、中国の為政者の思考に通底する「乱」(国が乱れること)への恐怖であろう。本書で使用する「ガバナンス」は、中国語の語感が運ぶ上からの「治理」とその目標において一致する部分もあるが、ひとまずは別物と考えていただいた方がよい。本書はより汎用性のある"governance"概念を用いて草の根の中国を再解釈する試みである。

## (2) ガバナンスの領域

私たちの目指す「暮らし」の視点からのガバナンス研究は、発展や民主を基準とした従来の「治理」研究とは異なる。それは、ガバナンスの領域、すなわち解決されるべき個別具体的な項目ごとに分析するリアリズムを特徴とする。領域に着眼することで、①一つのコミュニティを取り上げても、多種多様なガバナンスがそこに重層的に折り重なり、相互に作用している点、および、②異なる地域コミュニティの間では、異なる領域が住民の関心を集め、争点化すること、が見えてくる。中国の農村ガバナンス研究に限らず、従来の農村開発論でも、そこで取り上げられる開発の領域自体がもつ意味について、研究者は十分に自覚的ではなかった(15)。これに対し筆者の場合、研究者の問題関心から予め研究したい領域を絞ってしまうのではなく、フィールドに入ってから現地住民の声に耳を澄ます、というアプローチをとってきた。その結果、同じ一つのフィールドでも、農田、山林、道路、宗教、飲水、灌漑用水、教育、医療などの個別領域において、ガバナンス効果はけして一様ではないことがみえてきた。

この意味でとりわけ印象的であったのは、本書の第六章で取り上げる甘粛省西和県の麦村でのフィールド・ワーク中に出会った、現地の農民たちの、一見したところ矛盾に満ちた行動ぶりであった。彼らは総じて、道路や飲水施設といった身近な生活インフラの建設については皆で協力し合い、力を出し合うことにとても消極的であり、計算高かった。今世紀以降、沿海都市部への出稼ぎである程度、懐具合には余裕が出たにもかかわらず、わずかの金銭、労力でさえ出し惜しみ、「他人が譲らないなら自分も譲らない」姿勢を固持していた。他方で、彼らは県域の随所に分布している寺や廟には日常的に参拝し、過去の神仏の加護に感謝したり、家族員の未来の幸福に対して願を掛けたりすることに余念がなかった。二〇一四年に麦村で「家神廟」再建の機運が盛り上がった際、多くの村民は嬉々として協力を惜しまず、先を争うようにして献金を行った。多額の寄付を行った人々のほか、少額のお布施や、物品を供出する者もおり、多くの村民が村廟再建に参与したいという心情を露わにしていた。

農村の物質生活にかかわる道路や飲み水などの小規模インフラの整備と、精神生活の中心となる村廟の建設・維持・管理は、少なくとも私たち外部の観察者にしてみれば、いずれもが村落の公共生活を構成しており、同等の重要性をもつように映る。にもかかわらず、村民らの態度が「協力」と「非協力」でかくも異なってくるのはなぜか。二種類の異なる村落ガバナンスにたいし、村民たちは恰もダブル・スタンダードをもって臨んでいるようであった。本書が接近を試みたいのは、一筋縄ではいかないこうした基層の現実である。

周知の通り、日本の農村社会学や、海外の農村研究・村落研究においては、村のもつ「共同性」というのは、中心的なテーマであった(16)。しかし、従来の中国農村の共同性をめぐる議論は「まとまれるか、まとまれないか」、「強いか弱いか」、ひいては「共同体が存在するか否か」という議論になりがちだったのではないか。換言すれば、村の「共同性」といったときに、ガバナンスの領域ごとに異なる形があることが認識されてこなかった。特定のガバナンス領域、特定の機能・組織を注視したために、一つのフィールドのもつ「共同性」を単に強いか、弱いか、で捉えてしまった。これに対し本書では、同じ一つの村であっても、異なるガバナンスの領域ごとに異なる「共同性」が問題となることを主張する。(17) 異なる共同性が作用しあった結果、本文で論じる通り、同じ一つの村でも、ある領域の問題はスムーズに解決されているが、他の領域の問題は未解決のままになっている、ということも当然、起こりうることになる。

本書では、二つの軸を用いて、ガバナンスの領域を四つに分類する。第一の軸はガバナンスの目的に沿った、生態＝象徴の軸である。

①生態領域＝物質生活の整備（＝ライフ・ライン・「毛細血管」のガバナンス）
②象徴領域＝精神生活の充足（＝アイデンティティ・意味のガバナンス）

生態領域のガバナンスは、物質生活の整備を目的としている。農村において、それは広義でのライフ・ライン、比喩的にいえば「毛細血管」のガバナンスである。以下、簡単に説明しよう。

ライフ・ラインは、ある世帯を取り巻くモノや情報、サービスの循環を可能にする。そこでは、大量の物流（使用したのちリサイクルされたり、消費・浪費されたのちに$CO_2$として排出されたり、ゴミ、し尿になったりする）、上水（炊事・洗濯・洗面・入浴などで使用されたのち下水として排出される）、燃料（都市ガス・プロパン・灯油などが使用され、$CO_2$として排出される）、電気（電灯・コンセント・冷暖房器具などを通じて使用される）、情報（電話、テレビ、インターネットなどを通じ受信・発信される）など、様々な循環が存在していることに気づく。これらは人体に譬えれば循環器系、消化器系、神経系など、暮らしが高度化すれば、なくてはならないものばかりである（増田 二〇〇九：一四六）。

他方、伝統的な農村住民は、世帯を基本的な経済単位として、普段は何事もなく生計を営んできた。自己完結的な「小農」を基準に単純化して考えれば、そこでは外界とのモノ・カネ・情報の交流は最低限度で済んだのである。農家は基本的に自らの所有する土地で食糧作物を育て、耕地の隙間に植えた野菜や、普段は庭を駆け回っているニワトリ——手間のかからない家禽の代表である——などの家畜を潰して食すことで、貨幣を用いた消費にあまり頼ることなく生きていくことが可能だった。派手な消費というのは、農村生活には必要のないことであった。このような状況下で、前記のようなライフ・ラインは、必ずしも各世帯の家屋に連結されていたわけではない。たとえば上水に関しては、自宅敷地内に掘られた井戸で生活用水は十分に賄えた。当然、排水の量も少なく、ことさらに下水管や側溝がなくとも、川に流してしまえばよかった。風呂の残り湯は田畑の肥料として還元された。

ところが消費生活の高度化に伴い、農村部でも世帯が外部と結びつくためのライフ・ラインと、それらを建設・維持・管理していくための組織的取り組みを必要とするようになった。日本の農村であれば高度成長期、中国農村の場合は二〇〇〇年代以降、現在まで、ライフ・ラインのガバナンスは重要なものであり続けている。

もう一つは、象徴領域、精神生活の組織化にかかわるガバナンスである。この研究に着手し始めた当初、筆者は同領域の重要性に気づいていなかった。ところが、中国のみならず、ロシアとインドにも広がって実施した村落ガバナンス調査の結果、三国では、物質生活の整備のための取り組みにとどまらず、精神生活に関わる住民の取り組みが必ず存在していたことに改めて思い至った。言い換えると、人は物質的に満たされて生活に支障なく暮らす、という次元だけでは飽き足らないということである。その意味で、人々のアイデンティティや意味づけに関わる象徴領域の村落ガバナンスが必要となるのである。人は皆、自分が誰かを知りたいと思っている。自分の人生に何らかの意味、できればプラスの意味を見出したいと考える。自分や家族に厄災が降りかかれば、その理由をみつけ、納得しようとする。こうしてみれば、村というのは、単に物質生活上の必要を満たすためのガバナンス組織ではなく、必ず精神生活を束ねようとする志向性を持ち、そのための仕組みを備えるべく生成・発展してきたものである[18]。

もちろん、生態＝象徴という二つのガバナンス領域は歴然と区分できるものであるよりは、相互に浸透し合った関係としてみるべきである。たとえば村の定期市は村民の生活に必要な物資を購入するためのライフ・ラインであると同時に、

**表2-1　ガバナンスの諸領域と甘粛麦村における事例**

| | 生　態 | 象　徴 |
|---|---|---|
| つながり | 柳代溝集落の水道建設（2000年） | 埋　葬 |
| まとまり | 中心集落の環状道路建設（2014年） | 家神廟再建（2014年） |

出所）筆者作成

そこで取引する際のコミュニケーションを楽しんだり、廟会などが開かれ劇団が招聘されたりもするので、娯楽や伝統文化を享受する場ともなる（第三章）。また村の学校は、国家による教育サービス提供の最末端＝ライフ・ラインという性格をもつとともに、教員＝児童＝保護者の日常的・対面的な関係を前提としているという意味で、村の精神生活の組織化にも深く絡んだ存在である。

第二の軸は、当該ガバナンス領域の実現にあたって必要となる組織化の程度を基準としつつ、そこに中国の社会文化的なニュアンスを加味した、「つながり」＝「まとまり」の軸である。

①「つながり」ベース：小規模、親密圏、利益共同体の「内部結束」(bonding)
②「まとまり」ベース：中規模、複数の親密圏を橋渡しする原則性・理念性 (bridging)

これはより普遍化していうなら、組織的な取り組みを立ち上げていく際に必要となる、組織化程度、その規模による分類である。「つながり」ベースのガバナンスは一般的にいって小規模な親密圏に重なる範囲に生起し、容易に立ち上げることができる(19)。これに対し、「まとまり」ベースのガバナンスはより高次の組織化が必要で、何らかの原則性や理念性を必要とする。そのためガバナンスの難易度も高くなる。以上の二つの軸を掛け合わせ、甘粛麦村（第六章）について例示したものが［表2-1］である。

実のところ、この「つながり」と「まとまり」はガバナンスに使用される「資源」の分類でもある。したがって次節では、ガバナンスの資源について述べていきたい。

## 第三節 資源

### （1） 資源とは何か

資源といえば、人々はまず、石油や石炭、天然ガスなどを思い浮かべるだろう。またよりローカルな生活に密着した資源として、たとえばモンゴル高原に生きる人々の生活・生計にとって、水資源、草原、家畜、などが重要な資源であることは明白である。これらは判別しやすい資源といえよう。

これらに対し本書でいうところの資源は、自然・天然資源に限られないばかりか、一般の山林や農地も含み、また無形の資源をも含む。これらは誰もが客観的に見出せる対象であるとも限らない。資源という概念は本来的に、目の前にありながら見えてないものを「再発見」し「資源化」する、という動態的な営為を内包する。この意味において、「資源」は概念としてのパワーを最も有効に発揮できる。内堀（二〇〇七）の指摘する通り、そもそも「もの」がそのままのかたちで資源になることはまずない。資源は「である」ものではなくて、人間が意図や目的をもって環境と接触する中で、資源「になる」ものに他ならない。

「になる」ということ、つまり資源の形成は、欲求と能力という人間の側の契機と、様々な「もの」からなる環境の側の契機の機能的な相関である（内堀 二〇〇七：二一）。

人間活動の目的に応じて再定義されるものであるから、当該地域に生きる人々の目的意識や認識活動によって再発見されたり、逆に消失したりもする。さらにいえば、資源とは客観的に存在するものというよりは、人間が何らかの目的をもってそれを「使用する」かぎりにおいて生まれる。[20] あらゆるものの中で村落ガバナンスの資源に「なりうる」ものは、そ

**図 2-5　ガバナンス資源の分類**

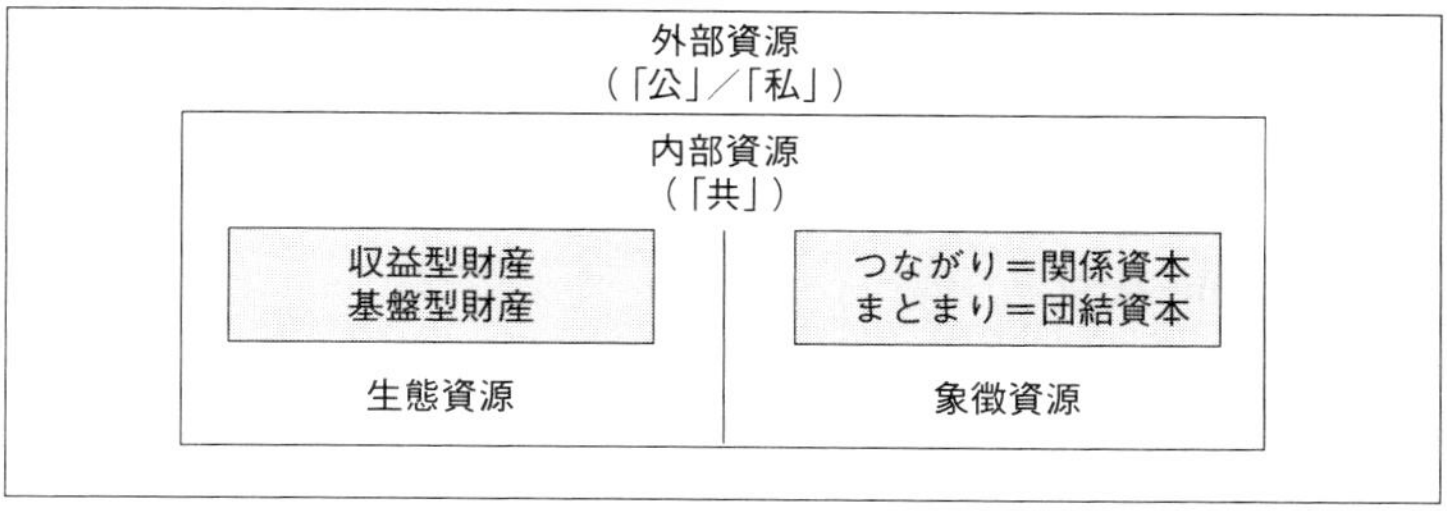


出所）筆者作成

のガバナンスの領域と具体的な目標によって規定されてくるのであり、個別の文脈から離れて常に資源「である」ものは存在しない。人間の認識活動と不即不離の関係にある点をまず確認したい。

### (2) 資源の分類

ここでは、二つの軸を用いて資源を分類する［図2-5］。

資源の分類の第一の軸は、「生態資源」と「象徴資源」の区別である。かみ砕いていえば、前者の資源はガバナンスを円滑にするための、目で見、手で触ることの可能な物質的資源であり、前述した天然資源や生態環境などが含まれる。後者は目に見えず、手で触れることのできない非物質的資源である。社会関係や人々の共通の記憶、信頼感、象徴などを含む。もちろん、後述する通り、「生態資源」と「象徴資源」は実際にはしばしば不可分であり、あらゆる資源は生態的であるとともに象徴的であるという両側面を備え、資源によってどちらかの側面がより顕著に表れるにすぎない。むしろこの融合性こそが資源の循環を可能にするのである。

分類の第二の軸は、内部資源と外部資源である。内部資源とは、ガバナンスの主体となる当該の地域社会や村などのコミュニティが共同で保有する資源である。「共」的な資源といってもよい。これら資源の使用はコミュニティの成員間の互酬性原理に基づき、農村を舞台とした各種のガバナンスについて、直接的にプラスの働きをすることになる。これに対し、外部資源とは、「共」的資源の外部にある、政府（「公」）や市場（「私」）に属する資源を指す。これらの資源は、政府部門の再分配原理や市場の交換原理により、補助金による公共事業として、あるいは農村ビジネスの形でガバナンスを代行することになる。

ただし、農村コミュニティの外部資源をみる際には注意すべき点もある。第一に、政治権力や市場の中心地からはしばしば、遠く隔たっている農村では、十全なガバナンスのためにはどうしても、住民自身の互酬性原理の働き（「共」）で補完される必要があることである。第二に、政府部門や市場部門の資源が、本来の再分配原理や交換原理によってではなく、これも互酬性原理によって村落ガバナンスに引き込まれる、ということも現実にはしばしば生じる。これらについては後述する。

### 内部 - 生態資源

前述の通り、内部資源とは地域社会やコミュニティがそれ自身で保有する「共」的な資源である。そのうちの生態資源とは、「共」的な目的に資する資源の物質的な側面に着眼しての概念化に他ならない。これはコミュニティ共有財産と呼んでもよいが、中国農村の現実に即してみれば、より細かく、「収益型」財産と、「基盤型」財産に分類が可能である。

まず収益型財産である。本書で呼ぶところの収益型財産とは、より一般的には、いわゆる「集団経済」（集体経済）のことを指す。「集団」（集体）とは、個人や農家世帯と国家の中間にある地域単位であり、通常は郷・鎮（かつての人民公社）、行政村（生産大隊）、村民小組（生産隊）などを指す。これら集団は、人民公社時期、とりわけ一九七〇年代初頭から自力更生で自らの経済発展を促進した経験があり、集団が経営主体となった土地、家畜の飼育場、果樹園、企業体、リース用の家屋などを持ち、収益を上げた場合には村民の福利や村のインフラ建設などに使用することができた[21]。受益者の範囲と恩恵は目に見えやすいため、それが「村の団結」という象徴資源に転ずるメカニズムも体感的に理解しやすい。中国の村は法定的な税源をもたないため、集団経済の有無は当該行政村の命運を分けるといっても過言ではない。ただし、現実に集団経済が存在する村の割合は小さく[22]、とりわけ広大な中部・西部地域の農村では、大規模な集団経済をもたない村の方が一般的である[23]。ここから、研究対象として目を引きやすい集団経済が注目されればされるほど、それが不在である地域や村については、「資源の欠如」が意識され、中国農村ガバナンス研究が陥りやすい「永遠のないものねだり」傾向が助長されてしまうのである。

次に、研究者はさほど注目してこなかったのが、本書が呼ぶところの基盤型財産である。農村の豊かな土地や山林、草原、池、河川などは、それ自体が人間の社会生活を円滑に運営させていくための資源とみなされる。農村の場合、自然資源の多寡は社会のガバナンスに大きく影響する。単純な理屈であるが、周囲の自然から得られる恵みが大きければ、住民同士がいがみ合うこともないが、資源の量が希少であるとき、奪い合いが生じやすい。中国東北部の農民が客人に対しても気前が良く、豪快でさえあるのは、その生活の背後に土地という資源が豊富にあるからだと考えられる。逆に南方諸省のように一人あたりの土地資源が少なければ、人々は自分のパイを確保することに慎重になり、計算高くなるので、互いに折り合いをつけることの難易度も増してしまう。(24) このように、農村のガバナンスをみるうえでは、現地の自然資源の多寡、という視点を外すことはできない。

中国農村の基盤型財産は、もともとの生態環境の基礎のうえに、人民公社時期の社会主義的な労働蓄積を行う中で形成され、付加価値を高められたもので、農村の景観全体を形作り、生活の基盤となしている。農地、山林、道路、灌漑施設、学校、診療所、村オフィス、共有地、池などを含む。こうした一見して地味な生態資源も、現在の村民の公共生活の成立には一役買っているのである。とりわけ以上のうちの農地は、一九八〇年代初頭に、行政村を単位として村民に平均分配されている（第一章）。このことは、集団としての村にリアリティを与える効果をもったし、後述する象徴資源としてのゆるやかな「まとまり」の根源をなしている。

中国南方の稲作地帯を対象とした農村ガバナンス研究は、近年の基盤型財産のうち、灌漑諸施設の荒廃に着眼してきた。(25) 南方農村では灌漑施設の重要性は高く、それゆえその荒廃は、人民公社的な「集団」の消失を象徴的に示すことに貢献してしまったといえる。その点、筆者のフィールドの一つである甘粛麦村のように、北方乾燥地帯でもともと灌漑施設に頼らない麦作を行ってきたような農村では、こうした喪失感は存在しない。その分、「失われたもの」に思いを馳せて悲嘆にくれることなく、現在に引き継がれたその他の基盤型財産の可能性を再発見しやすいのである。

## 内部－象徴資源

地域社会内部の象徴資源は、広い意味での「社会関係資本」と呼んでよい。「お互い様」の助け合いの精神で住民同士の相互扶助が行われたり、もめ事が発生したときには当事者をよく知るものが間に入って公的な司法制度に頼らずに調停を成功させたりする力は、明らかに村ガバナンスを円滑にするための資源である。中国農村研究においても、近年、社会関係資本概念を用いた研究が行われるようになった。公共的な目標の達成・非達成と、特定コミュニティの社会関係資本や、あるいはインフォーマル制度から説明しようとする諸研究は、すでに汗牛充棟の感がある。[26] これらは農村地域社会に備わった社会関係資本を独立変数として、それらが広範な農村ガバナンス現象に与える影響を分析している。

筆者のみるところ、これら先行業績の多くには、社会関係資本の基本的理解に関わる問題点が存在している。すなわち、ガバナンスの領域や目標が異なれば、そこで必要となる要件も変わってくること、換言すれば、社会関係資本の「目的限定的、文脈限定的」な性質（佐藤 二〇〇一：七一—一〇）が十分に踏まえられていないことである。コミュニティがもっている社会関係上の特質は、何が目的かによってプラスにもマイナスにも働きうる。しかし多くの研究ではこの点が明確に意識されておらず、単に漠然と「好ましい」資源として扱われている。これは、既述のように、ガバナンス研究全体にみられる「暮らし」の視点の欠如により、様々なガバナンス領域ごとの差異やニュアンスが軽視されているためだろう。

社会関係資本をめぐる議論では、「結束型」（bonding type social capital）と「橋渡し型」（bridging type social capital）という分類がしばしば用いられ、分析概念として重要でもある（Putnam 2000=2006）。簡略化していえば、「結束型」は相対的に同質な集団内部の強い結びつきと利益の交換を可能にする要素である。これに対し、「橋渡し型」は相対的に異質な者同士を何らかのルール・理念・原則などによって文字通り架橋する要素である。本書では、これらを中国社会の文脈に適用した概念として、「つながり＝関係資本」および「まとまり＝団結資本」の二つを用いる。両概念のうち、中国社会における「つながり＝関係資本」は、社会関係資本論でいうところの「結束型」に近く、「まとまり＝団結資本」は「橋渡し型」に近い。[27] 以下、［図２－６］を参照しながら説明する。

**図 2-6 「つながり」と「まとまり」の交錯**

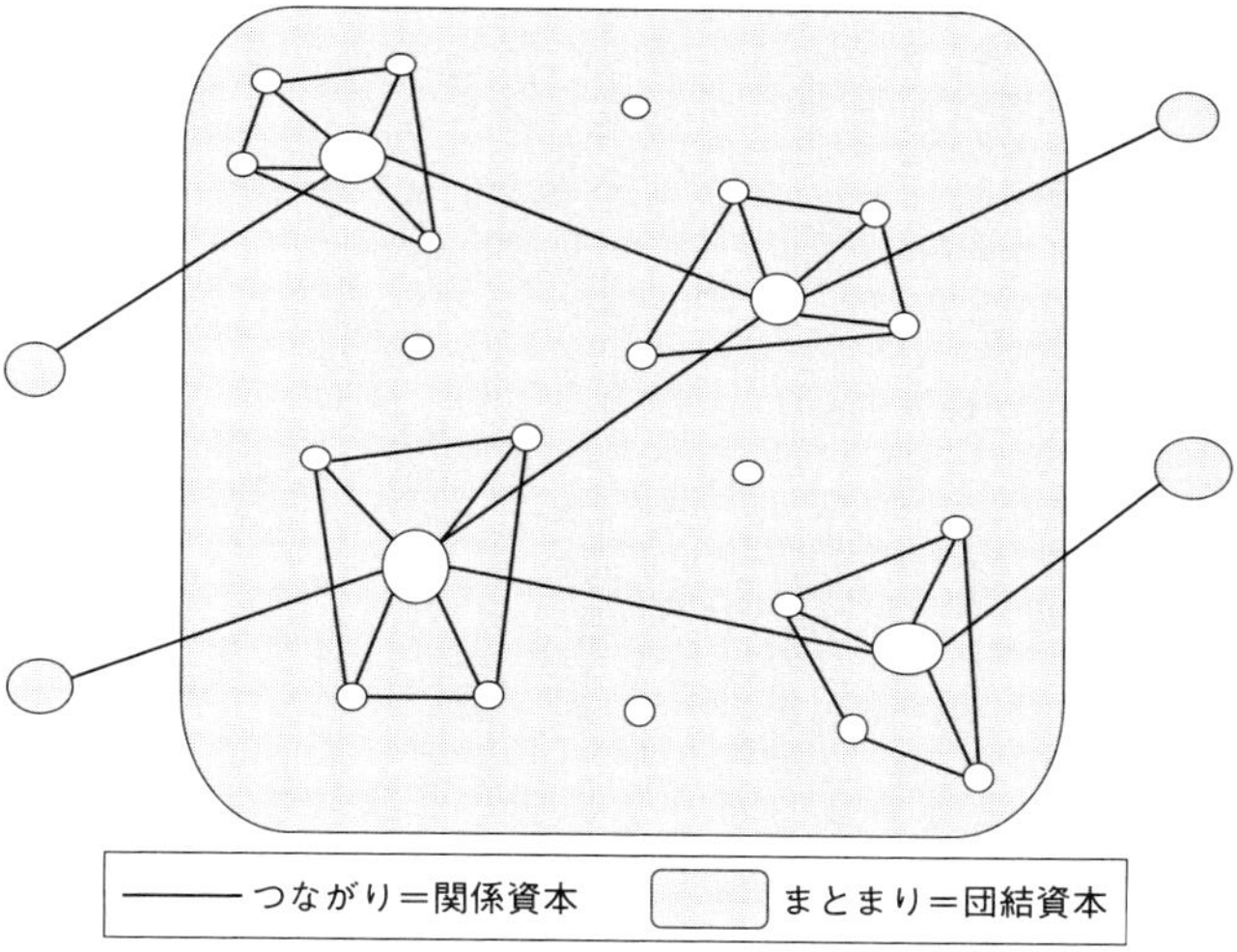


出所）筆者作成

まず、「つながり＝関係資本」が存在すれば、バラバラで原子化した状態に比べ、農村住民らは生活・生産上の様々な問題により上手く対処することができる。たとえば、前述した「埋葬ガバナンス」は、多くの農村地域において、この「つながり」という資源を用いて解決されている。葬儀の挙行にあたって動員されるのは、通常、死者が出た世帯を中心とした血縁関係にある人々であろう。

費孝通の著名な「差序格局」論（費 一九四八＝一九九九：三三二―三三九）がすぐさま想起されるように、中国の郷土社会では、ある個人を中心として、血縁を根拠として波紋のように外側に広がっていくネットワークこそが社会構造の出発点である。郷土社会において最も強力なつながりのよりどころとなるのが、血縁原理なのである。血縁のつながりは、個別世帯で解決できない問題の解決にとっては、明らかに「資源」となる[28]。「父＝子」、「兄＝弟」などのつながりは最も固い信頼で結ばれており、あるいは、少なくともそうあるべきという確固たる規範が社会の底流にある。とかく家族の縁が脆く、切れ易く、「兄弟は他人の始まり」などともいわれる日本社会とは対照的である[29]。漢人にとり最終的に信頼に足るのは血の流れ、血のつながりである。血のつながりがない間柄も、「兄弟」「姉妹」のように血のアナロジーで親しい関係を表す。イザというときに絶対の信頼を置くのが、「血」の関係である。このように血縁や姻戚の「つながり」を媒介とした人間関係は、関係が深いがゆえに小さな利益共同体、つまり「親密圏」を形成しやすい。その分、親密圏の外部に対しては排他性を孕むものとなりやすい。このコントラストが、他の社会と比較した際の中国の顕著な特徴である。

血縁・姻縁以外にも、中国農村社会では地縁（同郷）、学縁（同学）、業縁（同事）など「つながり」の契機となる共通項は多く存在している。極端な場合、それまではコンタクトのなかった新しい相手との共通項を見出したうえで、異なる資源を調達する意図をもって、贈り物や宴会を通じて「開拓」することも可能な性質をもつ（Kipnis 1997）[30]。重要なのは、「つながり＝関係資本」はその性質上、伸縮自在であり、空間的な制約から自由なことである。しかも、社会的に有力なメンバーであればあるほど、村外とのつながり＝関係資本に恵まれている。逆に外部との関係が豊富だからこそ、コミュニティの内部でリーダーシップが取れる、とさえいえる。中国社会における「関係」はネガティブな文脈で捉えられることが多いが、個人の私的な「関係」が、ガバナンスの外部資源の調達経路として利用される事例は、中国農村では常態となっている。これについては本書の端々で紹介することになる。

一見して、伸縮自在な「つながり」は、「橋渡し型」の社会関係資本に近いようにも思える。しかし実のところ、中国社会において、それは共通項で結ばれた同質な者同士の閉じた利益共同体を形成するという意味で、むしろ「結束型」社会関係資本に近い。この点を正確に理解することが肝要である。これに対し、「まとまり＝団結資本」は、異質な複数の親密圏に生活する人びと、時には面識のない者同士をも橋渡しし、よりスケールの大きな目標に向かって協調行動をとらせるような力である。清潔な飲み水を確保するために広範な住民を納得させて共同出資を募り、深い井戸の穿鑿資金とするためには、「まとまり＝団結資本」の助けが必要となってくる。

「つながり」は、共通項で結び付けられる狭い共同利益だけを根拠とするので、その発動にあたっては特段の理由付けを必要としない。これに対し、利害関係の異なる人々を束ねる「まとまり」は、一段高い、より普遍的な共通の原則や理念によって裏打ちされねばならない。〔図2‐6〕に描いたように、「つながり」と「まとまり」は、農村社会のある一定の空間範囲をベースにしながら、相互に重複し、折り重なっている。「まとまり」の存在意義や社会的含意は、中国社会において「つながり」のもつある種の排他性に照らすことによって、より深く理解される。

その際にとりわけ重要なのは、当該ガバナンス領域の実施母体となるコミュニティの規模である。コミュニティのサイズによって、「つながり」と「まとまり」の交錯パターンは異なってくるからである。中国農村に即して大まかにいえば、村民委員会＝行政村レベルと村民小組＝自然村（集落）レベルの違いに着眼するのが有意義である。ここで、中国の行政村の平均規模は二〇〇六年末で約三三〇世帯、自然村の平均規模は約六〇世帯[31]という規模の差が重要となってくる。

村民小組＝自然村のレベルは、中国農村研究の知見では、ほぼ農村の基礎的な親密圏すなわち「顔馴染み社会」（熟人社会）に重なるとされている（〔図2‐6〕では比較的多くの「つながり」で結ばれた四つの塊で示した）。「顔馴染み社会」においては、内部のメンバーの大多数は父系血縁の「つながり＝関係資本」によって結びつけられており、最初から「なぜ協調せねばならないか」を問う必要のない馴染んだ関係を形成している。したがって、村民小組＝自然村が単位となったガバナンスは、コミュニティ内ですでに集積されている「つながり」を動員すれば村民間の協調行動は容易であり、ガバナンスの目標も達成されやすい。その際、異なる親密圏を橋渡しする「まとまり＝団結」の動員という、中国社会の文脈からは厄介な問題に直面せずに済むのである。こうしてみれば、ガバナンスの成功事例を挙げた先行研究の事例の多くが、行政村ではなく自然村レベルのものだった[32]のもゆえなきことではない。

これにたいし、村民委員会＝行政村レベルの社会は「顔見知り社会」（半熟人社会）と呼ばれる基本的性格をもっている。三三〇戸という行政村の平均規模は、一般的にはその内部に数個ないしは一〇個ほどの「顔馴染み社会」を含む一〇〇〇人から数千人規模のコミュニティとなる。自分とは別の親密圏に生活する村民について、「顔見知り」ではあっても「顔馴染み」というわけにはいかず、限りなく他人に近いメンバーもそのうちに含まれる。行政村内の利害関係は複雑に分化しており、有力者を中心に「関係」のネットワークも村外に延びるものが多くなってくる。そのため、「つながり」と

「まとまり」のズレの程度は大きく〔図2-6〕、行政村レベルでの「まとまり＝団結資本」の不足は容易にガバナンスの機能不全——中国農村研究の主要な問題関心である——に結びついてしまうのである。

このように、行政村程度の規模をもつコミュニティでは、村民が一致団結して行動することのコストは高く、ガバナンスは困難ではある。ただし、けっして不可能ではない。かつての人民公社体制下では、社会主義イデオロギーと農村の末端まで浸透した官僚組織、および国家の権威が農村の基層幹部にも正統性を賦与し、それが「まとまり」の原資となっていた。当時は人々が排他的な親密圏を形成すること自体が忌避されていたことからも、「まとまり＝団結資本」は「つながり＝関係資本」にブロックされることなく容易に動員された[33]。

社会主義的な諸前提がすでに存在しない現在、異なる親密圏同士が、何らかのメカニズムによって橋渡しされ、行政村としての「まとまり」が動員されるためには、いかなる条件が必要だろうか。ここでは、①農村リーダー、②集団経済、③民間組織、④文化的要素、の四つを挙げておきたい。

第一に、「まとまり」の形成においては、住民のあいだで高い威信を備えた「農村リーダー」がしばしば決定的な役割を果たす。リーダーがリーダーたる所以は、自らが属する狭い利益集団・親密圏の枠を超えて行動できる点にある。すなわち、自らとは異なる親密圏の村民にも何らかの恩恵をもたらすことは、村民の間に「村＝集団」全体の「共同富裕」に代表されるような、「つながり」による日常的行動原理よりも一段高い、原則性・理念性を人々に印象付けることになる。ここに伴うある種の「感動」が、異なる利害、異なる親密圏を橋渡しする「まとまり」の原資となるのである[34]。

こうしたリーダーは普通の人ではなく、したがってもちろん数は少ない。著名な文学者である林語堂は、「中国人にとっては社会事業というものはどう見ても『余計なお節介』にしか見えないのであり、社会改革や公共事業に熱心に携わる人間を見るといささか滑稽に感ぜずにはいられないのである」と述べる。しかし、であればこそ、中国社会の中では単に「例外」といって片づけられない歴史的な根っこをもった存在として、ガバナンスのリーダーが浮かび上がってくる。林はこうしたリーダーを「豪俠」と呼び、以下のような洞察を行っている。

……中国の歴史にはこうした，並の人間の枠を外れた「豪俠」と呼ばれる人間がいた。……私たちは義俠心に溢れる人間を敬服もし，愛してもいるのだが，家族にこういう人間が出ることは決して望んでいない。敢えて自身を困難な状況に置くような公共精神に溢れる男の子を観たら，この子が将来両親に災難をもたらすであろうことを確信をもって予言することができる（Lin 1939: 174–175=1999: 272–273）。

味わい深い言葉である。時代は異なるが，現在の中国の農村リーダーたちとその家族の姿が思い浮かぶ。ある村幹部は，筆者に次のように語った。

もしも村の仕事を誠心誠意やったら，家族を養うことなどできやしない。農村はあれやこれやのことがひっきりなしにあって，しょっちゅう人が家に訪ねてくるし，会議に呼ばれることも多い。農繁期に家の仕事ができなくなって，家の者と何遍，喧嘩したか知れやしない[35]。

第二に，私的利益を超越するような豪俠リーダーが存在しない場合でも，村が集団経済，すなわち先に見た「収益型財産」を備えている場合，それは「まとまり」の原資となる。なぜなら，集団経済が存在すれば，たとえ行政村が異質な人々から構成されていても，平等主義的に恩恵を被ることで「本村人」というアイデンティティが生じ，しかもそれは「外村人」に対する格差として現れるからである[36]。第三章で詳述する通り，収益型財産の存在は，行政村大の「まとまりのコミュニティ」を作り出すうえで非常に有利な条件となる。

第三に，宗族や教会，寺院，葬祭組織などの「民間組織」の働きも注目されてきた[37]。たとえば Tsai（2007）は宗族をも含めたあらゆる民間組織を「共同利害集団」（solidary groups）と呼ぶ。彼女によれば，村民委員会，党支部委員会などの正式な村組織は、民主選挙の導入などの方法を取り入れた後も、アカウンタビリティすなわち村民に対する説明責任を果たし、村民をリードする力を発揮することはできないという。そうした際に、村に存在する寺院組織の存在が、村幹部に非公式のアカウンタビリティ（informal accountability）を提供する、と述べる。つまるところ、「共同利害集団を包摂したり、共同利害集団によって構成される適切な社会集団が存在したりすれば、フォーマルな民主制度が存在せずともアカウンタビリティは獲得される（Tsai 2007: 257）」のである。すなわち、これらの研究は、民間組織に備わったある種の「公正さ」が、排他的な親密圏同士を橋渡しする機能を重視しているといえる。

第四に、村の範囲を超えて当該地域をとり包んでいる文化的要素がある。これについて、中国西部や少数民族地区を対象とした民族の習慣や宗教規範など、いわば「ソフトなガバナンス資源[38]」（軟性治理資源）や「人文資源[39]」などに着眼する研究がある。本書の文脈でいえば、これらの資源は、排他的な同質者による「つながりのコミュニティ」を超えて、理念や原理に基づく「まとまりのコミュニティ」への移行を促進するための地域的な象徴資源である。この文化的要素は、本書の事例村の中でも西部の二つの村（第五章、第六章）に深く関わる。

以上の四要素は今まで、それぞれ別個の領域として研究されてきたが、実のところ、コミュニティの内部＝象徴資源としての「まとまり＝団結資本」に影響する諸要素として、一貫した理論的文脈のもとに位置づけられる必要がある。

**外部資源**

コミュニティ外部の生態資源としては、政府部門と市場部門に存在する資源がある。これらの外部資源が、住民による組織的な取り組みとは無関係に、政府による再分配政策の一環として、あるいは企業活動の一環としての市場的な交換原理によって、「自動的に」コミュニティ内部にもたらされる場合、私たちはこれを、ここで検討している「ガバナンス」の範疇には含めない。これら外部資源が、住民による組織的な取り組みと何らかの関係をもった場合、典型的には前述の「つながり＝関係資本」の働きにより内部化された際に初めて、これを「村落ガバナンスの資源」として考察の射程に含めることとする。

地域やコミュニティの外部資源の一つは、「公」＝政府部門の資源である。実際に、胡錦濤政権期以来の中国中央政府は、「三農」問題の解決を党の最重要課題として認識し、社会全体における農業・農村・農民の地位向上を、政権の正統性の根拠として位置づけてきた。ここから、政府部門が掌握する資源は、政策当局が「再分配原理」に基づき、たとえば申請に基づいて配布されるプロジェクト補助金のかたちで、コミュニティのインフラ建設や公共サービスの充実のために投じられてきた。ただし、すでに多くの研究者が観察してきたように、政府資金の多くは「自動的に」村落ガバナンスに流入するのではなく、人間関係や他出者の郷土意識など、コミュニティのフィルターを通して農村にもたらされる。

プロジェクト資金が政府部門に存在する「生態資源」に近いとすれば、政府部門に存在する象徴資源は、農民のあいだに働く「国家の権威」であるといえる。この点につき賀雪峰ら（賀・徐 一九九九）は、人民公社のもとでの歴史的経験がもたらした農民の目に映る「国家の権威」というものを次のように説明する。

中央政府が繰り返し強調する国策であれば、農民の政治意識の中ではいわずもがなの合法性がある。農民は、郷鎮や村などの組織が自らの利益を犯すような行動をとった際には強力に反発する。しかし、もしも近代化を進めるための中央政府の政策が自分の利益に損失を与えていると判断した場合には、彼らは往々にして大変な忍耐力を示す（賀・徐 一九九九：五八）。(40)

このように、国家のイメージは、適切に介入させることによって、基層ガバナンスに優位に働く。とりわけコミュニティ内部の「まとまり＝団結資本」が衰弱している場合、コミュニティ外部に存在している政府の権威は農民の協調行動を促す資源となりうる。同じ内容のプロジェクトでも、基層組織が行う場合には非協力・反対を表明する住民が、政府が行う場合にはあっさりとそれを受け入れるのである。

コミュニティ外部のもう一つの資源領域は、市場部門である。農村ビジネスが市場の交換原理に則って展開した結果、住民の公共的な問題を解決するようなケースも実際に存在する。ただし、農村地域は往々にして市場の中心地からは隔たっており、各種ビジネスはコストの面からして十分な収益が見込めないことも多い。より多くの場合、農村ビジネスの展開は、そこに何らかの互酬性原理が介在することで、市場部門の資源がコミュニティに「内部化」されることでガバナンスの資源に転化する。これについても本文のケース・スタディで取り上げる。

### (3) 資源の循環

本書では、「生態」と「象徴」という二元的な考え方を、ガバナンス「資源」、および「領域」の分類についても便宜的に用いる。しかし実際のところ、生態＝象徴とは、同一の領域や資源に備わった二つの側面でもある。資源人類学の立場から内堀基光がいうように、「現実態としては多くの資源が生態資源であると同時に象徴資源でもあるという両義性を持つ（内堀 二〇〇七：二七）」ち、また「すべての資源は生態と象徴との表裏一体となった両面を隠し持っている（内堀 二〇〇七：四〇）」のである。たとえば農耕民にとり、土地はもちろん農業生産の基盤を提供する生態資源である。だが、それと同時に社会的権威の象徴でもあり、多くの土地を所有することや、ある特定の土地の所有者であることが、社会内での地位の象徴となる。一方、東アフリカなどの牧畜民では、牛は日々の食料、特に牛乳、乳製品をもたらす生存のための生態資源であると同時に、人生における生き甲斐、特に男たちにとっては、牛と自分を同一視することすらあるほどの価値を与える象徴資源でもある（内堀 二〇〇七：二七―二八）。

以上は、個人にとっての「生態資源」が往々にして「象徴資源」でもあることを示している。してみれば、公共的な問題の解決にとって有用な「生態資源」も、同様に「象徴資源」としての側面を兼ね備えているといえる。実のところ、中国農村研究に限っても、様々な論者がこの点に気づき、指摘を行ってきている。

たとえば、中国農村の「宗族」についてである。既述の通り、宗族は農村ガバナンス資源としても注目されてきた「象徴資源」の一つである。だが、宗族が象徴資源として実際に機能するためには、それが「生態資源」としての祠堂や族田などを物質的基盤にもつことが必要である。瀬川（二〇〇四：一三〇）の説明によれば、宗族の分節が団体的な集団として顕在化するためには、それが分節独自の祠堂のような物理的表象をもったり、分節始祖の祭祀のための共有財産をもったりして共同の行為を行っていなければならない。そうした共同行為が存在しない場合には、分節はあくまで系譜上・認識上の存在にとどまる。

生態資源と象徴資源が表裏一体のものであるとするなら、二つの資源の関係は相互代替というよりは相互補完的・相互作用的である。時間軸を導入して考えるならば、どちらか片方の増減はもう一方の増減に結びつく。地域がもつ生態資源が増加すれば、それに対応する象徴資源（社会関係や記憶）も増加し、逆に生態資源が破壊され、また枯渇すれば、当該地域の人々がよって立つところの物質的基盤は失われ、社会関係や共同の記憶も弱まる。生態資源の劣化は象徴資源の衰退にも結びつく。(41)

## むすび

利己的にみえる中国の小農たちは、なぜ、どのような条件のもとで「つながり」や「まとまり」のもとに、協調行動を取りうるのだろうか？　本章では、この問いに向き合うための概念装置として、村落、ガバナンス、およびその資源について述べてきた。筆者自身も最初はそうであったように、草の根の世界は、仮に手ぶらで迷い込んだとしても、様々な発見に満ち溢れ、ある種の昂揚感をもたらしてくれる。こうした現場感覚自体は否定されるべきものではない。ただ、適切なフレーム・ワークを現実に当てはめて分析することで、個別具体的な現象やエピソードがバラバラでなく、相互に連関してみえてくることのメリットは大きい。次章以降ではいよいよ、草の根の中国に分け入っていきたい。

# 第三章　社会主義農村の優等生
## ——山東果村——

### はじめに

一九五〇年代半ばから社会主義的な集団農業を経験した中国農村では、とりわけ沿海部を中心とする一部地域で、特に一九七〇年代に至って、「集団経済」と呼ばれる経営体を生み出した。集団経済とはわかりやすくいえば村民「みんなの企業」である。「みんな」を代表していたのはまず、村幹部たちであったから、集団経済を立ち上げるだけではなく、それらを管理・維持していくことも村幹部らの重要な仕事となった。「みんなの企業」から収益が上がれば、それを村民の暮らしの問題の解決に用いることができる。ここでも、集団経済の直接的管理者としての村幹部、村民小組長らが、集団経済から上がる利益を利用して村全般の開発や福利厚生を担当するようになり、村民の側もそれが当然であると考えるようになった。

本章では、そのような独自の社会主義を経験した中国農村のいわば「プロトタイプ」として、山東果村[1]の事例を取り上げる。灌漑用水、飲水、定期市のガバナンスの具体的描写を通じて、ガバナンス資源が果村のコミュニティ内部で循環している様相を浮き彫りにしてみたい。

## 第一節　農家経済とコミュニティ

果村が属している山東省蓬莱市（県級市）は、山東半島の最北端に位置しており、域内を威烏高速道路、国道二〇六号線の他、四本の省レベル自動車道が貫通している。煙台港まで七〇キロ、青島港までは二〇〇キロの距離にあり、それらの港を通じて、大連、天津、上海など外部世界に結びついている。果村が属している大門鎮は、蓬莱市の管轄する一〇鎮の内の一つで、蓬莱市の西南部に位置し、県城（市の中心部）から二三キロの地点にある。都市市域に吸収され地価が高騰するなどの都市近郊型の特徴とは無縁であるが、外界へのアクセスの良さから、市場に対応した果物の産地でもあり、また工業企業の進出も著しい。[2]

果村は、大門鎮の管轄下にある六五の行政村の内の一つであり、二〇〇二年末の時点で、戸数は五六五、人口は一四九五人、農地面積は約一七〇〇畝（一畝＝約六・七アール）であった。大門鎮の中心部から三キロ、県城までは二〇キロのロケーションである。集落のすぐ南には煙台と龍口を結ぶ省レベル自動車道と、村の北端の農地を高速道路（栄烏高速）がかすめるように貫通しており［図３‐１］、交通の便に恵まれている。外部に向かって開かれ、最初から地理的位置と交通条件に恵まれていた果村にあっては、入村道路の建設（第四、五、六章）は村が担うべき主たる公共事業とはなり得なかった。生産した果物を如何に市場に送り出すかではなく、すでに販路は保証されている果物の生産条件をいかに高めるか、この点が改革以降の果村リーダーの関心の中心を占めることになった。[3]

改革開放以降の中国農村研究は、市場化の度合いの高い地域ほどコミュニティのまとまりが強くみられる、というパラドックスを見出してきた（例：加藤 一九九五：二〇）。経済活動の規模が農村離れするほどに大きい、いわゆる「スーパー・ビレッジ」と呼ばれる村落がそうした典型例を示している。[4] 果村の場合は決してスーパー・ビレッジではないが、やはり市場化に巻き込まれる度合いが比較的高く、それでいてバラバラになることなく、逆に「まとまり」を感じさせる村

図 3-1　果村地図

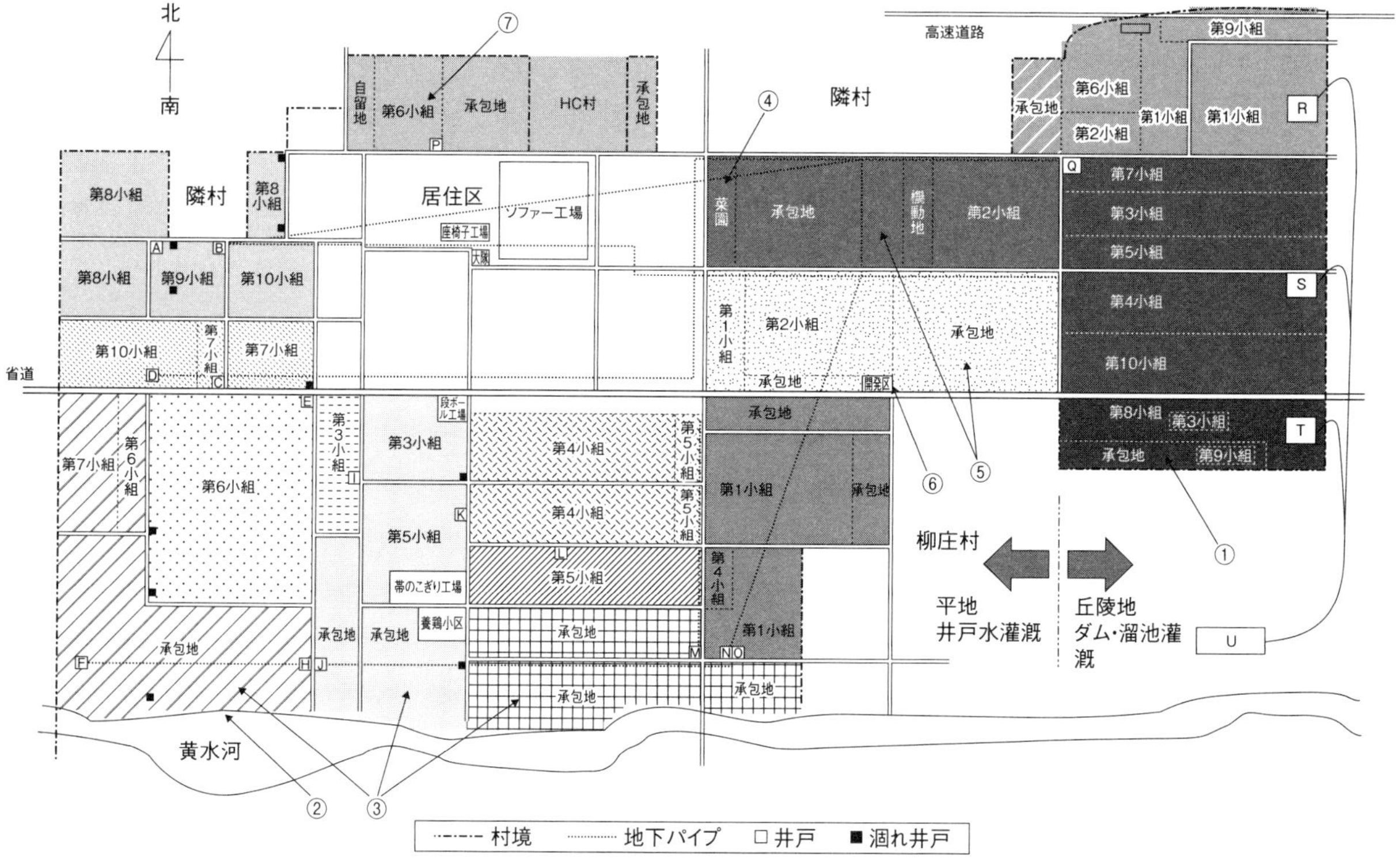


出所）筆者作成

である。華北に多い集村形態をとり(5)、居住区の中心部には村民がいまも「大隊」と呼ぶ村民委員会のオフィスと、村の集団経済を代表するソファー工場の敷地がかなり広い空間を占めている［図3-1］のが象徴的である。

果村はどのようにして、今あるような姿に造り上げられたのか。以下では、果村の集団経済の創出過程と、そこに現れたリーダーシップの志向性に着眼しながら跡づけてみたい（以下、［表3-1］を参照）。

## (1) 企業の創設・経営

果村の歩みに大きな足跡を残したリーダーは、一九六二～八三年にわたる人民公社時期のほぼ全期間にわたって書記のポストにあった付学智である(6)。付学智は筆者のインタビューに答え、果村大隊について「公社の生産大隊の中では一番集団経済が強かった」と述べている。もちろん、一九六〇年代には「食糧を要とする」（以糧為綱）時代背景のもとにあって、果村にも企業と呼べるようなものは存在していなかった。食糧生産が中心ではあったが、丘陵地南の部分には経済作物を栽培する一角があり［図3-1-①］、集団経済を強固にするためにブドウやリンゴを植えており、当時は大隊の「林業隊」が管理していた。また、「資本主義的である」との批判を受けにくい農外就業として、手芸品、トウモロコシの皮を使った製品などを作っていたという。早く一九六〇年代に「集団経済」のメリットに対して幹部たちが自覚的であったことは重要であろう。それが一九七〇年代以降の社隊企業の発展に結びついていくからである(7)。

文化大革命期の政策的環境と「農業は大寨に学べ」運動の推進は、全国的にも大隊レベル幹部のイニシアチブを高めたといわれる（Zweig 1989: 98-121; Ruf 1998: 116-119）。そこで鼓舞されたのは、非農業分野での経営者精神である。果村大隊の場合、最も早期の社隊企業はアスベストタイル（石綿瓦）工場であり、一九七一年から七二年ころ、やはり付学智書記の時代に始まり、八六年まで操業した。一九七四年には、二〇〇六年現在、看板だけの存在となっている自動車の座椅子工場が、国営の蓬萊自動車工場（一九六八年創設）の下請けとして始まり、景気の良かった一九七八年ころには売り上げが二〇万元に達したこともある。現在の果村を代表する企業はソファー工場であるが、その創設は座椅子工場からの流

**表 3-1　果村の軌跡**

| 年　代 | 出来事 |
|---|---|
| 1956 | 高級合作社成立，十数か所の井戸を建設 |
| 人民公社時代 | 丘陵地で落花生，甘藷，葛芋など，平地でトウモロコシと小麦の二毛作，果樹園は 100 畝ほど |
| 1959 | 一時的に河川灌漑を導入，まもなく廃止 |
| 1962 | 付学智，大隊書記に就任<br>平地部耕地の排水溝整備を完了，平地の井戸掘りが本格化 |
| 1965 | 初めての発動機付き井戸完成 |
| 1968 | 四つの大隊を主体として揚水ステーション竣工 |
| 1971 | 最初の社隊企業，アスベストタイル工場創設 |
| 1973 | 平地の井戸掘り完了 |
| 1974 | 自動車座椅子工場創設 |
| 1976 | 黄水河に堤防建設，同年の洪水で決壊 |
| 1980 年ころ | ソファー工場創設 |
| 1983 | 付学智，大隊書記を辞任。池人泰書記就任<br>人民公社解体，村民への一回目の耕地分配，丘陵地を果樹園，平地を穀物栽培に充てる |
| 1988 | 池人泰，大隊書記を辞任，池到勝書記就任<br>黄水河の堤防再建工事<br>村民への二回目の耕地分配，10 年契約，上級政府が果物栽培を奨励 |
| 1990 | 池到勝，大隊書記を辞任。池人恵書記就任 |
| 1996 | 堤防工事による新干拓地 300 畝のリース開始 |
| 1990 年代後半 | 村営企業の経営悪化，ソファー工場を除き，他の五企業は操業停止，半停止状態に |
| 1998 | 集団企業の所有制度改革，「売却・リース結合方式」を採用<br>村民への 3 回目の耕地分配，30 年契約，集団経営地を保留，平地での葡萄栽培を導入 |
| 2000 | 旱魃が発生，6 か所の井戸を新規建設，地下灌漑パイプの敷設がほぼ完了，平地井戸の請負人制度を導入 |
| 2005 | 池人恵，大隊書記兼村民委員会主任に再任されるも辞任，書記ポストは空位に。工作隊が果村に駐在 |

注）果村の農地は西部「平地」と東部「丘陵地」に分かれる（本文参照）。
出所）現地での聞き取りにより筆者作成。

れによる。座椅子と同じ業種であり、座椅子のスプリング部分の技術がソファーにも応用できることから、公社が解体した一九八〇年代初頭、ソファーの手工業を自発的に始めた村民が三〇戸ほどいた。こうした動きが基礎になって、同時期に集団経営のソファー工場も創設された。ソファーの木材部分の原料は、黒竜江省から煙台経由で運送し、マーケットとしては煙台地区全域を対象として販売を行っていた。

一九八三年の人民公社解体以降、果村には六つの主要な村営企業が存在し、一九九〇年代後半に独自のやり方で民営化を遂げた。六つの企業とは前記のソファー工場、座椅子工場のほか、ハウス用ビニール工場、自動車修理工場、製紙工場、段ボール工場であり、固定資産の合計は一〇〇〇万元ほど、利潤は最も高い時期で一〇〇万元以上あった。しかし、のちに経営は悪化し、一九九七年までにソファー工場を除き、他の五企業は操業停止、半停止状態に陥った。ここから果村では一九九八年に、それまでの集団企業の制度改革（改制）が行われ、ソファー工場や座椅子工場の経営が民間に委譲された。果村について書かれたある報告書（馬　一九九九）によれば、そこで行われたのは「売却・リース結合方式」の改革である。すなわち、企業の流動資産、設備などの動産は売却し、建物、土地などの不動産についてはリースの形式を採ることである。こうしたやり方のメリットは三つあった。第一に、集団収入の安定的な増長を望めること。一九九八年以前において、村の企業が上納する利潤は二〇万元に足らなかった。ところが改革によって動産売却の二〇〇万元が集団に入り、契約ベースでは六企業から毎年三二万元のリース料が入ることになった。第二に、制度改革以降の新企業は村とは所有権の関係がなくなり、村の側は経営のリスクから自由になった。第三に、企業は個人のものになり、独立して経営リスクを負うと同時に、積極性を高めることができた。

郷鎮企業の制度改革が中央政府の政策的潮流をなしたのちでも、果村は単なる資産売却による民営化を行うのではなく、不動産についてあくまで「リース」の方式を選択したわけである。ここから、一九九〇年代後半時点においては、公社時代から引き継いだ集団経済のメリットをリーダーたちが強く意識していたことが読み取れる。こうした態度は、次節でみる井戸の所有権確保と、使用権のみの使用者への委譲という選択と重ね合わせて理解すべきである。

## （2）土地の開発・経営

「集団経済」は企業に限定されない。集団が保有する土地も集団経済のもう一本の柱である。土地開発のアプローチとしては二つあり、第一に荒れ地の開発により新しく集団の農地を作り出すこと、第二に、土地の再分配機会を利用して、既存の農地の中から集団の土地の持ち分を保留することである。

まず、果村の荒れ地の開発は、河川に堤防を築くことにより行われた。人民公社時期は「農田建設」、平たくいうと農地の統合、基盤整理、拡張などが進められた時期でもあった。蓬萊県で農田建設が本格化するのは、一九六六年ころから七〇年代後期にかけての「農業は大寨に学べ」運動の時期である。興味深いのは、この時期、通常の農地整理とならんで、荒れ地を開発することにより新しい農地を造成する工事も行われたことである。まず、一九七六年、隣接する龍口市との境界部分をなす黄水河に堤防を築いたが〔図３‐１‐②〕、折悪しく同年に発生した洪水により決壊してしまい、工事計画はしばらくの間、棚上げされることになった。のちの一九八八年、四十数万元をかけて工事は再着工された。この工事は果村が主体となったもので、余家郷政府は大まかな調整を行っただけである。(8) ここの河川敷は、もとは凹凸が激しい荒れ地で、雑木などが生えていたが、堤防の建設により、一五〇〇メートルの長さで、三〇〇畝以上の新しい農地が出現した〔図３‐１‐③〕。この新干拓地は、一九九六年に請負地（以下、当地の呼び方に倣い、「承包地」と表記）として民間にリースが開始され、当初は一〇年契約で、その次に二〇年契約で請負に出されている。ただし地質は良くないので、請負費は一〇〇元／畝程度である。松の苗を植えているところが多い。

次に、農地分配の機会を捉えて集団経済の拡大が図られてきたことも注目に値する。果村での村民世帯への農地分配は、公社解体時の一九八三年、および一九八八年、一九九八年と過去三度にわたって行われている。現在の土地運用を決定づけたのは、一九九八年の農地分配である。(9) 第一に、村民生活の基本的需要を満たすために無償で分配される、いわゆる「口糧地」（以下、同様に口糧地と表記）はトータルで一二〇〇畝ほどになる。一人あたりの分配面積は、質の良い土地を基準にしていえば、丘陵地では〇・三畝、平地では〇・四畝ほどである。第二に、かつて人民公社時代に各戸が野菜など作っていた「自留地」の名残である菜園［図3-1-④］が五〇〜六〇畝、平均すると一人あたり〇・一畝ずつほどある。そして第三の部分が、以上の農地を除いた村集団の保留部分であり、三〇〇畝ほどを有料の承包地とした［図3-1-⑤］。この三〇〇畝には、先に述べた川縁の新造成地は含まれていない。

承包地の契約相手は村民に限られず、外部の「市場」に開かれている。請負者の決定は、入札方式（投標）であり、一つの特定の土地について何十人もの請負者が殺到する中で、紙に一番高い値段を書いた者が請負権を獲得する。農地としてリースする場合の平均的な値段は四〇〇元／畝、安いもので二〇〇元／畝、高いものでは六〇〇元／畝程度である。承包地の契約期間は二〇年や、一五年など様々である。実際に村民以外の外部者にリースされている承包地は、村の平地部分の東、省道沿いの農地の中にある小さな「開発区」である［図3-1-⑥］。開発区の直接的な契約相手は大門鎮政府で、鎮はまた独自に別の村と契約を結び、近隣の村の私営企業家が工場用地として使用している。面積は二〇畝ほど、リース料は八〇〇元／畝であり、果村としては毎年一万六〇〇〇元の収入になる。

先に見た村営企業の制度改革と同年の一九九八年に行われたこの農地分配でも、「集団経済を創出する」というリーダーたちの強い意志を感じ取ることができる。国家の側が「三十年不変」の土地請負政策を推進した一つの理由は、村レベルの土地請負権の変動を基層幹部のレントシーキング行為の機会とみて、それを防止する意味もあったとされる（朱 二〇〇三：一八三）。「中華人民共和国農村土地承包法」（二〇〇二年）では、集団が保留する土地（「機動地」ともいう）は農地全体の五％以内に制限されており[10]、村でもこの政策を承知している。ところが、果村では川縁の新造成地（五％制限の対象外）を除いても、少なくとも十数％の規模で集団のための承包地を留保している。この事実は、集団の収入を確保することの重要性を当時のリーダーたちが強く意識し、その意識に従って行動することができた結果である。

### （3）農家経済の構造

次に、農家経済の側面から、「市場の中の村」である果村の特徴を浮き彫りにしてみる。果村の中の第九村民小組四一世帯をサンプルとして、その世帯状況［付表3-5（章末）］を概観して見れば、以下の点が指摘できる。

第一に、基本的に大部分の世帯が農地経営に従事している。具体的にいうと、四一世帯中、八世帯を除く三三世帯が農地経営（＝果樹栽培）に従事している。農地経営に従事しない世帯は、主として二つの状況がある。一つは引退後の高齢者であり、主たる家計を息子などの近親者に依存するため、口糧地を近親者や他人に譲り渡している世帯［7、10、15、16、21、36］である。もう一つの状況は、若夫婦が他村で料理店を経営するために、両親などが息子の農地を引き受けて耕作している場合［26］である。いずれの場合も、関係の深い親子、兄弟などの数世帯を単位として見れば、果村農家経済は、少なくとも一部分は農地経営による収入に依拠していることになる。第九小組では、口糧地を他人に譲り渡して農外就業に特化した例外は［20］のみである。

果村の主要作物は、かつての小麦、トウモロコシ、落花生、甘藷、葛芋などから[11]、リンゴ、ブドウ、サクランボなどの果樹栽培にすべて転換し、付加価値の高いものとなっている[12]。また近年では、［8］、［30］、［31］、［40］のようにサクランボを栽培する農家が増えている。サクランボは開花から六月前後の収穫までが四〇日と短く、三回ほど薬を撒くだけで済み、値が良いときで一斤あたり十数元（一斤＝五〇〇グラム）、悪いときでも四～五元／斤になるという高収益の作物である。一株で四〇〇～五〇〇元、大きい果樹であれば一〇〇〇元ほどの収入をもたらす。

第二に、農外就業の選択肢は多岐にわたっている。具体的には、①村内企業での就業、②家庭内手工業、③運送業、④養殖業、⑤出稼ぎなどの外地就業、⑥定期市などでの小商売、⑦村内での臨時雇い、⑧その他、というほぼ八つの種類がある[13]。前述のごとく、村民は基本的に農地経営

**表 3-2　第9村民小組の生業パターン別分布（単位：%）**

| | | | |
|---|---|---|---|
| 農地経営有 | 80.5 | 農地経営専業 | 4.9 |
| | | 農地経営＋農外就業 | 75.6 |
| 農地経営無 | 19.5 | 引退後の高齢者 | 14.6 |
| | | 農外就業のみ | 4.9 |
| 合　計 | 100 | 合　計 | 100 |

出所）［付表3-5］より作成

を放棄しないため、「農地経営」+①〜⑧という形態となる。実のところ、果村のリーダーは一時、果樹栽培ではなく収益の高いハウス野菜などを村で広めようと試みたこともあったが、うまくいかなかったという。その理由は、企業での就業をはじめとする農外就業先の選択肢が非常に多く、かなりの余剰労働力が吸収される点にあった。果村の近隣には、ハウス栽培が比較的多いタイプの村も存在するが、これらの村は村民が従事する農外就業の種類が少ない村である。ブドウは多くの労働力を必要とせず、高収益であり、実が熟した後も収穫時期を二〇日ほどずらしても大丈夫で、融通が利く点も果村向きであった。

第三に、付表の「二〇〇六年における変化」に注目してみると、二〇〇二年時点での農外就業を廃業したり転業したりという変動がかなり多くみられる。これは農外就業が「市場」の影響を直接的に被るため、農家は儲からなくなった農外就業を速やかに撤退し、新しい業種に鞍替えするためである。他方で農地経営のほうは安定しており、たとえばリンゴ畑の中で新規にサクランボ栽培を行うなどの、小さな変化は二〇〇六年にみられたものの、基本的には二〇〇二年のパターンを継続しているものと考えてよい。比較的安定した農地経営を軸足として、市場の動向に比較的左右される農外就業を短期間に次々に変えている（第一章参照）。

以上の農家経済の特徴は、果村の村としての「まとまり」の理由を側面から説明するものでもある。それは果村が基本的に農業コミュニティであることである。農外就業の機会は豊富だが、それらに特化する世帯は少なく、農家経済の中で農地経営と農外就業の双方に従事する世帯がほとんどである。逆説的であるが、在村での農外就業の機会が豊富であればこそ、村民は出稼ぎなどでコミュニティを離脱することなく、農外就業の傍らで、あまり手のかからない果樹栽培にも従事することができる。これは青年層を村に引き留める力ともなる。［付表］から読み取れるのは、三〇代や四〇代の村民が在村で農地経営に従事している点である。これは「市場の中のコミュニティ」の顕著な特徴である。北原（二〇〇五：一五一―一六）の述べるように、青年層が在村であることは、コミュニティの「活力」にもプラスに働いていると思われる。

農業コミュニティでは、水利灌漑が重要である。「重要である」というのは、果樹の作柄を決定する灌漑システムの善し悪しが、果村の一部世帯にではなく、ほぼ全世帯の家計に関わる構造になっているからである。村落経済の基底部分の安定という側面から、果村での農地灌漑システムの形成と運営とが優れて「公共的」な事業として、すなわち「村がやるべき仕事」として位置づけられたことは自然なことである。

## (4) 村民小組の役割

村と農家の中間に位置するのが、村民小組である。果村には第一から第一〇まで、一〇の村民小組がある。平均的な規模でいえば、五〇～六〇戸、一五〇人ほどからなるコミュニティである(〔付表〕に示したのはそのうちの一つ、第九小組である)。居住区の中で、小組のメンバーの家屋は整然と区画されているわけではないが、大まかな棲み分けはある。小組のメンバーシップは、人民公社時代の「生産隊」の枠組みをそのまま受け継いだもので、それが結婚・分家により新しい世帯が加わってきている。

村民小組には小組長と村民代表という役職があり、選挙により選ばれる。村民代表の選挙は、一九九九年、二〇〇二年、二〇〇五年、二〇〇八年、二〇一一年、二〇一四年と三年に一度実施されてきた村民委員会の選挙と同時に実施されている。村民代表にはそれぞれの小組で人口の多寡に応じて、三～四人の定数が定められている。一世帯一票として、定数プラス一名の記名により投票を行う。最多の得票者が小組長となり、他の高得票者が村民代表となる。村民小組長は、工場に勤めたり、商売をしたりしてなかなか捕まらないような人間では務まらないため、結果的には農業をしっかりとやっているような人間が選ばれる。小組長、村民代表の職務の内、重要なものは、本章で述べる灌漑管理を除くと、毎月五日に開催される全村村民代表の集会に参加して、周囲の村民からの意見を村レベルに反映させることである。[14]

村民小組は、全国的にみると、人民公社の解体後はほとんど意味をなさなくなっている地域もあるが、果村では今なお、社会的ユニットとして実質的な意味をもっている。第一に、果村は池姓が人口の約七〇%を占める、いわゆる「主姓村」であり、村民小組は池姓の中でも近い関係の世帯が集まって構成される、血縁的意味合いの濃厚な単位である。[15] 小組の内部には実の兄弟や従兄弟関係に当たる世帯が多い。第二に、村民小組は普段から顔を突き合わせて生活し、共同作業などに従事する近隣集団でもある。一例として、息子世代が結婚を控え、村内で家屋の新築を行う際の協同がある。近隣の世帯が総出で「手伝い」（帮忙）を行う日や、「棟上げ」（上梁）の日には、早朝から主家の関係世帯が集まって作業を行い、正午には主家において宴会が催される。こうした協同は小組が単位となっているわけではないが、集まってくる人々の顔ぶれは小組のメンバーシップに大きく重なっている。顔を合わせる頻度の非常に高い近隣集団に、血縁の要素も絡んでくるため、そこには互いの家庭事情までを知り尽くした顔馴染み関係ができあがっている。

以上のような社会的ユニットとしての村民小組は、制度的な枠組みによっても維持・強化されてきたものと考えられる。とくに重要なのは、農地分配と村民小組の関係である。現在の農家の口糧地の分配は、一九九八年の土地分配により決定された。このときのやり方は、村全体の口糧地を丘陵地、平地の二か所についてすべて一人あたりの区画に区切ったうえで、一〇人の村民小組長が籤引きを行い、引き当てた区画が各村民小組の口糧地となった。区画の境界については、小組の人口により調整のうえ画定した。小組単位での農地の割り当てが済むと、今度はそれぞれの村民小組の内部で各世帯に対する分配を行った。このため、現在でも果村の口糧地は、一部の例外[16]を除き、基本的には丘陵地に一か所、平地に一か所と小組ごとにまとまったかたちで分布している［図3－1］。村民小組を媒介としたこのような口糧地の分配法は果村独自のものではなく、元の余家郷に属していた果村を含む三六の行政村のすべてで採用されている。

## 第二節　灌漑ガバナンス

### （1）水利建設の自力更生

蓬莱市の一九五九～一九九一年の年平均降水量は六〇六ミリで、比較的乾燥しているうえ、その六割の降雨は七月から九月の期間に集中する（山東省蓬莱市史志編輯委員会　一九九五：八三）。こうした降雨のパターンは華北地域に共通したもので、春期の水不足と秋期の水害問題（春旱秋澇）が発生し、灌漑・排水の必要性を高くする（山本 一九六五：四九—五七）。地形的に見れば、蓬萊市は県南端にある艾山（標高八一四メートル）から黄海と渤海に面した海岸部に向けて、所々平地部をはさみ、ゆるやかな丘陵地帯が連なっている。県内はもちろん、山東半島自体が流域面積の広い大河をもたないことから、蓬萊市域を流れる河川はいずれも短い急流であり、長さ三キロを超える河川は九二本あるものの、その多くは降雨の集中する夏のみに現れる季節的河川である。中で比較的大きい河川は、黄水河（域内流域面積二四〇平方キロ）、平暢河（同二三四平方キロ）、龍山河（一三四平方キロ）の三本である（蓬萊県農業区画委員会弁公室 一九八六：一七九）。こうした事情から、蓬萊県農業の主たる灌漑方式は、丘陵地の起伏を利用したダム・ため池方式（蓄水工程）と平地部の井戸水方式（地下水工程）の二つであり、河川から直接取水する方式はほとんどない[17]。

第一に、ダム・ため池建設（蓄水工程）について、その大部分は小規模なものだった。蓄水工程を採用する市内の水利施設は、規模の大きい順に、（1）中型、（2）小（一）型、（3）小（二）型、（4）貯水池（塘垻）に分けられる［表3-3］。工事時期をみればわかるように、これらは基本的にすべて、人民公社時代の一九五〇年代末から一九七〇年代中期にかけて建設されたものである。蓄水の規模からみると、数十か村の農地灌漑に関わる中型や、数か村に関わる小（一）型、つまり村レベルを超えるような水利施設は、全県農地面積の一三％程度、村の数にすれば二五％程度に利益をもたらすにすぎない。つまり、より多くの村では、村レベルか、それ以下の小型水利施設が多いことになる。小（二）型ダムの平均灌漑面積が三〇〇畝ほど、貯水池の平均灌漑面積が八〇畝ほどであり、蓬萊県の一村あたりの平均農地面積が一一〇〇畝ほどであることから考えて、これらはほぼ一村の内部で使用されている水利施設と考えてよい。

果村の範囲で考えると、まず一九五七～五八年に、丘陵地の灌漑のために村で初めての小型ダムが造られている（図3-1］［表3-4］中の［T］）。この当時は、ダムからパイプで水を引くのではなく、水を人力で担いで運び、丘陵地を灌漑する方式だった。これは村民の間では「三面紅旗」（総路線、大躍進、人民公社）の時代に造られたダムとして記憶されている。だが果村の蓄水灌漑の画期となるのは、一九六六年に着工され、一九六八年に竣工した揚水ステーション［U］

**表3-3　蓬萊市内のダム・ため池**

| 区分 | 名称 | 有効灌漑面積（畝） | 受益範囲（村数） | 国家投資額（万元） | 備考・工事時期など |
|---|---|---|---|---|---|
| 中型 | 戦山ダム | 29,200 | 33 | 159 | 第一期工事1958年，第二期工事1959年，第三期工事1961年。灌漑区の水路工事1964～65年 |
| | 邱山ダム | 30,000 | 58 | 271 | 第一期工事1958年，第二期工事1959年，第三期工事1961年。灌漑区の水路工事1965～76年 |
| | 平山ダム | 12,000 | 24 | 111 | 第一期工事1958年，第二期工事1959年，第三期工事1961年。灌漑区の水路工事1965～76年 |
| | 小計 | 71,200 | 115 | 541 | |
| | 受益率（%）* | 10.5 | 18.9 | | |
| 小(一)型 | 上口ダム | 5,100 | 6 | | 1957年（着工），1963年（灌漑水路着工） |
| | 王庄ダム | 1,200 | 1 | | 1957年 |
| | 五十里堡ダム | 2,540 | 3 | | 1958年 |
| | 高里夼ダム | 700 | 1 | | 1958年 |
| | 小院ダム | 1,300 | 6 | | 1959年 |
| | 峰山ダム | 2,750 | 9 | | 1965年 |
| | 郭家ダム | 1,960 | 6 | | 1965年 |
| | 会文ダム | 800 | 2 | | 1960年 |
| | 大劉家ダム | 3,035 | 10 | | 1970年 |
| | 小計 | 19,385 | 44 | | |
| | 受益率（%）* | 2.9 | 7.2 | | |
| 小(二)型 | 小計 | 40,427 | — | | 県内130カ所 |
| | 受益率（%）* | 6.0 | — | | |
| 貯水池 | 小計 | 28,207 | — | | 県内338カ所 |
| | 受益率（%）* | 4.2 | — | | |
| 合計 | 小計 | 159,219 | — | | |
| | 受益率（%）* | 23.6 | — | | |

*「受益率」の算出には1991年の全県農地面積（67万6,000畝），村数（607村）を用いた。

出所）山東省蓬萊市史志編輯委員会（1995: 300-305）を参照して筆者作成。

**図 3-2　蓬莱県農地灌漑方式の推移（単位：万畝）**

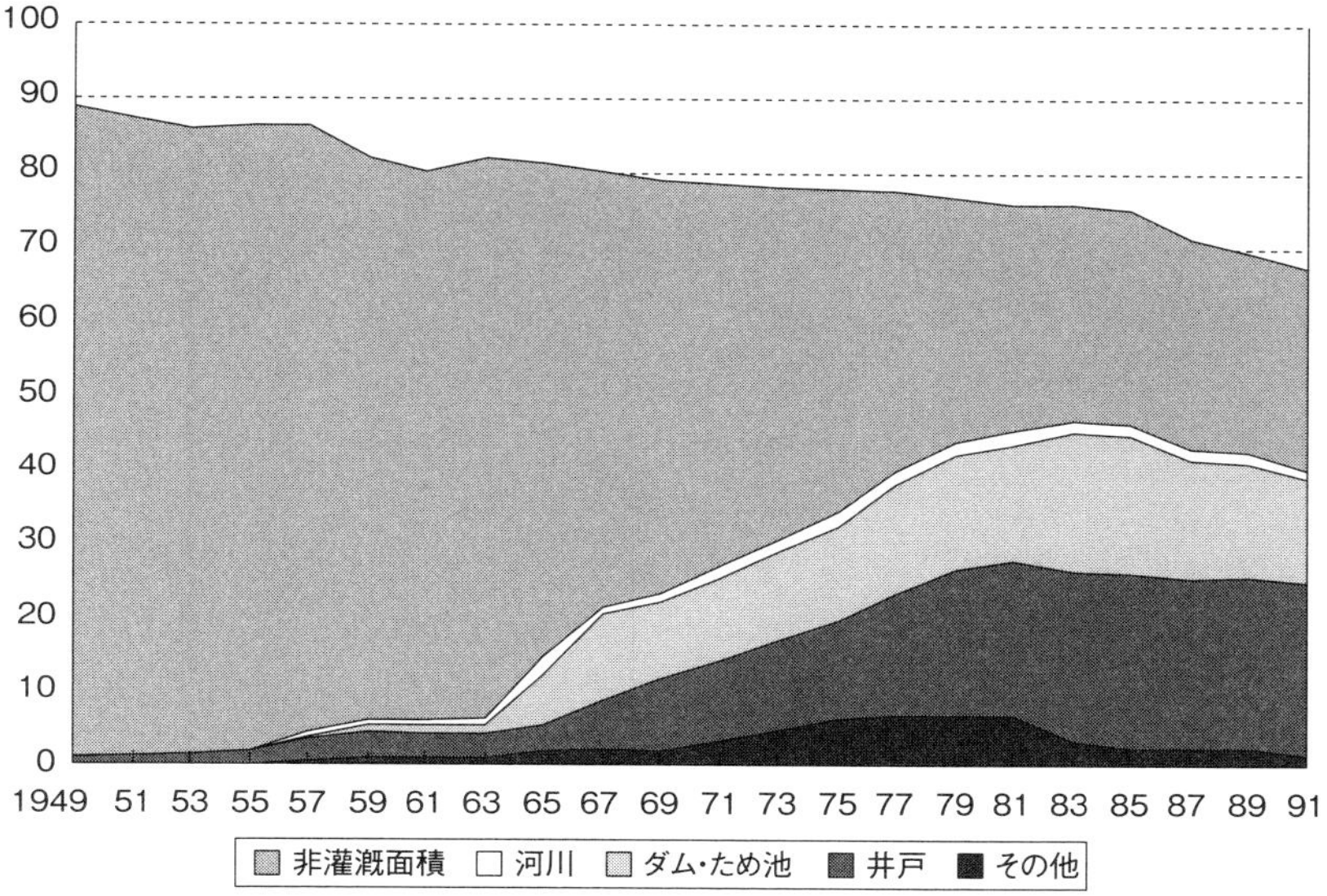


出所）山東省蓬萊市史志編輯委員会（1995: 311）を参照して筆者作成。

である。これは余家人民公社の中で同じ「片」に属する九つほどの大隊が共同で建設したものである。中でも中心となったのが果村を含む四つの大隊で、さらに四大隊の中でも果村大隊が貢献した度合いが最も高いという。二〇〇〇年には旱魃があり、揚水ステーション［U］の水もすべて尽きてしまったので、貯水池の底に、さらに深く井戸を掘るとともに、果村が出資してポンプを三台にした。こうした事情もあり、二〇〇〇年以後、［U］は主として果村が使用していた。

第二に、井戸水灌漑について、その比重の大きさが注目される。［図３－２］に現れているように、人民公社時期の一九六〇～七〇年代にかけての灌漑面積の伸び幅をみると、井戸水灌漑による伸びがダム・ため池灌漑による伸びとほぼ同等か、あるいはそれをやや上回る勢いを示している。また、二つの郷鎮が合併して現在の大門鎮ができる前の旧余家郷三六か村の範囲でみてみると、現在、井戸水灌漑の面積は一万八〇〇〇畝（八〇％）にたいし、ダム・ため池灌漑が四五〇〇畝（二〇％）である。[18] これらの井戸掘りは、村を超える範囲の組織化を必要としないものであり、生産大隊の自力更生に依れば充分であった。果村では、一九六二年にそれまでの懸念であった排水溝の整備を完了してから井戸掘りの段階に入り、その後一九七二、七三年にかけての一〇年ほどで、平地部分の井戸水灌漑システムをほぼ完成させていたという。

水利建設といえば、大規模な動員による大型・中型の水利灌漑プロジェクトが思い浮かぶが、以上からもわかる通り、こうした大・中型プロジェクトは広大な「面」をカバーできたわけではなかった。果村の水利システムの形成も、国家資金の投入される「重点」からは外れた地点において、否応なく「自力更生」によって進められたものだといえる。

## （2）平地の井戸水灌漑

果村の地形は、村の居住区を取り巻く平地部分と、そこから東に続く緩やかな丘陵地部分の二つに分かれる。平地部分の灌漑方式が前にみた井戸水方式であるのにたいし、丘陵地は揚水ステーション［U］を水源とするため池と小型ダムによる灌漑である。丘陵地に井戸がないのは、井戸を掘るとすれば地下水に到達するまでの距離が長くなり、技術、資金ともに要求水準が高すぎたためであろう。その代わりにダム・ため池方式が採用されたわけだが、井戸に比較して工程の規模が大きい分、その実現は人民公社体制の成立と、その組織力・動員力が十全に発揮されるタイミングを待たねばならなかった。以下にみるように、果村では平地の井戸掘りもコミュニティ組織の重要な仕事とみなされているが、ダム・ため池灌漑の方が相対的にはより大きな「集団」の力を必要としたことは確かである。

それでは果村の井戸の現状についてみよう。前項で述べたように、果村大隊による井戸掘りは一九六二年頃から始まり、一九七二〜一九七三年ころまでには整備を終了していた。ただしこの時代に掘られた井戸は、地下水位の下降により、現在すべて涸れ井戸となっている。［表３-４］からわかるように、現在使用されている井戸の大部分は、一九八〇年代以降に掘られたものである。とりわけ旱魃の年であった二〇〇〇年は、五つの井戸が掘られている。

再び［図３-１］に頼って説明を行う。平地部の農地は、居住区を中心として、東、東南、南、西南、西、北の六つのブロックに区分できる。平地の西部より、および河川に近い南部は相対的に地下水が豊富であり、丘陵地よりの東側は乏

**表 3-4 果村灌漑施設一覧（2002 年現在）**

| 記号 | 種別 | 建設年代 | 深度（m） | 灌漑範囲 | 備考 |
|---|---|---|---|---|---|
| A | 井戸 | 1995 | 25 | 第8小組，第9小組，第10小組（一部分） | |
| B | 井戸 | 2000 | 30 | 第1小組（一部分），第2小組，承包地 | 村東部灌漑専用 |
| C | 井戸 | 1980 | 27 | 第10小組（一部分），第7小組（一部分） | |
| D | 井戸 | 2000 | 40 | 第6小組（一部分），第7小組（一部分），承包地 | 村東部灌漑は2005年よりNの水量不足を補うために使用開始 |
| E | 井戸 | 1980 | 20 | 第6小組（一部分） | |
| F | 井戸 | 2003 | 27 | — | 予備，未使用 |
| H | 井戸 | 1988 | | — | 2002年段階では予備用であったが，2006年段階ですでに廃棄 |
| I | 井戸 | 1980 | 18 | 第3小組（一部分） | |
| J | 井戸 | 2000 | 20 | — | 予備，未使用 |
| K | 井戸 | 1984 | 18 | 第3小組（一部分），第5小組（一部分），承包地 | |
| L | 井戸 | 2000 | 20 | 第5小組（一部分） | 直径2m |
| M | 井戸 | 1983 | 17 | 第4小組（大部分），第5小組（一部分），承包地 | |
| N | 井戸 | 1983 | 11 | 第2小組（一部分），承包地，機動地，自留地 | 2006年段階で水量不足，Dの給水にも依存 |
| O | 井戸 | 1983 | 19 | 第1小組（一部分），第4小組（一部分），承包地 | |
| P | 井戸 | 2000 | 27 | 第6小組（丘陵部分），承包地，自留地 | |
| Q | ため池 | 1970 | — | 承包地 | 1983年に改造 |
| R | ため池 | 2001 | — | 第1小組，第2小組，第6小組，第9小組 | |
| S | ため池 | 1997 | — | 第3小組，第4小組，第5小組，第7小組，第10小組 | |
| T | 小型ダム | 1950s | — | 第8小組，第3小組（一部分），承包地，第9小組（一部分） | |
| U | 揚水站 | 1968 | — | | R, Sに常時，水を供給，渇水時にはTほか他村にも給水可能 |

注）「記号」および「灌漑範囲」は［図3-1］に対応
出所）現地調査に基づき筆者作成

しい。井戸は現在有効なものが一五（そのうち予備で未使用のものが二）あるが、西ブロックに五、西南に二、南に五、東南に二、北に一というように、水源のある西と、河川に近い南に集中している。東南ブロックの井戸［N］と［O］からは、東ブロックの農地に送水するため、図に示した長いパイプが伸びている。さらに、西の井戸［B］、［D］、西南の井戸［F］からは東方向に三本平行に、延長二〇〇〇メートルにわたって太さ約二〇センチの地下パイプが敷設され、東ブロック、東南ブロックを援助している。

図示していないが、これら以外にもすべての井戸からは、灌漑を担当する農地の端まで地下パイプが張り巡らせてある。地表の溝に水を流すのでなく、地下パイプを通じて送水する方式は「半固定管道灌漑」と呼ばれるが、これは一九九六〜九七年の時期に節水効果を狙った政府の水利部門が全面的に普及を図ったものである。果村では二〇〇〇年段階ですべてのパイプの敷設を完了していた。地下パイプの延長は合計すると一万五〇〇〇〜二万メートルになり、敷設コストは、一メートルあたり二〇元で計算すると、累計で四〇万元ほどになる。

こうした果村の井戸建設のやり方は、どれほど一般的なのであろうか。井戸の建設主体から区分してみると、果村のように集団が出資して井戸を掘る以外に、個人の出資、そして国家資金で掘る場合が考えられる。

まず、個人で掘る場合、すなわち「ガバナンス未満」のケースについてみる。実際のところ、井戸掘りの投資額はさほど大きくはなく、いざとなれば個人投資でも掘ることは可能である。果村の井戸掘りの費用は一九九五年段階で一メートルあたり八〇元、二〇〇〇年では一二〇元であった。深さ三〇メートルの場合は三六〇〇元（日本円で約五万四〇〇〇円）ほどである。この地域の農民であれば、決して個人で負担できない額ではない。旧余家郷の範囲でも、部分的に個人井戸が多い地域もある。その一つ、魯上村の場合、村内には集団の井戸が四つしかないのに対し、個人が掘った井戸が一九二もあるという（使用停止分も含む）。村の一〇〇世帯あまりの九〇％までが、自分で掘った井戸を所有する。井戸をもっていないのは土地の少ない世帯だけで、これらの世帯は少しの農地を灌漑するのに人の水を買うのだという。同村のある農民は、七〜八畝の承包地と口糧地を耕作しているが、それぞれ一か所ずつ、二つの井戸を掘って所有している。(19) 個人が掘った井戸は、なんといっても随時水をやったりできるので便利だともいう。地下パイプを引いているものはあまりなく、一メートル一元の透明なホースで水を引いて灌漑する。この村民によると、村が主体となって掘った井戸は魯上村の平地部分にあるが、それだけでは充分な水を供給できないので、個人で井戸を掘らねばならないのだという。

他方、国家資金（「公」）を導入して建設した例は、やはり旧余家郷内にある韓家村の井戸である。[20]果村からさらに東方、丘陵地側に進んだ方向に位置する韓家村は、村全体が小高い丘陵地帯にある。韓家村のもともとの灌漑方式は堰き止め式の小型ダムであったが、水が枯渇し、現在は使用停止となっている。その代わり、同村の農地灌漑はすべて三つの井戸で解決しているという。井戸は政府の投資によるもので、村幹部が県の扶貧弁公室（貧困救済業務を担当）に申請して批准を受けたものである。一九九七年に掘った井戸は深さ一〇八メートル、二〇〇一年に掘ったものが六七メートル、二〇〇三年に掘ったものが一四五メートルである。二〇〇〇年の旱魃時には一つの井戸で一〇〇〇畝（実際は八八七畝）の農地を灌漑せねばならず、困難であった。二〇〇六年現在では一〇〇％の農地に灌漑が可能となり、地下パイプも敷設されている。井戸の管理方式は村による集中管理で、井戸小屋の鍵なども村が管理している。

以上にみた個人出資、あるいは国家資金による井戸掘りは、少なくとも蓬萊地区では少数の事例に属する。関係者への聞き取り[21]によれば、合併前の旧余家郷に属する三六行政村の範囲でみると、井戸掘りの主体は九〇％つまり三二〜三三村までが集団すなわち行政村であるという。魯上村において集団が井戸を掘ることができないのは集団経済が相対的に弱く、また韓家村のように公的財政の協力を求める手だてもないため、個人で解決するよりほかなかったためである。

井戸水による灌漑のタイミングは、すべて個別農家の判断に任されている。村による集団的な調整は、平常は行われていない。しかし水が不足した際には村が関与し、井戸から遠い農地は乾きに弱いので優先するという、「由遠而近」の原則で調整を行う。

果村の井戸水灌漑の管理は、二〇〇〇年ころから井戸ごとに請負人を置く方式を採っている。請負権をもつのは、その井戸によって灌漑される畑の使用者に限られる。たとえば［A］の井戸の請負権を獲得する資格があるのは、第八小組、第九小組、そして第一〇小組の一部世帯に限られる［表3－4］。請負人の選定は、三年間の管理権を競売する方式で行われる。水のくみ上げにかかる電気代、一キロワット時分の料金は六・四角で、この支払いを個人に請負わせることになる。一元から競売を始めて、値を下げていき、一番安い値段で請負う人間に井戸の管理権を与えるのである。そこで、たとえば井戸によっては、七・七角で請負成立の井戸や、また七・四角で請負っている井戸もある。七・七角で請負った場合、一キロワット時あたり一・三角の利益が請負者にもたらされるわけである。請負に際しては二〇〇〇元のデポジットを村に預けなければならない。取水口のふたについているネジをなくした場合などは請負者の負担で補修せねばならないので、管理者は責任をもって管理するようになる。こうして競売方式で井戸の管理権のみを農地使用者の一人に請負わせることで、井戸水灌漑にかかる農家の経済的負担を最低限にまで軽減することができる。

水を使用した世帯は一度の灌漑ごとにその料金を請負人に支払う[22]。水やりに際して請負人はわざわざ畑まで出向く必要はなく、水使用農家に鍵を渡し、井戸小屋においてあるノートに使用度数を記入してもらう。たとえば一キロワット時あたり七・三角を請負人に支払う。続けて井戸を使う農家があれば、直接鍵を渡してもよい。請負人制度のポイントは、井戸および敷設のポンプの所有権はあくまでそれを建設した村集団が確保しており、日常的管理権のみを実際の井戸利用者に委譲している、という事実である。この点、ポンプなど機械の所有権も含めて民間に払い下げるやり方（Vermeer 1998: 156）や、井戸本体も含めて水利施設そのものが個人に払い下げられる周辺村落の潮流[23]と比較しても、「集団」に対する果村リーダーの意識をよく示すものである。

### （3）丘陵地のため池灌漑

丘陵地の灌漑に用いられているのは、北［R］、中［S］のため池と、南の小型ダム［T］である。「ため池」と「小型ダム」の違いは、ため池が揚水ステーション［U］を水源とし、水路を通じて用水を引いてくる必要があるのに対し、ダムは周囲から湧き出る水によって自ら水を貯蔵する能力を備えている点にある。

前述したように、揚水ステーション［U］は一九六八年に竣工したが、そこから丘陵地に給水を行う水路を引いたのは、ようやく一九七三年になってからのことだった。さらに、水路の改造を行って土管を地中に埋め込む方式に変えたのが一九八九年である。これらの建設により、省道より北の丘陵地の灌漑が可能になったのだが、この方式では水路よりも低い部分しか灌漑できなかった。そこで、ため池［S］を丘陵地の頂に掘ってポンプで汲み上げるようにしたのが一九九七年である。［S］は雨水を貯水することが可能で、貯水量は外部からの補充なしで二〇時間の灌漑にたえられるほどである。降雨があって貯水の限界を超えると、水は溝を通って小型ダム［T］に流れ込むようになっている。北のため池［R］は、降雨があっても徐々に染み出し貯水能力が低いため、かならず［U］に頼らねばならない。二〇〇一年まで、この丘陵地北部の灌漑は、一九七三年に揚水ステーションから引いてきた渠により自然に形成された小さなため池を利用していた。ところが二〇〇一年に高速道路がこの一帯を貫通し、ため池も潰されたため、その土地補償金を用いて建設したのが［R］である。

丘陵地の灌漑管理は、平地の井戸水灌漑に比べて、「集団」の働きが目立っており、村レベルに加えて、とりわけ村民小組のまとまりが大きな役割を果たしている。村内に一〇ある村民小組は、丘陵地で使用する水利施設［R、S、T］の区別によって三つのグループに分かれている。

丘陵地の灌漑は村の統一的割り当てによって開始される。毎年の四月初旬、丘陵地にあるリンゴ畑の一回目の灌漑が始まる際には、揚水ステーションから直径八〇センチのパイプを通じて［R］や［S］の貯水池まで水を送る[24]。その後、降雨の情況によっていつ、どのタイミングで灌漑を行うか、この決定も村レベルの判断に委ねられている。およそ、北の貯水池［R］を利用するグループ（第一、二、六、九小組）から灌漑を始め、次に中間の貯水池［S］を理由するグループ（第三、四、五、七、一〇小組）に進む。また南の小型ダム［T］（第三、八、九小組）は比較的独立した異なる水系であるが、村民小組長の水管理に対する報酬は村から支出される[25]ので、やはり村の統一的な割り当てに従わなければならない。二〇〇六年の北のグループの場合、リンゴの開花に先立つ四月三日の水遣りに続き、八月一五日には二回目の水遣りが始まったが、途中まで灌漑したところで降雨があり、その時点で中止した。

村レベルの統一的配置のもとでは、三つの小グループと村民小組長がフルに働いている。北のグループでは、第一、二、六、九小組の小組長四人がチームを組んで、役割分担を行って貯水池［R］から水を入れる。揚水ステーションから水を引いてくる役、鍵を保管して貯水池脇で機械を動かす役、各世帯に通知する役、などのように分業が行われる。丘陵地の最も高い場所にあるリンゴ畑から順番に低い畑に向かって水を入れる原則である。連続で灌漑するので、自分の畑の灌漑が夜中にあたることもあるが、農民はその時間は畑の現場で水入れに立ち会わねばならない。二〇〇六年夏の南のグループ（第八小組）の灌漑についていえば、八月二二日の朝六時から機械の準備を始めて、七時くらいから灌漑開始、それから二四日の正午までぶっ通しで行った。夜中も続けて水遣りをするのは時間を惜しむためである。機械が故障などすればどんどん時間が過ぎていくので、水の管理者は機械に詳しいということも大事である。この回の灌漑でも、濁った水がパイプを塞ぎ、機械を停止させる事態が三回ほど起きていた。

農地は小組ごとにまとまっているので、各農家への連絡・調整はスムーズである。加えて、村民小組は、個別農家にとってはリスク管理の集団でもある。筆者が第八小組組長に聞き取りを行っている最中、彼の自宅の電話が鳴り、小型ダム［T］の水がほとんどなくなったとの連絡が入った。あと二世帯分の灌漑が残っているが、後は揚水ステーション［U］の水を買うしかないという。小型ダムの水は普段は一時間一〇数元だが、揚水ステーションの水はそれに加え一時間二〇元の電気代が必要になる。仮にそうなった場合でも、残り二世帯がそれを負担するのではなく、第八小組を中心としたTを使用する村民世帯が全体で平均負担することになるという(26)。小組長がこれについて、「社会主義の優越性」であるとコメントしていたのは印象的であった。

「ガバナンス」は終わりのない微調整のプロセスである。ここまで述べてきたのが、およそ二〇一一年まで維持された灌漑システムである。しかし、ほぼ完成されたかにみえた果村の灌漑システムも、降水量その他の条件で、常に変動する可能性をもっていた。二〇一五年八月の訪問で、本節で述べてきた揚水ステーション［U］の水が枯渇し、すでに使用を停止したことを知った。

使用停止後の経緯は次の通りである。まず翌年の二〇一二年、三〇〇万元をかけて、元々あった村東部のため池を拡張する工事を行った。そのうえで、二〇一四年、地下水源の比較的豊富な村西部の耕地の中に深さ四一メートルの井戸（第一三号井戸と呼ばれる）を穿鑿し、二八〇〇メートルの地下パイプを通じて村東部のため池に給水するシステムを造った。一三号井戸の小屋のカギは村民委員会が管理し、やはり井戸の請負人を通じて給水する。これで、いったん危機に瀕したリンゴ畑の灌漑も村内の水源で代替されることになった。万一、この一三号井戸が枯渇した場合は村のさらに西の部分に井戸を掘る計画である。そうすれば、二八〇〇メートルの地下パイプを無駄にせず、引き続き利用できるからである。

### （4）灌漑組織としての行政村と村民小組

果村の灌漑システムは、行政村レベルのリーダーシップを抜きにしては考えられない。付学智が果村大隊書記に就任し、排水の問題を解決した一九六二年から、人民公社体制下の果村において水利建設は「大隊のやるべき仕事」となった。特筆すべきは、一九八三年に人民公社が解体された後も、果村では水利建設が村民自身に委ねられたことは一度もなかったことである。一九八三年時点では、それまでに大隊によって形成された灌漑システムが引き続き機能していた。生産方式が農家請負制に移行したからといって、旧慣に従って施設を使用し続ける限りにおいて、急に農家間の水争いが発生するなどということはない。問題は、公社時代の遺産である水利施設が徐々に老朽化し、補修や新規建設が必要となった時だが、果村ではその役目を村民側に投げてしまうことはなかった。人民公社システムは解体したが、果村「大隊」は解体していなかったのである。一つ一つの施設の補修や新規建設が必要となる度に、村リーダーは淡々と「やるべき仕事」をこなしていった。改革以降、市場の中に巻き込まれながら、大部分の世帯が農地経営に従事する農業コミュニティでありつづけたことも、水利・灌漑建設を公共的な位置づけにとどめる理由となった。

生産大隊＝行政村が水利施設に対して出資し続けることが可能であったのは、前節で検討した集団経済と、集団経済を維持し、新規創出しようとするリーダーたちの志向性が大きい。他方で、果村の集団経済とリーダーシップとが常に、突出して強大であったかといわれれば、そうとも断言できない。相対的に大きな集団経済を創り、それらを久しく維持しようと意識してきたことは間違いないが、近隣の村の大部分も集団の支出により井戸を掘っていたことから判断して、蓬萊市域の村々については、ある程度の「集団経済」を保有している村のほうが一般的であろう。果村とその周辺の村々の事例が示唆するのは、「集団経済」といっても、巨額の収入は不必要だということである。小型水利施設や道路などの基盤型インフラの建設とメンテナンスは、毎年、少しずつの余剰を積み重ねていくことが可能である。どの地域の農村にでも多少はみられるような、開墾した荒れ地や、小さな養魚池など小規模な集団経済の再発見・再利用・新規創出が行政村コミュニティの組織的活性化に結びつく可能性は大きい(27)。わずかな収入があるのとないのとでは、コミュニティ自身の問題解決能力全般に雲泥の差が生じてくるだろう。それは水管理の領域には限られない。

上に指摘した村レベルの集団経済という条件は、良好なガバナンスの土台を提供するものではあっても、その十分条件とまではいえない。果村では、水利建設が一通り完了した二〇〇〇年頃を境として、村リーダーシップの一時的混乱がみられた。とりわけ印象的だったのは、二〇〇五年の村民委員会選挙の結果に不満を覚えた村の党支部書記(28)が辞任したことで、一時期、村リーダーシップの空白が生じたことである［表3-1］。筆者が二〇〇六年八月に訪問した際、村のオフィスにはすでにどの幹部も出勤しなくなっており、上級から派遣された工作隊が村に駐在しているという噂まで流れていた(29)。ところが、その同じ時期、丘陵地に行ってみると、リンゴ畑の灌漑は平常通り、何事もなかったかのように円滑に進んでいた。これは本文で述べた通り、村民小組レベルのコミュニティが実質的な灌漑組織として機能していることによる。果村では、施設を建設し、統一的割り当てを行うのは村レベル集団であったが、灌漑運営のより日常的な管理、調整権限は村民小組に委譲されていた。村レベルが一時的に混乱した場合、村民小組長同士が連携し合い、例年通りに灌漑を進めたのだと考えられる。このように、村民小組はそれ自体、まとまりをもっているために、村レベルの政治変動の影響を被りにくいともいえる。

丘陵地のため池・小型ダムを利用した灌漑システムにおいて、「村民小組」=「灌漑組織」の構図は特に顕著である。そこでは一〇人の村民小組長が管理権をもち、それぞれ一区画にまとまった小組の農地の灌漑を担当することで、総合的な農家間の連携コストが引き下げられていた。また前節末尾の第八小組のエピソードにもみられる通り、灌漑用水の揚水ステーションからの購入においても、小組が単位となって購入することにより、特定の農家の灌漑費用だけが高くなるリスクを避けることも可能になっていた。小組の内部はことあるごとに食事に招いたり、招かれたりの濃密な社会である。したがって不足した分の水費用を平均負担する程度のことで、互いにギスギスした感情を覚えることもない。

平地部分の井戸水灌漑については、「村民小組」=「灌漑組織」の対応関係は丘陵地ほど明瞭ではないものの、灌漑農地は小組ごとにまとまっているので、井戸の請負人が鍵の受け渡しや料金の徴収において応対する相手農家のかなりの部分は、請負人と同じ村民小組のメンバーでもあることになる。つまり、日常的に接触頻度の高い「顔馴染み」の関係が、水管理の円滑化にも一役買っていることになる。

コミュニティ組織に大きく重なる水管理組織の存在は、水やりにおける農家間の連絡・調整コストを大きく引き下げる。もしも仮に、村集団が灌漑管理に村民小組を利用せず、直接的に五〇〇世帯余りの農家間の連絡・調整を行ったとすれば、その仕事量は数倍に膨れあがってしまい、幹部数五人ほどの「小さな政府」、しかも縮小しつつあるリーダーシップの力で切り盛りしていくことは困難となろう。

そうした意味で、農地分配がもつ意味は大きい。果村および周辺の村々では一九九八年前後に、同じ村民小組に属する農家の農地を同一区画にまとめる独自の農地分配法を採用した。このことが、結果的に、灌漑管理について村民小組コミュニティを利用することを可能にし、また灌漑管理を通じて逆に村民小組コミュニティが温存され、地縁的な「まとまり」を生み出すことにもつながっている。このことは、「まとまり=団結」資本は制度的な配置いかんによって顕在化したり、消失したりする点を示している。

# 第三節　飲水ガバナンス

灌漑用水に劣らず、あるいは農村住民にとってそれ以上の重要性をもつのが、安全な飲水の確保である。その重要性は否定できないものの、多くの農村地域で飲水は村落が主体となったガバナンスになるとは限らず、各世帯が井戸を掘って解決していることも確かである。これに対し、果村を含む中国華北の多くの農村では、飲水ガバナンスは、行政村が主体となって実施すべき重要な仕事とみなされている。一つには、中国南方のように降水量が多ければ、地下水位も高めであり、さほど深い井戸を掘る必要もないために、コストが安く、各世帯で解決することが可能である(30)。もう一つ、華北のように集落が集中した形態をとれば集中的な給水施設から各世帯への配水のコストは低いが、中国で多数を占める丘陵地、山岳地帯では集落が分散しており、集中した給水施設は配水のコストが非常に高くなり、実現が難しくなる。このジレンマに直面しているのが、第六章でみる甘粛麦村である。この点、華北地域を代表する果村のように地形が平坦で集落が集中しており、なおかつ降水量が少なく水資源が相対的に希少であれば、飲水の解決も行政村が主体となることには合理性がある。

集団で灌漑した井戸の深さは二〇メートルくらいのものが多いが、飲水のものは深い。地下深くからくみ上げるほど、水の質が良く、洗濯や入浴のみならず、料理や飲水に使用することができるからである。果村にはかつて、華北の村でよく見かける「水塔」があったが、枯渇してしまった。現在は、飲水の井戸は深さ一二〇メートルほどで、主として集落東部の二〇〇世帯ほどに飲水・生活用水として提供している。ただし、この井戸のみでは村西部の三〇〇世帯ほどに十分な水の供給を行うことが難しい。二〇一五年は水不足であり、八月に筆者が訪問した際には、給水は一日五時間に制限されていた。不足を補うため、村民委員会オフィスの裏庭に、新しい井戸を、深さ七〇～八〇メートルの予定で穿鑿中であった。

その他、「私」による提供として、二〇一四年に村民委員会主任に当選した企業家の村民が提供する飲水がある。彼は自宅の井戸水を自身で設置したろ過装置で浄化し、当初は一五リットル〇・六元で販売していた。村長に当選して後、「公共に奉仕することが大切だ」と考え、二〇一五年現在では無料で提供している。将来は有料に戻し、一五リットル〇・三元程度で販売することを考えているという。

## 第四節　定期市ガバナンス

「標準市場圏」(Standard Marketing Community) 概念の提出でつとに著名なG・W・スキナーの経済地理学 (Skinner, 1964, 65=1979) 以来、中国の定期市は、集落地理学的、ないしは農業経済、農家経済、社会経済史の観点から捉えられる傾向にあり、その限りでは「自然発生的」で、人為的な要素で栄えたり廃れたりしないようなイメージで扱われることが多かった[31]。これにたいし筆者は、本章の舞台である山東果村をはじめ、ロシア農村やインド農村においても、村リーダーが何らかの意図をもって、つまり人為的な措置として定期市を開設した事例に出くわした。そこから、様々なアクターが参与する「定期市ガバナンス」が、世界的にもかなりの普遍性をもって存在しているのではないかと考えるようになった[32]。

さらにいえば、定期市の開設・運営は商品の売買というライフ・ライン＝生態領域のガバナンスであるとともに、娯楽＝象徴領域にも深く関わるガバナンスだといえる。前節までにみた灌漑・飲水の整備は、農業生産および生活上、欠かせない毛細血管のガバナンス、すなわち生態領域に重点を置いたものであった。この点、定期市のガバナンスも、村に市場を設置したり、運営したりすることにより人々の暮らしの必需品を末端まで届けるための毛細血管の整備であり、「商業ガバナンス」としての側面ももっている。他方で、商業行為自身が農村住民にとっては重要なコミュニケーションの場でもあり、定期市は人と出会って会話を楽しむ場でもあった。市場に集まる人々は、「顔見知り社会」の域外からやってくる。匿名性が高く、面識のない人々も多くいる。と同時に、市場には日常的に顔を突き合わせているわけでもないが、顔見知りではある近隣の住民と半分偶然に再会し、色々と情報を交換する場でもある。商業行為が成立する定期市のような場は、「顔馴染み社会」からは期待できない、軽度の非日常的な興奮が存在している[33]。してみれば、定期市は、日常に組み込まれた非日常ともいうべきで、娯楽、社交の場であるという見方もできる[34]。果村の村民たちからも、市が立つ日には特に必要がなくても、自然と身体が動き出し、気付くと市に向かっている、という気持ちが感じとれる。

山東果村には、人民共和国建国以前から定期市が存在した。解放後しばらく途絶えるも、一九九〇年になって復活した。復活に際して、当時の村リーダーが何か関与したかは、残念ながら不明である。以前は定期市の場所の提供に、村が料金を徴収していたが、二〇〇〇年代には、それは非常にささやかな金額となっていた。老人や障碍者が市場でモノを売る場合は無料、また少ししか場所を占めない者も無料、比較的幅をとる者からだけ、しかも他村の村民に限って五角を徴収していた。この五角の使用料は、二〇〇〇年前後までは村の治安保持委員（村民委員会委員の一人）が代わりに市を廻って切符を売っていた。現在はこの仕事は蓬萊市の工商局が直接行うようになった。工商局の出張所は複数の鎮を管轄しており、その人員が各市場を料金徴収に廻っている。

果村の中心街［図3-1］では、農暦の「三」と「八」がつく日（三、八、一三、一八、二三、二八）に市が立つ。そこではあらゆる食料、日用品が売られている。野菜、果物、穀類、調味料、肉、魚介類、お菓子、時計修理、衣料品、手工業品などである。二〇〇三年現在、果村では約五〇〇戸のうちの一〇〇戸程度が定期市での販売に携わっていた。たとえば葬式の際に紙銭を入れる竹籠を売る村民がいるが、これは外部から仕入れたものではなく、家庭内手工業で自作したものである。片手間の時間を無駄にせず、少しでも現金収入を手にしようとする農民の生活哲学をよく反映している。また死人にはかせる靴、子供用の刺繡入り布靴を売る中年婦人の製品も自家製品である。

村民にとり、定期市とは何か。端的にいえば、それは村民の日々の生活に彩りとアクセントを添える存在である[35]。定期市で食料品を買うのとは、常設の商店で買うのとは異なった独特の、いわば祝祭的な意味をもっている。果村は海岸から近く魚介類が豊富である。訪客をもてなすための果村の宴会料理の中でも、魚類、カニ、エビ、ナマコ、シャコ、貝類など海鮮を用いた料理は主役の座を占めている。ただし鮮度が命の魚介類は、村の常設店舗では販売していない。ここぞというとき、新鮮な食材は定期市に求める。自分の村での市が立たない日に客人があったりすれば、果村村民は黄城集など付近の定期市で食材を調達してくる。必ず毎日、周辺のどこかで市が立っているため、食材は必ず入手できるのである(36)。大門鎮の範囲では一〇か所の定期市がある、すなわち、平均すると六～七か村に一つが、市の立つ村であることになる。市が立つのは概ね、交通の便の良い村である。果村村民が日常的に利用する市は、本村（三、八）のほか、約一五キロ離れた大辛店（三、八）、二・五キロはなれた黄城集（二、六、九）、二キロ離れた張家庄、より近くには余家（五、十）、徳口店（四、九）などの市がある。他方、肉や小麦粉は、村内で精肉業を営む世帯や、製粉を営む世帯から直接購入することもできる。また近隣同士が無農薬で作った野菜を融通し合うことも多い。概して、商店で売っている食品は「新鮮でない」という認識が普遍的である。

定期市は、年に二回、その拡大バージョンとして、「廟会」が開かれるところも多い。日本の「縁日」のようなものである。果村の廟会は農暦二月二日と一一月一八日に開かれ、二月のほうが、規模が大きい。一一月のほうは一九九三年前後に加わったものである。会で売るものは農具、苗木、家畜などである。他に「会」があるのは石糧で新暦の三月一八日前後である。池到恵によれば、「会」は主として、市の名声を高め、集客量を増やすことで、村民の収入獲得機会も増加させるという目的で開いているという。市場の名声をさらに高めるための戦略の一環として、村が廟会に劇団を呼ぶこともあったという。果村でも、煙台の呂劇団を一九九五年ころまで呼んでいた。劇団を呼ぶ費用は村財政から支出された。一場につき一五〇〇元で、最低でも三場、多くて六場は頼まなければならなかった。池到恵によれば、これは「非常に面倒くさい。すべての過程を村が仕切らねばならない。主催する側としてはとても手間なので、もう劇団はあまり呼ぶつもりはない。しかも、そういうことは、村民小組長、村民代表、党員など全体の同意がなければならないので、今後、再開するという方向にはいかないであろう」という。果村から二キロほど離れた張家庄は規模の小さい定期市であるが、「会」で劇団を呼ぼうとしている。それも集客宣伝のためである。

象徴領域のガバナンスとしての定期市には、前記以外の役割もある。それは定期市が農歴のリズムで開かれ、民衆に受け入れられやすいため、その場が政府の政策教育や医療宣伝活動に用いられることである（毛 二〇一八：二〇五―二〇六）。実のところ、こうした定期市の利用は革命根拠地時代に共産党が行った宣伝・動員工作にまで遡ることができるのである（丸田 二〇一三）。

## むすび

本章での検討から、果村における自律的なガバナンスの背景がみえてくる。①フォーマルかつ地縁的な「集団」、すなわち村幹部や村民小組長の役割が目立っていること、さらに②この「集団」が、灌漑、飲水、定期市など複数の異なるガバナンス領域に沿って「灌漑組織」「飲水管理組織」「定期市管理組織」などのマルチ・プレーヤーとしても役割を果たしていた。さらに、③ガバナンスの資源としては、社会主義の遺産ともいえる果村自身の集団経済が利用され、その恩恵を被り続けた結果、コミュニティの側も「果村」という集団の枠組みにはめ込まれた行政村大の「まとまり」すなわち「我々果村」というコミュニティ意識が醸成された。

こうしたあり方は、本書の枠組みに沿って解釈すれば、生態資源と象徴資源がコミュニティの内部で循環する過程だということができる。第一章にみた通り、中国型社会主義は都市を農村から分離したうえで、農村に「自力更生」を強いたのだが、その期待にみごとに応え、自ら生きるすべを身につけてしまった優等生が、現在の果村の姿なのである。

## 付表 3-5　果村第 9 小組世帯情況

| 番号 | 戸主年齢 | 世帯人数 | 家族構成 | 農地経営（2002 年） | | | | | | | 農外就業（2002 年） | 生業パターン | 備考 | 2006 年における変化 |
|---|---|---|---|---|---|---|---|---|---|---|---|---|---|---|
| | | | | 口糧地 | | | | 承包地 | | 計経営面積 | | | | |
| | | | | 平地 | | 丘陵 | | | | | | | | |
| | | | | 面積 | 作付品種 | 面積 | 作付品種 | 面積 | 作付品種 | | | | | |
| 1 | 38 | 3 | 本人，妻，子 1 | 1.2 | ブドウ | 1 | リンゴ | | | 2.2 | 市で油を仕入れ，家で製油，南方市場に販売 | 農，手 | | 製油は廃業，近隣の定期市で生魚を売る |
| 2 | 40 | 3 | 本人，妻，子 1 | 1.2 | リンゴ | 1 | リンゴ | | | 2.2 | トラクターを使用した運輸業．昨年は高速道路建設現場のダンプを運転 | 農，運 | 村民代表 | 運輸業，細々と継続，息子が出稼ぎ |
| 3 | 40 | 4 | 本人，妻，子 2 | 1.6 | リンゴ | 1.2 | リンゴ | 5 | ブドウ | 7.8 | 落花生油の製油．労働者 2–3 人を雇うつもり | 農，手 | 村民代表 | 娘の一人が大学進学準備中 |
| 4 | 38 | 5 | 本人，妻，子 2，母 | 2 | ブドウ | 1.5 | リンゴ | | | 3.5 | 張家庄の卸売部門でアルバイト | 農，外 | | 母死亡，子供の 1 人，重点高校に合格 |
| 5 | 32 | 3 | 本人，妻，子 1 | 1.2 | リンゴ | 1 | リンゴ | | | 2.2 | 本人，龍口市の栄城集のレストランで調理師，妻が定期市でボタンを売る | 農，市，外 | 28 の長男 | 長男誕生，戸主レストラン辞職 |
| 6 | 36 | 4 | 本人，妻，子 2 | 1.2 | ブドウ | 1 | リンゴ | | | 2.2 | 妻がソファー工場勤務（年収 5,000 元以上），本人，岳家圏の車軸工場で技術職に従事 | 農，企，外 | | 子供の 1 人，学校を出て蓬莱で出稼ぎ |
| 7 | 60 | 2 | 本人，妻 | | | | | | | 0 | 本人，ソファー工場倉庫の管理員 | 他 | 口糧地は息子ら（8，9）に譲る | |
| 8 | 37 | 4 | 本人，妻，子 2 | 2 | サクランボ<br>ブドウ | 2 | リンゴ | 5 | リンゴ | 9 | 農閑期，オート三輪でトウモロコシの運送，農繁期には人を雇う | 農，運 | 7 の長男 | 運輸業を廃業，妻がソファー工場に勤務，娘が高校進学 |
| 9 | 32 | 3 | 本人，妻，子 1 | 1.6 | サクランボ | 1 | リンゴ | | | 2.6 | 養鶏（鶏卵用） | 農，養 | 7 の次男 | 夫婦ともにソファー工場に勤務，養鶏は廃業 |
| 10 | 80 | 2 | 本人，妻 | | | | | | | 0 | | | 口糧地は息子（11）に譲る | 妻死亡 |
| 11 | 42 | 3 | 本人，妻，子 1 | 2.4 | リンゴ<br>ブドウ | 2 | リンゴ | | | 4.4 | 龍口で南方の果物を仕入れ，周囲の村の定期市で売る | 農，市 | 10 の息子 | 集市での果物販売廃業，長女，学校を出て青島で出稼ぎ |
| 12 | 62 | 2 | 本人，妻 | | | | | 2 | リンゴ | 2 | | 農 | 小組長．口糧地は息子に譲る | 今期も村民小組長，隣村に 3 畝の土地を請け負う |
| 13 | 42 | 3 | 本人，妻，子 1 | 1.6 | リンゴ | 1.2 | リンゴ | | | 2.8 | 自動車座椅子工場で臨時工，自宅で養豚 | 農，企，養 | 12 の長男 | 臨時工，養豚は廃業，山羊の飼育，妻が後運家のプラスチック工場勤務 |

| | | | | | | | | | | | | | |
|---|---|---|---|---|---|---|---|---|---|---|---|---|---|
| 14 | 36 | 3 | 本人，妻，子 1 | 1.6 | リンゴ | 1.2 | リンゴ | | | 2.8 | 小規模な商業．本人・妻ともに自動車座椅子工場で臨時工 | 農，市，企 | 12 の次男 | 臨時工は辞職，戸主は村内の私営ブロック工場に勤務 |
| 15 | 58 | 2 | 本人，妻 | | | | | | | 0 | | | 元党支部書記，1 男 1 女が蓬莱にいるため，口糧地は他人に譲り小作料を取る | 戸主死亡，妻は蓬莱の息子の家に身を寄せる |
| 16 | 64 | 2 | 本人，妻 | | | | | | | 0 | かつて個体戸をやったことがある | | 息子 2 人は青島，北京に，娘は龍口で就職，口糧地は甥（24）に譲る | |
| 17 | 57 | 2 | 本人，妻 | 0.8 | ブドウ | 1 | リンゴ | | | 1.8 | 農閑期，2-3 人を雇用して落花生油の製油 | 農，手 | 娘 2 人は嫁ぎ，息子 1 人は蓬莱に居住 | 製油業，労働者の雇用はやめ，規模縮小 |
| 18 | 47 | 4 | 本人，妻，子 2 | 1.6 | ブドウ | 2 | リンゴ | 3 | ブドウ | 6.6 | 長女が龍口のタオル工場に出稼ぎ | 農，外 | | 長女結婚 |
| 19 | 54 | 4 | 本人，妻，子 2 | 1.6 | ブドウ 野菜 | 1.2 | リンゴ | | | 2.8 | 定期市での野菜販売，その他の商売，長女が莱陽市の建築公司で，次女は北京で出稼ぎ | 農，市，外 | | 娘が 2 人とも結婚 |
| 20 | 46 | 2 | 本人，妻 | | | | | | | 0 | ソファー・家具の家内手工業（2-3 人を雇用） | 手 | 子供は大学生，口糧地は他人に委譲 | 子供が大学卒業，就職 |
| 21 | 81 | 2 | 本人，妻 | | | | | | | 0 | | | 口糧地は息子 2 人に委譲 | 戸主死亡，妻は息子の家に身を寄せる |
| 22 | 52 | 3 | 本人，妻，子 1 | 1.6 | ブドウ | 1.5 | リンゴ | | | 3.1 | 娘が蓬莱で出稼ぎ | 農，外 | 21 の長男，生活困難 | 娘が結婚 |
| 23 | 50 | 4 | 本人，妻，子 2 | 2 | リンゴ ブドウ | 1.2 | リンゴ | | | 3.2 | 儀礼用の紙銭を入れる容器を作り定期市で売る．息子が蓬莱でコック | 農，手，市，外 | 21 の次男．娘は嫁いだが，戸籍はまだ本村にある | コーリャンを用いた手工業，長男が結婚 |
| 24 | 38 | 3 | 本人，妻，子 1 | 2 | ブドウ | 2 | リンゴ | 1 | 野菜 | 5 | 定期市での野菜販売．養豚用飼料を近隣の村で販売 | 農，市 | 41 の弟．叔父（16）の口糧地，母の口糧地を半分譲り受け耕作 | 定期市での販売は減少，養豚 |
| 25 | 59 | 2 | 本人，妻 | 2 | リンゴ | 1.5 | リンゴ | | | 3.5 | 本村で臨時的雇用労働 | 農，労 | 村民代表．息子の口糧地を耕作 | 妻が老年活動室の管理で年収 1,000 元ほど |
| 26 | 34 | 3 | 本人，妻，子 1 | | | | | | | 0 | 隣村で料理店を経営 | 外 | 25 の長男．口糧地は父親が耕作 | 料理店廃業，村の西に出来た駐車場の管理 |
| 27 | 42 | 4 | 本人，妻，子 2 | 1.6 | リンゴ | 1.2 | リンゴ | | | 2.8 | 定期市で布を販売．長女が蓬莱で出稼ぎ | 農，市，外 | 村民代表 | |
| 28 | 62 | 2 | 本人，妻 | 0.8 | リンゴ | 0.5 | リンゴ | | | 1.3 | 口糧地の隙間で野菜を栽培，市，定期市で販売 | 農，市 | 嫁の商売による収入から援助を受ける | |
| 29 | — | 4 | 本人，妻，子 2 | 1.6 | リンゴ | 1.2 | リンゴ | | | 2.8 | 食糧（米，粟，小麦など）を定期市で販売 | 農，市 | | 娘が出稼ぎに出る |

| | | | | | | | | | | | | |
|---|---|---|---|---|---|---|---|---|---|---|---|---|
| 30 | 46 | 2 | 本人，妻 | 0.8 | リンゴ | 0.6 | リンゴ | 6 | 桃，サクランボ | 7.4 | 妻が農閑期に段ボール工場に勤務．本人，不定期の雇用労働に従事 | 農，企，労 | | |
| 31 | 44 | 3 | 本人，妻，子1 | 1.2 | サクランボ | 1 | サクランボ | | | 2.2 | 夫婦共にソファー工場に勤務 | 農，企 | | 妻，工場を辞職し家で育児 |
| 32 | 23 | 3 | 本人，姉，母 | 1.6 | リンゴ | 1.2 | リンゴ | | | 2.8 | 本人と母がソファー工場に勤務．姉は済南で出稼ぎ | 農，企，外 | 父が2001年に交通事故死 | |
| 33 | 52 | 4 | 本人，妻，子2 | 1.2 | リンゴ ブドウ | 0.8 | リンゴ | | | 2 | トラクターを用いて運輸業 | 農，運 | 娘は青島で就学 | 運輸業は廃業，娘2人が蓬莱で出稼ぎ（娘の戸籍は村に無し） |
| 34 | 32 | 3 | 本人，妻，子1 | 1.2 | リンゴ | 0.8 | リンゴ | 3 | ブドウ | 5 | 農機具修理業 | 農，手 | 35の息子 | |
| 35 | 60 | 2 | 本人，妻 | 0.8 | リンゴ | 0.6 | リンゴ | 2 | ブドウ | 3.4 | | 農 | | |
| 36 | 71 | 2 | 本人，妻 | | | | | | | 0 | | | 2男，3女はすべて独立．口糧地は息子2人に譲る | |
| 37 | 40 | 3 | 本人，妻，子1 | 1.6 | リンゴ | 1.2 | リンゴ | | | 2.8 | 夫婦共にソファー工場（木工担当）に勤務．2人の年収合計は1.7万元ほど | 農，企 | 36の長男 | |
| 38 | 34 | 3 | 本人，妻，子1 | 1.6 | リンゴ | 1.2 | リンゴ | | | 2.8 | 妻が農閑期に段ボール工場に勤務．本人，龍口のセメント工場に勤務 | 農，企，外 | 36の次男 | 妻，工場を辞職 |
| 39 | 42 | 4 | 本人，妻，子2 | 1.6 | リンゴ | 1.2 | リンゴ | | | 2.8 | 本人，長男が豚の解体業．妻が定期市で肉を販売 | 農，手，市 | 本人は入り婿 | 長男，車を購入して運送業，次男，龍口で出稼ぎ |
| 40 | 40 | 4 | 本人，妻，子2 | 1.6 | サクランボ | 1.2 | リンゴ | 5 | リンゴ | 7.8 | 製粉業 | 農，手 | | 製粉業は廃業，養豚に転業．長女が大学入学，妻の両親の耕地を請負耕作 |
| 41 | 44 | 4 | 本人，妻，子2 | 2 | ブドウ | 1.2 | リンゴ | | | 3.2 | 本人，村幹部の年収が5,000-6,000元 | 農，他 | 24の兄．母の口糧地を半分耕作 | 村幹部を辞職 |

注1）「農」→農地経営，「企」→村内企業での就業，「手」→家庭内手工業，「運」→運送業，「養」→養殖業，「外」→出稼ぎなどの外地就業，「市」→定期市などでの小商売，「労」→村内での臨時的単純労働，「他」→その他をそれぞれ示す。

注2）戸主の年齢は2002年時点での数え年である。

出所）果村幹部（2006年時点では一般村民）からの聞き取り（2002年9月14日，9月15日，2006年8月26日）に基づく。

# 第四章　出稼ぎと公共生活の簡略化

――江西花村――

## はじめに

本章では沿海部から内陸部に向けて、一歩、踏み出し、「中部」のそのまた南部に属する江西省の花村[1]にフォーカスを当てていく。花村のガバナンスは、前章にみた果村とは対照的である。二〇〇六年、初めて花村に住み込んだ際には、それまで果村で感じられた「村」の存在感がないことに戸惑いを覚えた。花村には果村のような強い凝集力や、リーダーシップの「中心」が感じられなかった。果村が様々な面で社会主義村落としてあまりにも「優等生」であったのに対し、花村は「劣等生」とまではいかないものの、どちらかといえば、学校の成績などはあまり気にしない、自由気ままな「風来坊」のイメージに近いものだった。

花村のガバナンスを特徴づけるキーワードは、「簡略化」であろう。第一章にみた通り、花村や江西省が代表する内陸の南部諸省は、二〇〇〇年代以降、「出稼ぎ経済」が最も深く浸透した地域である。青壮年が、一年の大部分の時間、出稼ぎで村を留守にし、その分現金収入は増加して村民個々人の「私」的な豊かさが実現していった。他方で、それまで村に存在していた様々な組織的な取り組みが簡略化されたり、暮らしの問題がいったん「棚上げ」されたりすることになった[2]。本章でみていくように、ここ十年来、村民が関心を持ち続けた暮らしの問題としては、村周辺の毛細血管のような道路の補修が挙げられる。しかし、その解決に向けての歩みは非常にゆっくりとしたものであった。ある一時点だけ切り取ってみれば、道路ガバナンスはまるっきり停滞しているようにさえ思えた。行政村の正式なリーダーとされる村幹部たちが、道路の改善に本気で取り組もうとしているのか、傍目には疑わしいものと映った。

約一二年の村との付き合いを経て、筆者の当初の「風来坊」への印象はどのように変化したか。それを以下に記したい。

## 第一節　農家経済とコミュニティ

江西省の日本での知名度は、山東省ほど高くないだろう。江西は近代以前においては茶、蜜柑、稲の栽培で知られ、地味が豊かで自給自足のできる環境にあった。こうした農業条件の良さは、基本的に現代にも引きつがれた(3)。一方で省を取り巻く山岳地帯は交通の不便さから閉鎖的な環境を作り出し、これが一九二〇年代、国民党に包囲されながら共産党が省境付近に革命根拠地を築き、生き延びていくことを可能にした。自足が可能で交通が不便なこうした江西の環境は、近代以降、そして改革開放以降においては市場意識の遅れに結びつき、地味な内陸省の地位に甘んじることになった（莫二〇〇九：一三六―一四四）。隣の浙江省の農民が企業家精神に富み、すかさず経済的機会を摑むのに対し、江西は企業家に雇われて働く農民工の輩出地域となった。

花村は鄱陽湖の湖畔に位置する余干県に属しているが、同村が属している社更郷は県城から四〇キロほど南に下った東郷県との県境にある。花村は、社更郷に管轄される一八行政村の内の一つで、郷政府所在地からは四キロほど離れている。行政村は六一五世帯、三二一七人で構成される。耕地面積は四七五〇畝で、一人あたりにすれば約一・五畝となる。全村の党員は五六人、村幹部は五人である(4)。

さて、［図４-１］を見ればわかる通り、花村（行政村）は一四の集落から構成されている。江西農村の丘陵地や山間地に共通した特徴として、各集落の規模は小さく、分散している。まず集落規模について、最大の集落は中心集落である行政集落と同名の花村集落であるが、そこでも八七世帯程度の規模である。多くの集落は二〇～三〇世帯で構成される。

**図 4-1　花村地図**

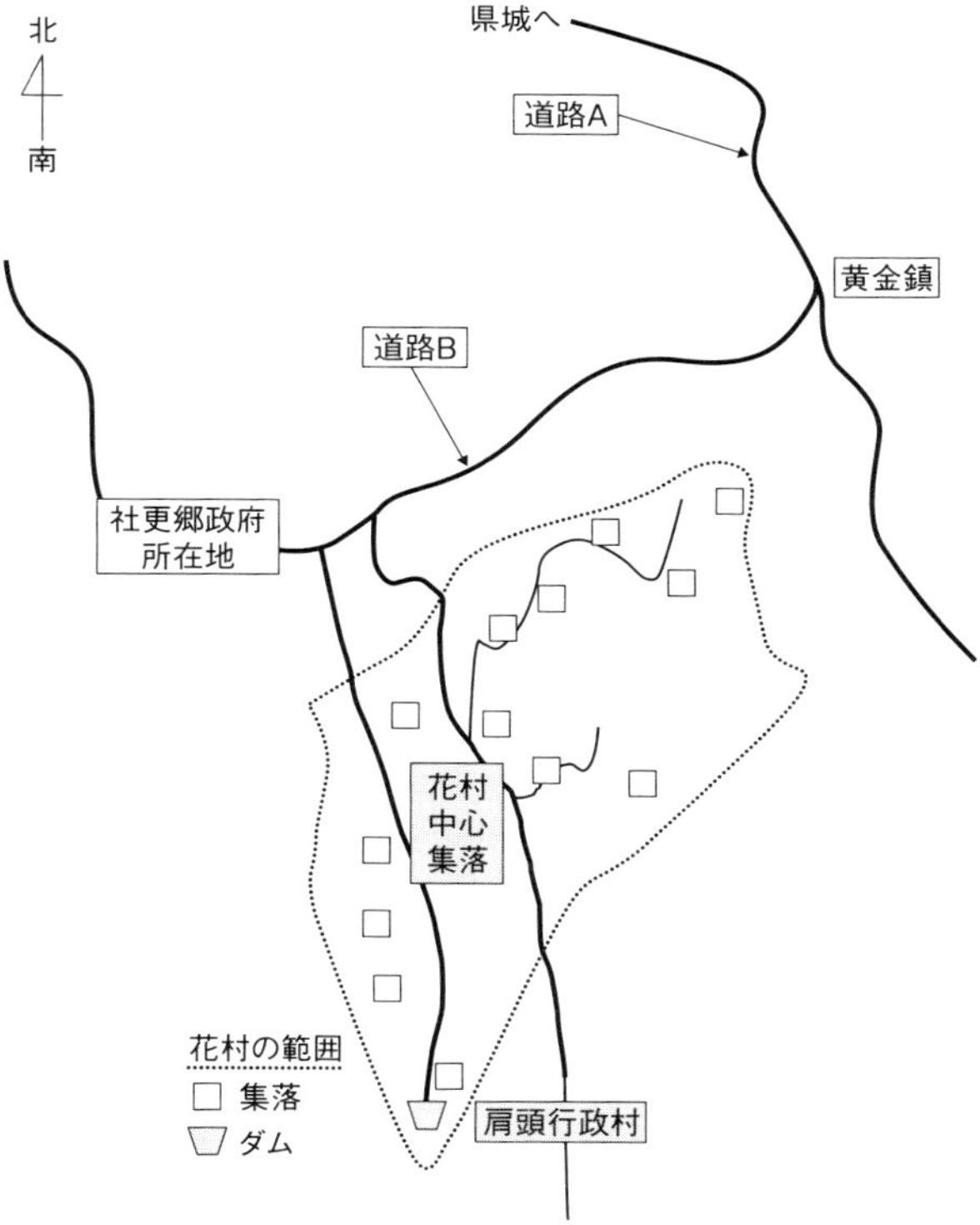


出所）筆者作成

それぞれの集落は、基本的に一つの姓（同族）が聚居して形成しており、花村中心集落は赫姓の集まるところである。江西省の平原部では、しばしば数千戸にも及ぶ同族集落がみられる[5]。余干県内でも、鄱陽湖湖畔地域には大宗族を有する村が存在する。他方、県境に近い丘陵地帯に属する花村では、同族集落は小規模で分散的である。花村中心集落の赫氏のように、族譜が編纂されている場合もあるが、先祖を祭った祀堂を有するような大きな宗族は近辺には存在していない。

次に集落分布の分散性である。筆者は二〇〇六年の一回目の訪問時にすべての集落を実際に歩いてみたが、集落と集落の間の距離は遠く、細い畦道でつながっており、互いの往来に向いていないことは明白であった。一四の集落を一つの行政単位として取りまとめ

図4-2　花村中心集落住民の在宅・在外比率

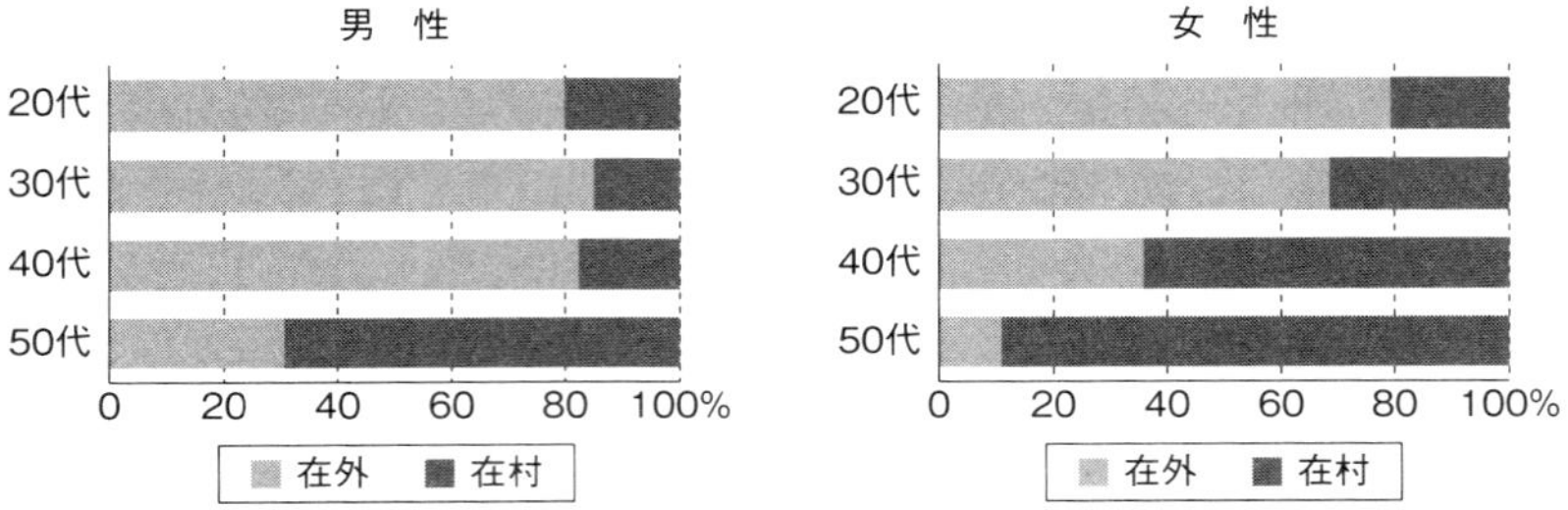


出所）筆者による世帯サンプル調査（87戸，445人）に基づき作成。

ることの難しさが感覚的に理解できた。集落相互の連携の難しさは、良い道の欠如によって増幅されていた。

花村の農業はほぼ、水稲栽培に限定される。現地では菜種油、板栗やタケノコなども産出するが、自給用であり、商品化されていない。鎮内や県内の就業先は少なく、青年層の男女、壮年層の男性はほとんど出稼ぎに出ている。このことを、筆者自身による世帯サンプル調査(6)の結果から示してみよう。

二〇〇七年現在、花村中心集落は八七戸、四四五人で構成されていた。全村人口の内、在村人口が二三〇人（五二％）、他出人口二一五人（四八％）となっている(7)。労働年齢に相当する二〇歳代から五〇歳代までの在村、在外の比率を男女別に図示したのが［図4－2］である。

さらに在外村民の就業地点についてみてみる。これらの中にはわずかながら大学生と、外地で安定的な生業を得て定住した者も含まれるが、大部分は出稼ぎ者だと考えられる。

一七七人のうち、就業地点は大きく分けて、浙江で就業する村民のグループと南昌で就業するグループでその大半を占めている［図4－3］。この二つのグループは出稼ぎの性質においてやや異なっている。第一に年齢であり、浙江グループ八四人の平均年齢は二九・〇歳で、南昌グループ四二人は四二・六歳となり、異なる年齢層の人々であることがわかる。第二には就業の性質であり、浙江への出稼ぎ従事者は裁縫関係がほとんどであり、工場労働者が多いのにたいし、南昌グループは臨時性の強い建築現場などでの日雇い職（散工）がほとんどである。第三に家庭内での地位についていえば、浙江グループは世帯主が一二％しかいないのに対し、南昌グループでは六九％に達する。第四に男女比率でも、浙江グループでは男性が五五％にたいし、南昌グループでは七九％を占める。

二つのグループは、コミュニティとの関係の持ち方がやや異なっている。浙江の服装工場で働くグループは二〇代後半を中心とする人々で、女性も多く含まれ、世帯主ではない者が多い。老父母はまだ健康で、逆に幼い子供たちの面倒を見てくれている。彼らは年に一度、春節の時期に数日間、帰宅して子供に会う。コミュニティからの離脱の程度は高い。一方、南昌で臨時性の強い仕事に従事しているのは、およそ四〇代前半の年齢層を中心とした世帯主の男性が多く、老父母などの面倒を見る必要があるため、帰郷して家族の世話をする頻度が高い。昌万公路の存在により、南昌からであれば、月に一回程度は帰郷するのが可能な距離である(8)。コミュニティを離脱する程度は、浙江グループほどではない。

**図 4-3　花村中心集落住民の就業地点**

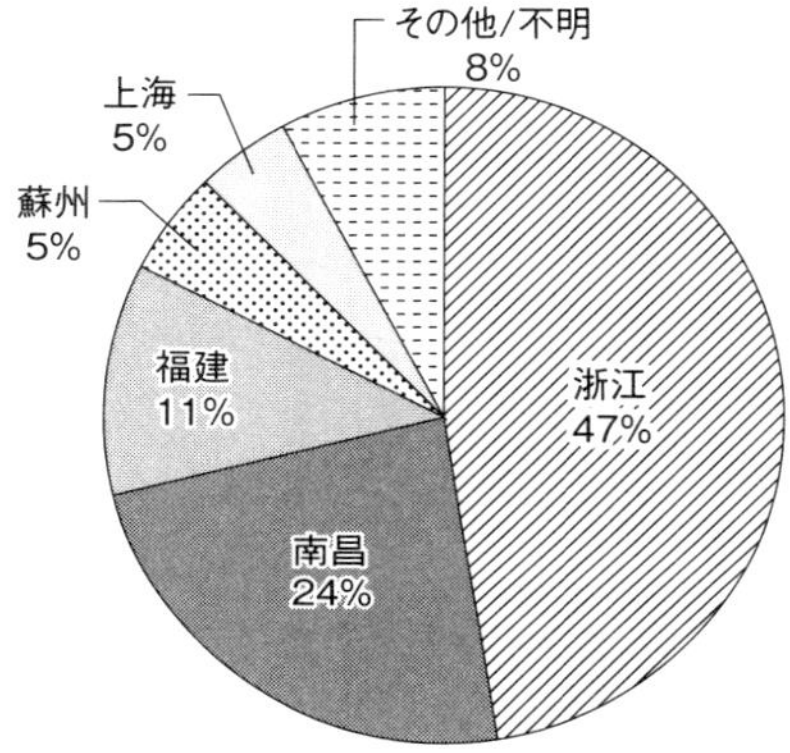


出所）［図 4-2］に同じ。

花村各集落の農家経済は、総じて「出稼ぎ経済」で、農家ごとの収入は着実に高まっている。出稼ぎで得られた収入が何に使われているかというと、生産投資などではなく、まずは家の新築である。二〇〇八年から二〇一八年現在にかけても、近辺の村々では不断に「新築ラッシュ」が続いている。大部分が、もともと親と同居していた古い敷地内の空間を利用して、新しい息子世代の住宅を新築する。世帯の人数に関わらず、最低でも三階建て、より余裕のある世帯は四階建ての、不必要と思えるほどの豪邸を建てるのである。その場合、家の内装は同時に行うとは限らない。内装をすべてきちんとやろうとすれば、新築と同じくらいか、それ以上の費用がかかる。したがって住民たちは、まず、主として使用する一階部分の内装から始め、余裕があれば二階部分も内装を行うが、三階、四階部分となるとほとんど使用されず、内装も行われていないことが多い。

以上、今世紀に入ってからの花村コミュニティの現状の特徴をまとめる。

①行政村の人工性、集落の分散性にたいし、②住民生活の実質的基盤として、内部での頻繁な行き来や交際を伴う同姓集落が存在するが、③近年の出稼ぎ経済の浸透で二〇～四〇歳代の労働力の大半が村外に流出しつつ、④豪邸にみられるように農家の私的経済・消費生活が拡張している。

## 第二節　簡略化されるガバナンス

出稼ぎ経済の浸透したこうしたコミュニティの現状の中で、花村では、様々な領域での村の公共生活や住民相互の組織的な取り組みが「簡略化」されている。本節では、行政村の存在感、農作業、山林管理、教育などの諸側面からこの点を跡づけてみたい。

### (1) 影の薄い行政村

花村には、出稼ぎで活況を呈している戸別農家経済とは対照的に、行政村や村民小組など、「集団」の存在を意味あるものにするための、集団財産が非常に乏しい。それも過去においては皆無ではなかったのが、徐々に消失していく趨勢にある。

その一つは、村民委員会のオフィスである。花村村民委員会のオフィスは、もともとは花村中心集落に置かれていたのが、一九九〇年代半ばに個人に払い下げられた。その経緯および理由については定かではないが、オフィスの建物は取り壊され、その場所は現在、個人の住宅となっている。同じ一九九六年前後、花村は村民からの資金徴収を行って、小学校を建造している。そののち数年間は、この小学校に村民委員会のオフィスが置かれていた。ときたま会議を開く際には、職員室の隣にあるこの「大隊弁公室」が使用されていた。二〇〇〇年ころから、会議そのものが少なくなったのと、開く場合も貧困救済プロジェクトの資金で建てられた新しい別の小学校舎の方を使うようになったために、「大隊弁公室」は廃止された。その部屋は現在、幼稚部（幼児班）として使われている。いずれにせよ、花村の村幹部は山東果村のようにオフィスに出勤する形とはなっておらず、用事があれば村民から訪ねていくしかない。(9) 村支部書記の自宅は村内の皇家集落にあるが、二〇一五年現在では村外の社更郷の中心地に新居を構えて居住していた。

いま一つの集団財産は水田灌漑用のダムである。村内には数カ所のダムがあるが、そのうちの一つは花村の五つの集落が二年ずつ順番に請け負って、魚の養殖を行っており、花村行政村の側は年間一〇〇〇~二〇〇〇元ほどのリース料を納めていた。ところが近年になって、五つの集落のうちの洞源赫家集落の村民たちが、ダムは自分たちのものだと主張して行政村を相手取って裁判を起こし、勝訴したという。そこでダムは洞源赫家のものとなり、今は誰にもリースされていない。ダムの所有権が集落に移ったため、行政村自身の収入はゼロになった。

集団財産の欠如と対応して、花村ではいわゆる「幹部」の存在感が非常に希薄である。筆者は二〇〇六年に花村を初訪問した。筆者のそれまでの経験から、村にしばらく滞在しておれば、村のリーダーや、めぼしい人々とは自然に知り合うだろう、と考えた。ところが、何日滞在して集落を歩き回っても、村のリーダーらしき人には出会わないのである。外国人入村の情報を聞きつけて先方からやってくることもない。胡書記を自宅まで訪ねていった感触では、やや意外なことに、彼の管轄する村で外国人である筆者が何をしようとしているか、その点には関心がないようであった。山東果村の村リーダーたちのように、「ここは自分の村だ」という意識があまりないようにもみえた。言い換えると、村民の生活の改善や発展に対して、リーダーたるものがなにかを「背負う」という意識自体が希薄なようであった。そして、自分になにかができる、とも考えていないようであった。

前述の小学校の例にみたように、一九九〇年代半ばまでは村民からの資金徴収による公共事業がまがりなりにも可能であった。二〇〇六年に農業税が全廃されてからは、幹部らが村民から資金徴収を行うことも非常に困難となっている。先立つものがないのでは、行政村のリーダーたちが村民のために何かができる、という意識をもてず、村民の側も集団や「幹部」にまったく期待しないのもまた自然なことであろう、と当初、筆者は考えた。

## （２）農作業の互助

かつて、稲刈りなどの農作業は「つながり」ベースの労働互換によって解決されていた[10]。二〇〇六年一〇月に初めて花村を訪れた際、数人の村の婦人たちが手作業で刈り取った稲を、足踏み式の脱穀機にかけていた光景を思い出す。

江西花村の稲作においては、二期作を行う水田と一期作の水田は区別されている。農事歴［図４－４］からわかるように、農作業のピークがやってくるのは二十四節気でいうところの「大暑」の前後（新暦の七月下旬ころ）であり、二期作田において早稲の稲刈りを行いつつ、同時に晩稲の苗代をつくり、稲刈りが終了すると間髪を入れずに晩稲の田植えをしなければならない。農民が猛烈に忙しくなるこのタイミングは、「双槍」と呼ばれる。このため、花村の出稼ぎ者は、手作業による早稲の稲刈り、脱穀、晩稲の作付けを行うために、大暑の時期に帰省していた。他方、霜降のころにある晩稲の収穫は、いつまでに刈らねばならないという時間的な制約が弱いため、出稼ぎ者はもともと帰郷する必要がなかった。前述したように花村の青年層の出稼ぎ先は浙江省が中心で、出稼ぎ先から帰省する時間的、金銭的コストはさほどでもないため、春節にも帰省するのが習いであった。

ところが二〇〇八年ころから、近辺の稲作に新しい変化が現れた。コンバインによる収穫が普及し始めたのである[11]。花村でもコンバインによる収穫サービスを提供する者が二人ほど現れ、村内のすべての水田ばかりか、周辺の村の収穫まですべて請け負うようになった[12]。花村でコンバインを所有するうちの一人、筆者のホームステイ先の赫堂金の見積もりでは、社吏郷の範囲内では二〇一二年一一月現在で四〇～五〇台のコンバインが存在するという[13]。同年の刈り取りのサービス料は、九〇元／畝である。筆者が実際の刈り取りの速度を観察してみたところ、一畝の刈り取りにかかる時間はわずか一三分ほどだった。赫堂金の収穫サービス提供の実績は二〇一一年が二〇〇畝、二〇一二年が四〇〇畝ほどである。現在あるコンバインでほとんどの収穫は賄えてしまうため、出稼ぎ者は七月のタイミングで帰郷する強い必然性がなくなってしまった。ところが出稼ぎ者が帰郷しなくなると、早稲の収穫後にやってくる晩稲の田植えのほうの人手は十分ではなくなっ

**図 4-4　花村の農事歴**

| 二十四節気 | 2013年の場合 | | 江西花村 | | |
|---|---|---|---|---|---|
| | 農歴 | 新暦 | 早稲 | 晩稲 | 一期稲 |
| 小寒 | 11月24日 | 1月5日 | | | |
| 大寒 | 12月9日 | 1月20日 | | | |
| 立春 | 12月24日 | 2月4日 | | | |
| 雨水 | 1月9日 | 2月18日 | | | |
| 啓蟄 | 1月24日 | 3月5日 | | | |
| 春分 | 2月9日 | 3月20日 | | | |
| 清明 | 2月24日 | 4月4日 | | | |
| 穀雨 | 3月11日 | 4月20日 | | | |
| 立夏 | 3月26日 | 5月5日 | | | |
| 小満 | 4月12日 | 5月21日 | 作付 | | |
| 芒種 | 4月27日 | 6月5日 | | | 作付 |
| 夏至 | 5月14日 | 6月21日 | | | |
| 小暑 | 5月30日 | 7月7日 | | | |
| 大暑 | 6月16日 | 7月23日 | 収穫 | 作付 | |
| 立秋 | 7月1日 | 8月7日 | | | |
| 処暑 | 7月17日 | 8月23日 | | | |
| 白露 | 8月3日 | 9月7日 | | | |
| 秋分 | 8月19日 | 9月23日 | | | |
| 寒露 | 9月4日 | 10月8日 | | | 収穫 |
| 霜降 | 9月19日 | 10月23日 | | 収穫 | |
| 立冬 | 10月5日 | 11月7日 | | | |
| 小雪 | 10月20日 | 11月22日 | | | |
| 大雪 | 11月5日 | 12月7日 | | | |
| 冬至 | 11月19日 | 12月21日 | | | |

出所）現地での聞き取りにより筆者作成。

てくる。そこで同じく二〇〇八年ころから、二期作田の晩稲については一本一本の手植え（挿秧）ではなく、ほとんど苗の「投げ植え」（拋秧）、あるいは籾の直播き（直播）方式が採用されるようになった。日本で普及している「田植え機」は当地ではほとんど普及しておらず、田植えの労働力不足は直ちに投げ植え・直播きへの転換によって賄われたのである[14]。

こうして、花村の農作業は、「つながり」をベースとした共同互助作業から、出稼ぎ経済が浸透し、農作業のための労働力が不足する中で、その隙間に私的な農業ビジネスが入る形で代替され、「簡略化」されることになった[15]。これは別の側面からみれば、商機のあるニッチな領域に素早くビジネスが立ち上がる中国的な特徴をよく反映してもいる。出稼ぎ経済が浸透したために農業サービスの商機が生まれ、農業サービスが普及することで出稼ぎ経済がさらに浸透し（七月に出稼ぎ者が帰郷しなくなり）、農業ガバナンスの簡略化が進んだのである。このように農村ビジネスが、ガバナンスを代替していくあり方は、中国農村の公共性を考えるうえでは重要であろう。

### （3）山林管理

花村中心集落の所有する山林は、家庭で使用する薪の供給源となるほか、タケノコや栗などの食料をもたらす。山林の一部は各戸に分配されており、自家用の菜園として使用されている。赫堂金によれば、一九九〇年代、薪を採取しに山林に入ると、多くの村民とすれ違ったという。[16] 出稼ぎが浸透してからは、山林に入る村民も少なくなり、当然ながら山の管理も手薄になる。二〇一八年に山に入ってみたところ、野菜用の畑のかなりのものが放棄され、孟宗竹が伸び放題となっている個所もあった。こうして山林の管理も、人が立ち入らないことにより「簡略化」されている。一つのエピソードを示そう。

二〇〇七年九月、山火事が発生した。花村に属する山林――赫堂金は二〇〇〇畝くらいではないかという――が三十数時間にわたって燃え続けた。そこには、樹齢一〇年ほどの樹が植わっていた。火事から一〇日ほどして、突然、ブルドーザーがやってきて、焼けた山の中に道をつけようとし始める。ブルドーザーがやって来たとき、花村中心集落の少し若い連中は、これを阻止しようと道の真ん中に立ちふさがった。ブルドーザーの側も屈強な青年たちをつけてきており、まともに向き合うと流血の事態も予想された。そこで、花村中心集落の高齢者たちは若い連中を制止し、「ここは、自分たち年寄りに任せなさい」と出て行って、相手方と交渉した。先方は老人たちに二〇〇〇～三〇〇〇元程度の現金を握らせて、その場を納めた。老人たちはその金を自分たちだけで山分けしてしまった。結果、ブルドーザーは荒々しく山肌を切り開き、続いてその道をトラックで乗り込んできたのは木材買い付け業者であった。つまり「買い手」が自分で伐採作業もやっているわけである。彼らはまだ完全に焼けきっていない樹木を伐り出し、山は丸裸となった［図4-5］。

以上のエピソードについて、若干説明を要するのは、なぜ何者かが樹木を直接に伐採するのではなく、最初に山火事が起こらねばならないのか、という点である。法的な手続きに従うなら、樹木を伐採する場合は県の林業局に申請して、「伐採証」を取得せねばならないが、これは高価である。ところが、詳細は不明ではあるが現地では「山火事の発生した山林は伐採を行ってもかまわない」という法規が存在すると聞いた。したがって山火事は伐採者による放火によるものと考えるしかない。謎なのは、誰が樹木の「売り手」なのかということだが、赫堂金ら村民は上級政府もこの「山火事」に絡んでいるのではないか、と考えている。

とまれ、このエピソードが示しているのは、①山林の所有主体であるはずの各集落（村民小組）が外部のアクターに対してその所有を主張することがなく[17]、さらに②各集落を束ねるはずの行政村の側がまったく登場してこないことである。つまり集団財産としての山林にたいする村民らのガバナンス意識が非常に淡泊であることだ。一般の村民らにしてみれば、山林は「自分の所有物ではない」ために、誰であれ、実力をもつ者が開発を行うことに反対する理由はない、ということである。その他、山林の一部は浙江の業者に請け負いに出されている。すなわち、農業ガバナンスと同様に、村民全体による「共」によるガバナンスの代わりに、「私」の資源を導入し、ビジネスによって山林の管理が代替されているのである。

**図 4-5　山火事後に伐採された山林**

出所）筆者撮影（2008 年 3 月 24 日）

### (4) 教　育

周知の通り、いわゆる「留守児童」問題は、「農民工」問題とならび中国国内の政策当局や学界においても非常に関心の高い問題でありつづけている[18]。留守児童の存在は、政策当局や研究者などの外部の目線からすれば、明らかにそれ自体が「問題」であった。外部者の多くは、それが果たして本当に「問題」なのかと疑ってみる発想さえもってこなかった。

農民の行動ロジックに関する第一章の検討ですでに触れた通り、内陸南部地域に属する江西省は、出稼ぎ経済の浸透度が特に高い。当然の結果として、これらの省には多くの留守児童が存在する（塚本 二〇一〇：一〇二）。花村も例外ではなく、両親ともに家に不在の小学生、中学生は多い。しかし、留守児童は現地のコンテキストでは「問題」としては捉えられていない。花村では留守児童問題は、血縁・姻戚関係のネットワークを通じてすでに「解決」をみているガバナンスだからである。

なぜだろうか。一つには、花村で留守児童が多いのは、逆にみれば集落内部に安心して子供を任せられる血縁や姻戚関係の「つながり」が豊富に存在するためである。すなわち、児童の両親が不在の場合でも、父方祖父母が集落内に、母方祖父母も通常、近隣の集落に居住している。花村の男性村民の場合、出稼ぎ先で他地域出身の女性と知り合って恋愛結婚を遂げるケースは少なく、通常、紹介によって近隣の集落から配偶者を探す。このため、留守児童らの母方祖父母も比較的近隣に居住しているのが普通である。また、両親以外の血縁者・姻戚関係者との日常的な付き合いも濃密である。家々の敷居は低く、子供たちは、日頃からそうした縁者の家々を自由に行き来し、狭い意味での自分の「家」の外で宿題をしたり、食事をとったりすることも少なくない。常に周囲の大人たちの目の届く環境に置かれており、したがって両親が出稼ぎで長期不在であってもそれが直ちに「問題」とはみなされにくいのである［図4-6］。現地の文脈では、留守児童の日常生活のケアは、親戚縁者間の「つながり」を資源として、すでに「解決されている」ともいえる。(19)

**図4-6　集落内の母の実家で宿題をする花村の留守児童**

出所）筆者撮影（2012年11月15日）

もちろん、ここでいう留守児童問題の「解決」は、花村現地の社会的文脈から位置づけたものである。教育資源の集中した都市部の中産階級家庭では、両親がその一人っ子に対して多大な教育投資と学習面でのケアを惜しまず、その結果、高い割合で高等教育にまで進んでいく。そうした状況を基準として引き比べるのであれば、留守児童は「問題」なのかもしれない。しかし、それぞれにとって何が人生の目標なのかを決める権限は他人にはない、ということもまた真実であろう。

## 第三節　道路ガバナンス

### (1) 背景

本節では、花村を取り巻く様々な「道」をめぐる小さな物語に注目してみたい。なぜ、道路がガバナンスの一領域として成立するのか。これには、内陸農村の花村なりの文脈が存在する。(20)

出稼ぎ経済が活況を呈し、花村村民は現金収入を手にした。前述のごとく、花村の中には次々と豪邸が立ち並ぶようになった。「どんぐりの背比べ」からのスタートは、容易に村民間の「引き比べ」心理を刺激する。誰もが三階建ての家屋を建てているとき、二階建ての家に止めることには、大きな抵抗を感ずるようになっていく。豪邸を建てるためには大量の石材、砂利、セメントを運ぶ必要がある。過去にはなかったような大きさのダンプカーや重機が村に入ってくる。それまで未舗装であった入村道路と花村集落内の道路は、これらの車両によって破壊されるようになった。とくに降雨の際には破損は深刻である［図4‐7］。さらに、前節に見た通り、大型コンバインが収穫作業のために水田に入る際にも、舗装された農道が無ければ困難である。(21) こうして近年の花村で、人々の関心を集めてきたのは、大小様々の道路の整備であった。

前掲［図4‐1］中の国道二〇六号線（道路A）は、磁器の生産で名高い景徳鎮から南下して余干県内の黄金鎮を通過

図 4-7　豪邸の建築ラッシュと未舗装道路の破壊

出所）筆者撮影（2008 年 3 月 24 日）

図 4-8　花村中心集落周辺拡大図

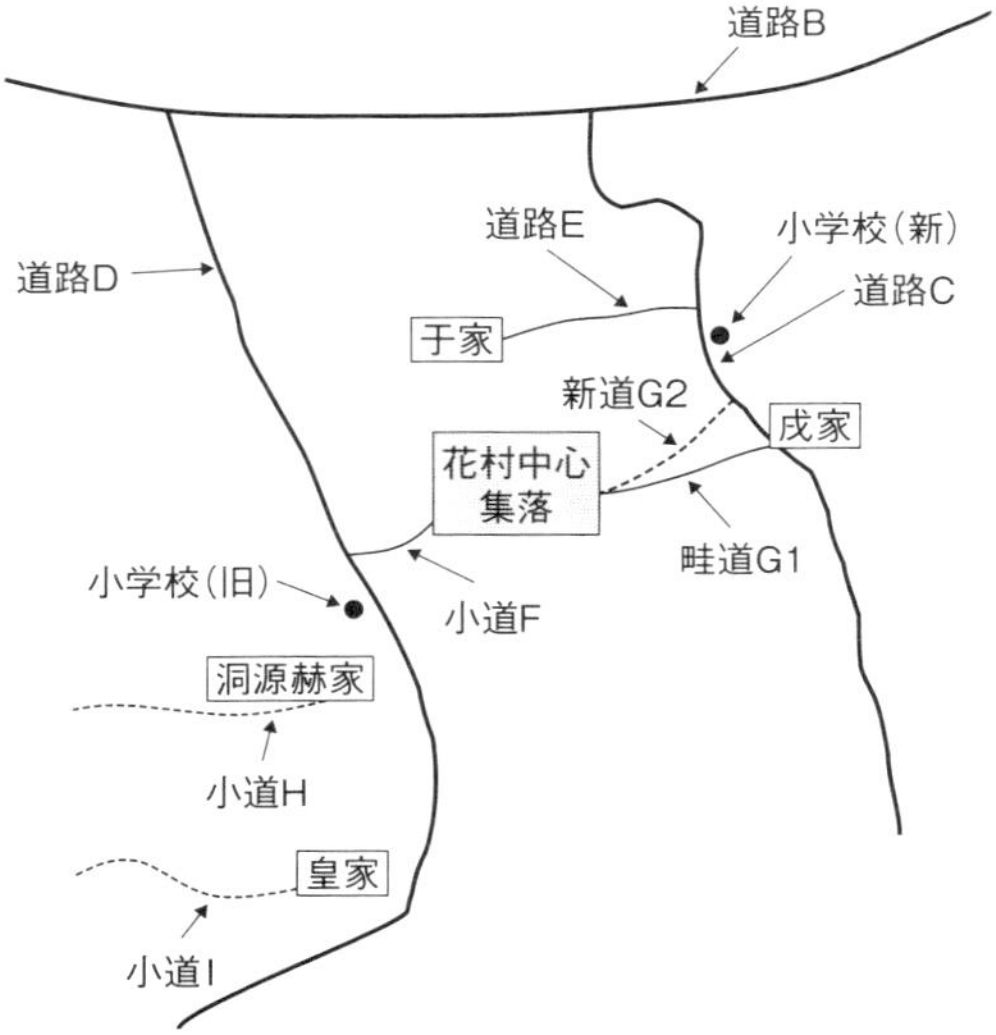


出所）筆者作成

**表4-1 花村の道路ガバナンスの軌跡**

| 年代 | 出来事 |
| --- | --- |
| 2004年 | 道路D，砂利で補修（村民） |
| 2005年 | 道路D，政府と3つの集落の村民の出資で舗装する計画が持ち上がるも，実現せず<br>道路C，政府資金で砂利補修 |
| 2007年 | 道路E，建設（集落村民）<br>畦道G1，2人の青年が砂利で補修 |
| 2008年 | 新道G2，拡張と舗装の計画，頓挫<br>道路C，政府資金でセメント舗装 |
| 2010年 | 道路D，政府資金と3集落村民の出資でセメント舗装 |
| 2012年 | 畦道G1の石橋，バイク店主，赫勤堂が出資して改造 |
| 2016年冬 | 畦道G1セメント舗装，村民の献金と政府資金による |
| 2017年夏 | 花村環状道路セメント舗装 |

出所）現地調査に基づき筆者作成

し、鉄道駅のある鷹潭につながる幹線道路である。黄金鎮は現在、国家レベルの発電所が建設されており、県城を除く県南部の経済中心地として発展しつつある。現在の道路状況を図示した最も詳しい『余干県地図』（二〇〇五年）の区分によれば、社更郷から黄金鎮に至る道（B）も「主要な自動車道」と記されている。これらの大動脈は、当然ながら一〇〇％国家財政に拠って建設・管理されている。

一方、それ以下の道、主要道を村々と結びつける「毛細血管」の建設・管理は、少なくとも一九九〇年代まで、ほぼ完全に農村住民の「自力更生」に委ねられてきたといえる。花村周辺の農村住民がより頻繁に使用する道は、［図4-8］に示した（C）、（D）、（E）、（F）、（G）、（H）、（I）などである。そのうち（E）、（F）、（G）などは地図上にも表示されておらず、正真正銘の毛細血管といえる。私たちがここで検討したいのは、これら毛細血管のガバナンスである。

「入村道路」の路面状況をみれば、アスファルト、コンクリート、砂利、その他に大きく区分できる。このうち、路面がアスファルトとコンクリートの舗装道路であれば、降雨時でも車で入村できるが、それ以外だと深い泥濘になる可能性がある。少し古いデータだが、二〇〇六年の農業センサスから地域別に舗装道路の割合をみれば、東部で約八割、中部が約六割、西部が約三割であった（田原 二〇一二：一三二―一三三）。「入村道路」とは村で最もよく整備された道路を指す。したがって、その他、大部分の一般道は土の路面であり、特に中部、西部の村々では、今世紀に入ってからも道路の整備は広範な住民の関心事であり続けたことは間違いない。このように「道路ガバナンス」は内陸農村では近年来、共通して人々の暮らしの問題の中核部分を占めてきたといえるが、花村の場合、出稼ぎの浸透→豪邸の新築→道路の破壊、という内在的文脈に沿ってもおり、暮らしの問題の中核をなしていたといえる。

以下、それなりに入り組んだ話になるので、最初に、簡潔な年表のかたちで近年の動きをまとめておこう〔表4－1〕。

### (2) 入村道路 (D)

（D）は『地図』上では「主要な自動車道」より一段低い「大車路」と表示されている。この道は、かつては村民により補修されたこともあった。二〇〇四年に花敦村の範囲で、この道を利用する諸集落の村民が、請け負っている水田一畝につき一〇〇元の資金を出し合い、土を盛って道を高くすると同時に、砂利を敷き詰める工事をしたのである。耕作放棄をして出稼ぎに出たりしている者は金を出さなかった。二〇〇六年五月に筆者が初めて村を訪問した際、降雨の後ではあちこちに水たまりができており、早くも崩壊が始まっていた。花村で農業税は二〇〇四年まで徴収され、二〇〇五年には廃止されたので、その最後の年に村民への割当金を間に合わせたかたちになる。全国的傾向であるが、農業税廃止以降は、村の幹部が村民からの資金徴収を行うにあたっては、必ず「民主的手続き」が必要とされるようになっており、難易度を増している。

その一方で、二〇〇五年以降は道作りについて国家資金が投入されるチャンスは増大してきた。まもなく（D）の補修についての国家補助の話が持ち上がり、二〇〇六年の一一月と二〇〇七年の前半に、資金負担についての話し合いがもたれた。（D）の道一キロをコンクリート化するのに二〇万元が必要である。そのうち国家が一四万元を補助し、住民側の負担は六万元という。皇家集落までだと四キロあるので合計八〇万元、住民の負担分は二四万元となる。沿線に位置する花村中心集落、洞源赫家集落、皇家集落の三つの集落を合わせて約二〇〇世帯で、世帯あたりの平均負担額は一二〇〇元である。花村中心集落でも集会を開いて討論したが、一二〇〇元の負担は過重であるということで、賛同を得られなかった。洞源赫家、皇家でも同様の結論で、建設案は白紙に戻った。その後、（D）の荒廃はさらに進んでいった。

（D）の補修という根本的な解決は困難となってきたが、前記の話し合いからほどない二〇〇七年九月、花村中心集落に新しい道（F）が現れた。これは集落の小組長である赫漂洋が発議し、もともとの畦道を拡張して作ったもので、長さ一〇〇メートル、幅四メートルほどの道である。もちろん舗装道路ではなく、砂利と砂を購入し、ブルドーザーで均して一日で完成したという。費用は、二〇〇〇～三〇〇〇元程度だが、これには二〇〇六年に山林の樹を一万八〇〇〇元で売却した際の利益の中から支出した。この一万八〇〇〇元というのは、二〇〇六年の夏頃、小組長の家の前で集会を開き、大衆の同意を得て共有林の樹木を伐採、売却したときの収入である。その目的はただ単に利益を皆に分配するということだった。ところが、これがいつまで経っても配分されない。村民の一人が小組長に文句を言いに行ったが、とりつく島がなく、「大金でもないし、まあ仕方がない」ということになっていた。村民の間では、木材の収入の一部を小組長が自らのポケットに入れたのではないかという憶測や噂がささやかれていた。この種の噂は花村では非常に多いが、こうした噂が飛び交うこと自体、小組長の「信頼の危機」を示している。逆に見れば、小組長が木材収入の一部を用いて（F）の建設に踏み切ったことは、彼の「信頼回復」の狙いがあったと考えられる。

村長にとって不運だったのは、前述の通り（D）の状態が非常に悪くなっており、今後も補修される見通しは立っていないために、そこに連結された毛細血管である（F）の利用価値もさほど高くなかったことである。二〇〇八年段階では、むしろ（C）への期待が上昇しており、花村中心集落民はむしろ畦道（G1）を通り、Cの道を通って村外に出かける、という具合になっていた。花村中心集落は外地へのアクセス手段としては、村と（D）とを結びつけるのではなく、新しい「毛細血管」を通じて（C）と結びつくことに期待をかけていた。同じく（D）沿いにあり、花村中心集落よりも奥にある洞源赫家村、皇家村なども花村と同様に（D）に見切りをつけ始めており、反対側の桃源行政村の道につながる小径（H）を整備しようとしている、との噂を聞いた。

入村道路（D）の整備に次のチャンスが到来したのは、二〇〇九年六月前後である。県政府のプロジェクトとして話が持ち上がった。今回の負担額は、県が八〇万元、沿線の花村、洞原赫家、皇家の負担が八万数千元で、そのうち花村中心集落が最も多く六万八〇〇〇元を負担するという計画であった。胡書記が集会をひらいた。書記は皆を前に、「やるかやらないかは自由だが、やらなかった後で私のせいにするようなことを陰で言うな」と述べ、全員が負担する、金を出さない者は、農業補助の中から控除する、と宣言したのでみな同意せざるを得なかった。実際に金を集めてまわったのは小組長たちである。農業補助を受け取る口座は全世帯がもっているが、数日内に受け取らなければ引き上げられてしまうなど、外から操作されるようなものである。赫堂金の家は六八〇元ほど支払った。支払いをずっと拒否していて、口座から控除されようとしている者が十数戸いた。こうして、入村道路Dは二〇一〇年前半にコンクリート舗装された。

### (3) 入村道路（C）

二〇〇五年、第十一期五か年計画に関わる上級政府のプロジェクトとして、肩頭行政村から道路（B）に結びつく道（C）に砂利を敷き詰めて路面状況の改善が行われた。路面状況は比較的良く、筆者らが当初、車で花村に入る際も、（D）は通らず、この（C）を通るのが習いになっていた。二〇〇八年三月の第四回訪問時、この道路をさらにコンクリート化する工事がまもなく着工されるとの風評が流れていた。実際、同年九月に筆者が研究協力者の何氏に連絡を取った段階で、すでに舗装工事は実施され、道は完成したと聞かされた。こうして道路（C）への期待が高まるにしたがって、周囲の集落と（C）とを結ぶ「毛細血管」の建設・整備が周辺村民の念頭に上るようになった。

入村道路（C）の整備は、于家集落を動かして、新しい二〇〇メートルほどの道（E）をもたらした。于家集落ももとは外出の際、曲がりくねった細い畦道を伝って（D）の方に出ていたのだが、二〇〇七年の後半、集落と道路（C）を結ぶ道（E）の建設が于家集落の自力で行われた。工事費用は、道路一万三〇〇〇元、橋三万元を合わせて四万三〇〇〇元ほどだった。于家集落では、まず村民から世帯人数ごとに割当金を支払わせる「集資運動」を行って一万五〇〇〇元を集め、これを土地補償に充てた。「集資」の終了後に、募金運動を行った[22]。それでも不足する部分はツケの方法も用いて工事を完成させた。

### (4) 畦道(G1)の補修

花村中心集落にとっては、村と(C)とを結ぶ毛細血管、すなわち畦道(G1)が問題となってくる。これは「道」というよりも、水田の畦を人が多く通ることによって自然に形成されたものであり、道幅は数十センチしかない。(D)の改善に期待がもてなくなった状況下では、この(G1)が良くなれば、「C」を通じての花村中心集落からの外出は随分と容易になる。

こうした機運を受けたものであろう、二〇〇七年には二人の青年によって、G1にはマイナーな舗装工事が施された。二人の青年とは、花村中心集落の赫勤堂(三七歳前後)と戌家集落の戌医師(三〇歳前後)である。赫勤堂は、かつて江蘇省蘇州市に五年間滞在し、自動車修理の仕事をしながら技術を身につけた人物である。そのうちに、人に使われる不自由さを感じるようになって、地元に戻ったが、村にではなく、商売の展開しやすい社吏郷の中心地にバイク販売・修理の店舗を構えている。地人の良い笑顔の爽やかな青年である。父親はかつての「裸足の医者」だという。本人は江西省内の鄱陽県「衛校」(衛生学校)を出て、医師免許を取って父の跡を継いだ。カメラマンがもっているような銀色のスチール箱を肩にかけ、患者の家から家へとバイクで飛び回っている。携帯に電話が入ると何処でも、村外でも出かけて行く。戌医師は自身がバイクで各村を回らねばならないので、畦道(G1)の整備は自分の仕事のためでもあった。

彼らはおよそ三〇〇元ずつを出し合って、畦道に円い砂利を敷いた。その際には花村の二〇人ほどが労働力を供出して、二日ほど作業を行って完成したという。雨天の日には、依然、やや歩きにくいものの、それでもかつてほどのぬかるみではなくなった[図4-9]。

図4-9　補修された畦道（G1）

出所）筆者撮影（2008年3月23日）

### （5）花村中心集落の新道（G2）の建設計画

筆者らの花村への四回目の訪問初日、二〇〇八年三月二二日の夕食時から話題に上っていたのは、花村中心集落から戌家集落につながる道と橋（G2）を作る計画が花村民の間で出ているということだった。G1の畦道を一部利用しながら、車両も入れる道幅五メートルほどの本格的な道路に作り替える計画である。どうしてこのような話が持ち上がったのか。それは二〇〇八年の旧正月に多くの出稼ぎ者が帰郷しており、そこで戌家集落の小組長と花村中心集落の小組長、赫漂洋を含む八人で酒を飲んでいた際に、戌家集落長が赫漂洋に向かって言った台詞に始まる。すなわち、前述の于家集落の道づくりの成功を引き合いに出して、「于家のような小さい村でも道が作れるのに、花村のような大きい村が道の一本も作れないのか？」と、いわば「けしかけた」わけである。于家集落の世帯数は約三〇戸、花村は約九〇戸、つまり三倍の規模がある。おなじ道幅・長さの道を自力で作ったとしても三分の一の負担ですむはずであるが、それが今に至るまでできないのはどういうことか、ふがいないではないか、ということである。さらに「もしも道を作るのだったら、戌家集落の田を少し潰してやってもかまわないぞ」と。花村から戌家集落への畦道脇の田は、大部分が戌家集落のものである。

この小組長同士のやりとりは、その場にいた村民らを介して全村に広がり、道作りに向けての世論が形成されつつあった。上海の出稼ぎから帰省中であったある若者は、自分はそのために一万元を寄付しても構わない、と言い残して上海に帰っていった。ただし問題は、前述の集団山林の樹木販売に絡む疑惑など、小組長の過去の行いから来ている「信頼の危機」である。筆者と研究協力者の赫常清は、村に滞在した数日間の間に、小組長を訪ねて話し合いの機会をもち、また若干の寄付を申し出るなどしたこともあり、道作りの計画にはいくつかの進展があった。第一に、花村の小組幹部が実際に出動して土地の測量を行ったこと、第二に、花村行政村の党支部書記である胡書記の仲立ちで、道幅が拡張されることで田を潰される戌家集落の関係村民と花村中心集落との間に、土地補償を含む協議書が交わされたこと［図4-10］、第三に、道作りを担当する「理事会」を小組幹部、一般村民、合計一〇名により構成する案が小組長から出されたことである。「理事会」のメンバーに入っており、会計を担当するはずの赫氏の叔父に筆者は寄付金として二〇〇〇元、研究協力者の赫常清は一〇〇〇元を託してから村を引き揚げた。

**図 4-10　花村中心集落と戌家集落の土地補償協議の模様**

出所）筆者撮影（2008 年 3 月 27 日）

筆者が引き揚げた後の経過について、赫常清が時々連絡をくれたところによれば、戌家集落の関係村民から反対が出たという。G2の路線が戌家集落の「風水」に悪い影響を与えること、また土地補償額をめぐっても戌家側の農民から不満が出、G2の計画は頓挫することになった。その経緯については後述する。

その後の数年間、G1は道幅の狭い畦道のままだったが、二〇一〇年には前出のバイク修理店の赫勤堂の再度の出資により、G1の端にあった石橋のコンクリート化が実施された。それまでの石橋は、雨で増水すると水没し、小学生の通学などが大変危険となっていたのである。

さらに年月は過ぎていき、二〇一八年三月、筆者は花村に九度目の訪問を行った。このとき、農道（G1）は村民らのイニシアチブで拡張・舗装されていた。さらに、二〇〇八年段階ではまだ現実的な計画は存在していなかった花村中心村の環状道路もセメント舗装が終了していた［図4-11］。

図 4-11　舗装が完了した畦道 G1 と石碑

出所）筆者撮影（2018 年 3 月 1 日）

まず、畦道（G1）についてみよう。二〇〇八年にいったん頓挫した畦道の拡張と舗装は、二〇一六年の後半になって再び新しい動向が現れた。このとき村民らは、農道建設のための政府資金の情報を耳にしていた。情報によれば、政府の資金は路面の舗装分を負担できるのみであり、道幅拡張に伴う両脇の水田の土地補償や、基盤工事などは村民自身で解決しなければならなかった。ここから、赫堂金をはじめとする花村中心村の五人の村民が先頭に立って募金運動を開始したのである。彼らは中心村の各世帯を回って募金を呼び掛けた。一部の村民はあまり乗り気でなく、人が来そうになるとわざと外出し、あるいは居留守を使うなどした。最終的に寄付をしたのは、五〇世帯で、合計金額は三万四五〇〇元、最高額が三〇〇〇元、最低額が二〇〇元、平均すると六九〇元であった。結果的には、半数以上の世帯が募金に応じたことになる。この資金は、基盤工事（一万七六〇〇元）、土地補償（一万三三〇〇元）、排水管の購入（二七一二元）などに使用された。

### （6）集落内環状道路（H）

次に、中心村の環状道路である。村民の紹介によれば、政府の貧困救済補助金（扶貧補助）は花村行政村全体に対し、三四〇万元ほど用意されている、という。中心村の環状道路についても、同補助金が使用され、二〇一七年八月に、集落内の主要道路約一〇〇〇メートルの路面の補修が行われた。ただし資金の負担については、これも農道の場合と似ており、政府が路面のセメントを負担する代わり、基盤工事については村民が負担しなければならない。その際の村民からの資金徴収は、自発的な寄付ではなく割り当て（集資）のかたちで、自宅が環状道路に接している世帯は一〇〇〇元、自宅が路線に接しておらず、自宅と路線を結びつけるルートの舗装も希望する世帯は状況に応じ二〇〇〇元から三〇〇〇元を徴収した。最終的に集まったのは一三万四八〇〇元である。これらが主として基盤工事や土の購入などに充てられた。その収支の詳細については、中心村のまた中心地である商店の壁に張り出され、公開されている。政府資金で行われた路面の舗装については、全県範囲で入札を行い、担当の業者を決定した。

確かに、一〇年間の間に、政府資金の流入頻度と金額は増大した。ただし、ポイントは、政府資金は自動的にすべての村に流入するのではなく、一定の割り当てがあり、村民の側も自らの問題として組織的な取り組み（ガバナンス）が必要になる点である。政府資金の詳細についての情報も必要になるので、村民の側も普段からアンテナを立て、目を光らせていなければならない。資金獲得の情報があると、村民の側もそれに備え自己組織化の動きが現れる。政府からの外部資金は住民の側の動きを刺激し、「公」と「共」が共鳴するかたちで、道路ガバナンスは展開している。すべての村に道を通す「村村通」は政府の側のイニシアチブでもあり、しかし同時に良い道の必要性はコミュニティ・イシューでもある。両者が補い合いながら、花村の道路ガバナンスは展開してきたのである。

## 第四節　「つながり」ベースと「まとまり」ベース

以上、花村の道路ガバナンスから指摘できるのは、ガバナンスの規模、ないしは要求される動員レベルは様々だということである。一口に「道路ガバナンス」といっても、幹線道路につながるような比較的規模の大きな工事が必要なものから、真の「毛細血管」的な道路まで、プロジェクトの難易度には大きな幅がある。農村社会のガバナンスが、農村社会の「かたち」すなわち物質的・地理的な形態の影響を受けるという事実が再確認される。目標となっている道路の場所や機能、とりわけその規模との関係において個別具体的に考察することが大切である。

相対的に小さな動員で対処できる程度のプロジェクト、すなわち「ミクロ動員」の代表的な成功例が、三〇戸程度の同姓からなる集落が単位となった毛細血管的道路の補修である。この場合、血縁という「つながり」を動員するだけで、ほぼ集落全体をカバーできるだけの人々を巻き込めてしまう。動員コストが小さいので、相対的に容易に道の舗装が実現したのである。

この点、物理的観点からすると小さな道なのだが、より利害関係が複雑で、目標レベルとしては高かったのが、畦道G1、G2の物語に示されたプロジェクトであろう。第一に、花村中心集落は八七世帯と相対的に規模が大きく、于家集落ほど簡単に内部の利害が一致しないこと。第二に、畦道の両脇の水田は戌家集落の戌姓の農民が請け負っており、したがってその拡張工事は、花村中心集落の住民だけでなく、戌姓の住民の利害にも関わっていた。第二章で示しておいた通り、小さな「つながり」の親密圏を超えたところで、双方の利害を調整していくためには、より大きな原則性に裏付けられた「まとまり」が必要になる。

G1に関して、二〇〇八年時点で「まとまり」資源の動員、原則性の提供に貢献したものの一つのが、「農村リーダー」(第二章参照)である。農村リーダーとは、簡単にいえば、小さな「私」を自ら超越してみせることで、周囲の者に「感動」を与え、それによって人を動かす存在である。

畦道G1補修の主体となったのは戌家集落の戌医師と花村出身のバイク店店主、赫勤堂はG1の補修にポケット・マネーを投じ、また赫勤堂は石橋をコンクリートの橋に作り替えた。彼は村から四キロ離れた社更郷の中心地でバイク店を経営しつつ、故郷の花村に関心を寄せ続けている。

彼らのこうした行為は、現地の一般農民の観点からは——そして中国社会の伝統的文脈からは——しばしば「大馬鹿者」呼ばわりされる。実際に赫勤堂のことを「自分がバイクを売りやすくするために道を舗装するんだろう」などと冷やかす者もいた。そうではあれ、彼らの公益に資する行為が一つの刺激となって、二〇〇八年には花村村民二〇名に二日分の労働力を供出させたわけである。

このような農村リーダーが、小さな「私」を超越した行動をとることができるのは何故だろうか。それは、一つにはコミュニティ外部からの目線を持ち合わせていたことがあろう[23]。より重要なのは、彼らは大富豪というわけではないが、バイク店と医療という自らの事業においてある程度の成功を収めている点が指摘できる。このことが彼をして「故郷に錦を飾る」と表現される行動様式へ向かわせたのだろう。その意味で、彼らは極めてささやかな「第三の力」[24]としても位置づけられる。

他方、G2をめぐっての「まとまり」にネガティブに働いた要素も存在し、二〇〇八年時点に計画はいったん頓挫した。当時の表向きの反対理由としては土地補償額や戊家集落の風水への影響[25]が持ち出されていたが、後の聞き取りによれば、両集落の間には過去のイザコザの記憶が横たわっていることが分かった。村民らの証言では、二つの集落の間には、耕地分配を行った一九八〇年代初頭に一度、その後の一九八八年にいま一度、二度の対立局面を経験しているという。一度目の時は現在のダムが完成したばかりでまだ水量が充分でなかったことから水争いが起こった。人民公社時代の民兵が使っていた大砲を山に向かって打ち上げて威嚇したり、また鉄の棒を武器にして互いに対峙したりしたが、実際に喧嘩にはいたらず、死傷者は出なかった。人数は赫姓の方が三倍近くいるので、実際に喧嘩になるとどちらが勝つかは目に見えていたからだ。詳細は不明だが、二度目も農業用水をめぐる対立だった。ここから、戊姓の間では、ただ「花村中心集落の連中が便利になるのは許せない、したがって土地は売らない」との感情が渦巻いていた[26]。戊姓のある村民は、筆者に「政府がやるのなら文句はないが、村民自身でやる場合は（土地を差し出すのには）反対だ」と述べた。

さて、事例の中でも相対的に規模の大きいプロジェクトが、入村道路（D）や（C）の建設である。もしもこれら事業を花村コミュニティの内部資源を用いて行うのであれば、花村行政村全体の「まとまり」を大幅に動員してやる必要がある。人民公社時期には、生産大隊はそのまま巨大な労働組織であり、それが可能であった。ところが現在、山東果村のような集団経済を保有しておらず、また地理的にも集落が分散しており、社会生活のユニットが行政村ではなく集落である花村のような農村では、内部資源の動員は非常に困難なものとなった。そうした中で現在の農村の道路プロジェクトは外部資源、とりわけ政府の「公」的資源を導入し、内部資源と組み合わせる方向に変わってきた。これを「公」的資源の内部化と呼んでもよい。

二〇〇〇年代初頭の税費改革の実施以来、とりわけ二〇〇六年に農業税が完全廃止されて以降、中部内陸農村においても公的資金の投入額が増大し、大きなファクターとなっている。とりわけ、二〇〇六年前後はまだ「点」にすぎなかったものが、習近平時代に入り、「面」へと広がりつつあるのを感じる。「公」的資源流入開始の初期においては、資金は、やや規模の大きい道路、つまり「毛細血管」の中でも幹線に近い上位の部分に流入し始めた。私たちの事例でいえば入村道路（C）や（D）である。習近平時代に至っては、小さなプロジェクトであった畦道G1のセメントの費用まで、政府が支出するようになっている。こうした変化は、筆者が中国中部の花村を研究対象として選択した当初、仮定していた図式――完全な自力更生による公共建設――の再考を迫るものであった。

ただし、政府資金は無条件に降ってくるのではなく、村民がまずは自身で資金を調達し、工事を完成させたのちに改めて政府が費用を村民側に払い込む、つまり「後払い」の「新農村建設」の事例もみられた。さらに、入村道路（D）のように政府資金と住民自身の資金を組み合わせた道路建設プロジェクトの事例もあった。つまり、「公」的資源投入の効果は、それ自体が直ちに基層ガバナンスを保証するような単線的なものではなかった。むしろ、政府資金の導入は「共」的資源と組み合わされ、「内部化」されることで、無駄遣いされることなく、道路ガバナンスをともかくも成功に導いたのである。

一連の道路ガバナンスをみた際に改めて気づくのは、一見、プレゼンスが低く、普段は「なにもしていない」「責任を負わない」ようにもみえた村党支部書記が、折に触れて登場していたことである。二〇〇八年にはG2の土地補償の協議の場に立ち会い、二〇一〇年には道路Dのために住民の説得を行い、半ば「強行突破」の形で道路建設を完成させるなど、端々で役割を果たしていた。

花村への訪問を始めた当初の筆者自身がそうであったように、簡略化されたガバナンスと、村リーダーの存在感の薄さを、「公共生活に乏しい」として外部の視点から批判することは容易い。しかし、村を内在的に観察してみれば、それなりに合理的な理由があることに気づかされる。

一つは、行政村レベルにおいて生態・象徴双方の資源が不足している中で、各種のガバナンスを簡略化し、あるいは主体や資源を変化させていくことは、むしろ自然なことである。行政村と村幹部は活発に働いているわけでもなく、近隣の互助で支えられていた農作業は簡略化されて農業ビジネスに委ねられ、山林には人手が入ることが少なくなった。また子弟の教育は逆に核家族の内部から外部化され、身近な血縁・姻戚の「つながり」に委ねられていった。

もう一つは、時間による問題の解決ということである。道路ガバナンスの事例はこの点を示している。村リーダーは、内部資源が乏しく、出稼ぎ経済の浸透のため、村民からの資源動員が困難であるのを知っていた。しかし彼らは、そのうえで、一〇年ほどもかけて外部資源のチャンスを窺っていたのである。その意味で、村リーダーは「傍観者」ではあったが、それは「なにもしない」ことを意味するのではなく、資源の機会を「傍ら」で「観て」いたのである。花村のガバナンスは、果村とはまた別の意味で、中国社会における困難への対処の仕方について示唆を与えてくれる。

簡略化や傍観者などは、一見してネガティブな要素に映る。しかし、農家経済は拡大し、村民は前を向いている。暮らしも何とか回っていっている。つまるところ、気儘な「風来坊」である花村を、生真面目な組織人の感覚でみるのは誤りなのである。

# 第五章　人材流出と資源獲得
## ——貴州石村——

### はじめに

つい見過ごしがちな点だが、中国の国土のかなりの部分は、地形区分でいえば山岳地帯（山区）に属している。たとえば『中国県（市）社会経済統計年鑑』（国家統計局農村社会経済調査司 二〇一一）には全国の二〇七七の県と県レベル市のデータが掲載されているが、そのうち「山区県」に分類されているのは全体数の四三％にあたる八九五県に上る[(1)]。このように険しい山岳地帯がかなりの部分を占めていることは、ロシアやインドとも大きく異なる中国農村の初期条件である。

本章の主人公である貴州石村[(2)]もそうした山岳地帯の農村の一つである。北＝南の区分でいえば、貴州石村は江西花村と同様、中国の南部農村に属している。稲作地帯であり、血縁をベースとした小集落が生活の中心であり、出稼ぎ経済の浸透ぶりも激しいなどの点で、花村と石村は概ね共通した特徴を備えている。他方で、厳しい自然環境に囲まれた典型的な西部の山岳地帯で、石村は将来的にも「経済発展」という道が開けていない。花村のように「このままでもまあ、やっていける」というどこか呑気な空気が、石村ではやや希薄である。

切り立った高く険しい崖がほぼ垂直に北盤江に突き刺さる、この一帯に独特の景観は、単に現地の生活上の困難を予想させる以上に、厳しい自然環境にたいして人々が畏怖の念を抱くであろうことを体感的に理解させてくれる。事実、石村のフィールドでは、人々の「死」にまつわるエピソードを多く耳にした。飲酒後に転倒して後頭部を打ち、省都の貴陽の病院まで運んだが手遅れとなった人、北盤江の架橋工事の現場で溺死した兄と難病の筋無力症で若死にした弟、砕石作業中の山崩れで生き埋めとなった人々、運転を誤り崖から転がり落ちた自動車など、いくつもの逸話がすぐに思い浮かぶ。

以下、本章では、辺鄙な山岳地帯という困難な条件下での地域からの人材流出が、逆に外部資源の獲得をもたらす、という逆説について考察していく。

## 第一節　農家経済とコミュニティ

石村は晴隆県のほぼ最北端にあり、県城から一〇一キロメートルも離れている。県内で県城から最も遠い郷鎮政府所在地である長留郷から、さらに一二キロほど山中に分け入った場所に位置する。二〇一〇年八月に初訪問した際には、県城から小型の乗り合いバスに搭乗し、連続するヘアピン・カーブをうねうねと辿り、所々、路面の舗装が破壊された険しい山道を五時間ほどもかけて長留郷に到達した(3)。その先は路面から岩が突出した未舗装道路で、車両の通行は困難だった。そこでバイク・タクシーを雇い、三〇分ほど山道を走り、ホスト・ファミリーの隆家に到着した。

二〇〇七年以前、長留郷は一八の行政村を管轄していたが、同年の村の合併により行政村数は七つとなった(4)。現在の石村は、もともとの石村行政村が隣の大坪行政村を吸収合併して成立した。現在の石村行政村は、分散した形態をとる一四集落（現地では「寨子」と呼ぶ）、一四村民小組で構成され、八一一世帯、人口は三六八九人である(5)。耕地面積は三〇一二畝で、一人あたりにすれば約〇・八畝となる(6)。中国南部は大雑把に、稲作地域とされるが、貴州には水田に不向きな土地も多く、石村では水田が九一〇畝（三〇・二％）、畑が二一〇二畝（六九・八％）となっている(7)。村の海抜は一一五〇メートルで、九〇％以上の耕地が傾斜地である。村の共産党員数は四二人である(8)。

石村の村民はそもそも行政村の基層ガバナンスへの要求水準が低く、人々がそれに依存する度合いも小さいように見える。石村ガバナンスのリーダーシップからみてみれば、江西花村と同様に行政村リーダーの関与の少なさが特徴である。これは南方農村の大まかな共通点として指摘できるだろう。その分、各級政府が旗を振るプロジェクトへの対応が、村民委員会と村幹部の重要な仕事となっているようである。たとえば二〇一三年七月には、地方政府の進める「退耕還草」[9]により羊を飼育するプロジェクトの関連で、村幹部四人が耕地の測量をしていた。これは、筆者が石村の村幹部の仕事ぶりを実際に目にした数少ない機会であった。このほか、政府の貧困救済活動の一環として外部の大学生を受け入れて、世帯調査を行わせるなどの仕事も村幹部の仕事となる[10]。

「集団」や行政村の存在感が希薄な代わりに、石村村民には家族や近隣同士での「自足原理」でものごとを解決する逞しさがある。たとえば県城から長留郷政府所在地まではバス路線が存在するが、長留郷から石村までの間はバイク・タクシーを使わねばならず、運賃も石村まで二〇―二五元と割高である[11]。そのようなとき、人々は外地から村に戻る際はバイクを所有する家族や知人に頼んで迎えに来てもらうことが多い。援助する側もそれを当然のこととして受け入れ、片道三〇分近くかけてバイクで迎えに行くのが当然となっている。バイクを隣人・知人とシェアして使用するのも日常茶飯事である。これらは、小さな「つながり」による「交通ガバナンス」と呼べるだろう。もっとも、こうした「お互いさま」の互酬性原理は、ごく小さな範囲に止まる。江西花村と同様に、行政村を単位に見た際の有形、無形の「共」的資源は非常に限定的であり、山間部に点在する集落が生活や交際上の単位となっている。行政村あたりの人口規模が南方農村では多くなっており（第二章）、三七〇〇人を有する石村もその例外ではない。石村では、行政村を単位としたガバナンスを考えることが逆に非効率になるのかもしれない。

地図［図5-1］を一瞥してみることが有効であろう。石村コミュニティの特色として、行政村のある種の人工性と、自然村（集落）の生活上の実質的意義との間に明瞭なコントラストが感じられる。分散して広がる一四の集落が一つの行政村を構成しており、それでいて、行政村の中心となるような公共的な施設は欠如している。この点は江西花村に共通するものがある。ただし、花村では基本的に一集落が一つ一つ異なる姓で構成されていたのにたいし、石村では合併する前

図 5-1　石村地図

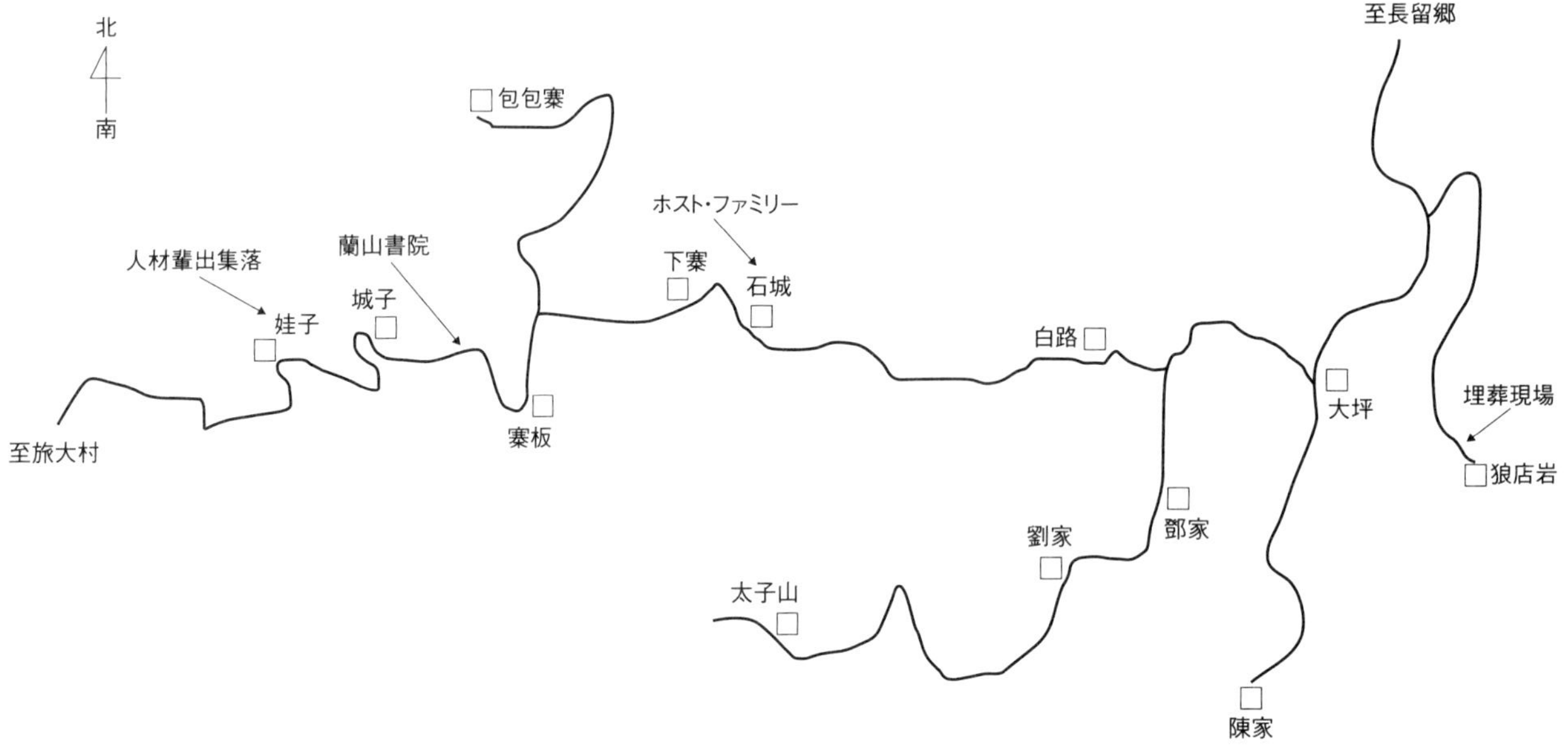


出所）筆者作成

**図5-2　石村石城組住民の就業地（2014年8月）**

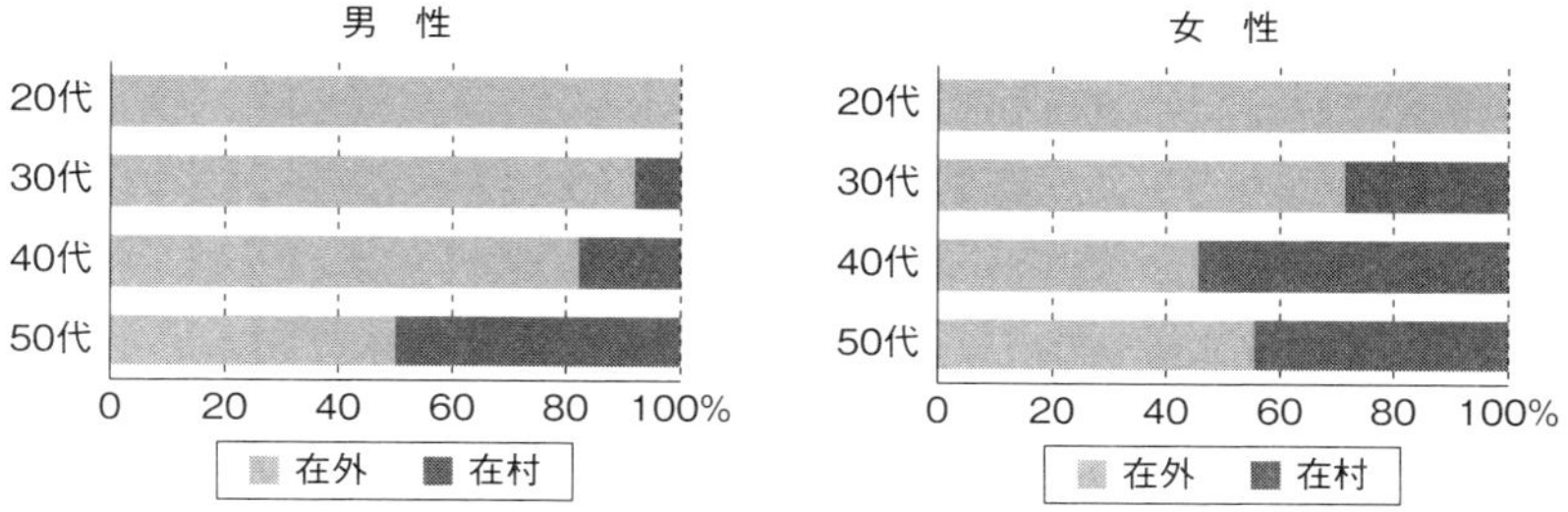


出所）筆者による石村のサンプル調査（石城組48世帯，174人）より作成。

の旧石村の諸集落がすべて「隆」姓である点に違いもみられる。

　山岳地帯、それも多くが岩山で占められる貴州では、耕地は相対的に希少であり、石村の一人あたり耕地は前述の通り〇・八畝となる。急峻な山岳地帯であるため、耕地は極度に分散しており、傾斜がきつく、一枚あたりの面積が小さいため、機械耕作は不能である(12)。江西花村のように、コンバインを使用しての農業ビジネスが成立する余地はない。

　石村の農業は自給的な穀物栽培が中心で、商品作物と呼べるものは、漢方薬を含め、ほとんど何もない。米、小麦、トウモロコシが栽培されている。水稲は一期作（四月から一〇月）のみで、その裏作として小麦が栽培される。現地の主食はもちろん米であるが、かつて米は祝日や年越しのときしか食べられない貴重品で、日ごろはトウモロコシを主食としていた。水稲栽培は手間がかかるため、出稼ぎ経済の浸透とともに近年は減少傾向にある。二〇一六年の訪問時には、耕作放棄地も少なからず見受けられた。水稲作付けの減少に伴い、トウモロコシの作付けは増加している。これは牛・豚など家畜の飼料となる。何らかの事情で出稼ぎに出ていない農民にとり、現地での養豚は貴重な現金収入源である。なお、米の裏作の小麦は、各家庭で度数の高いドブロクを製造するのに使用される。燃料を入れるような白いポリタンクの中に保存されていて、来客があるとお椀に注いで飲む。

　次に、世帯サンプル調査(13)をもとに、石村の出稼ぎを比較の視野から位置づけてみよう。

　二〇歳代から五〇歳代にかけての在外就業（就学）率は七八・六％に達しており、

**表 5-1　石村石城組出身の都市正規部門就業者 (2014 年 8 月)**

| | 年齢 | 就業地点 | 職種（経歴） |
|---|---|---|---|
| 1 | 55 | 興　義 | 興義電信 |
| 2 | 27 | 興　義 | 興義電信 |
| 3 | 53 | 興　義 | 興義テレビ局 |
| 4 | 24 | 海　南 | 大学卒業後，貴陽の政府監査局，現在は海南島在住 |
| 5 | 28 | 興　義 | 大学卒業後，興義テレビ局勤務 |
| 6 | 30 | 興　義 | 貴陽警察学院卒業後，興義市公安局勤務 |
| 7 | 26 | 県　内<br>牛場郷 | 貴州師範大学卒業後，牛場小学校教諭 |
| 8 | 25 | 県　内<br>安古郷 | 大学卒業後，安古中学教諭 |
| 9 | 24 | 省　内<br>関峰県 | 貴州大学卒業後，近隣の関峰県で勤務 |
| 10 | 34 | 県　内<br>牛場郷 | 牛場中学校校長 |
| 11 | 23 | 貴　陽 | 貴陽の中等職業学校卒業後，貴陽で就業 |
| 12 | 21 | 貴　陽 | 貴陽の中等職業学校卒業後，貴陽で就業 |
| 13 | 36 | 貴　陽 | 貴陽の中等職業学校卒業後，貴陽で正規労働者として就業 |
| 14 | 48 | 省　内<br>関峰県 | 晴隆第二小学校教諭，石村小学校教諭，旅大小学校副校長などを経て，現在関峰小学校校長 |

出所）図 5-2 に同じ。

同じ南方農村に属する江西花村以上に高いことがわかる［図5-2］。これは、耕地をはじめとする在地資源の不足の反映である。ただし、石村については、同じ内陸の「出稼ぎ村」であった江西花村との比較で、興味深い点がある。

第一に、村外に流出した村民の中には単純労働のための単なる出稼ぎ者でなく、教育を目的とした流出が目立っていることである。外出者の中には、教育を通じて出世し、都市の正規部門に就業している者も含まれる。このような人々が、石城組（集落）の中で少なくとも一四人ほど存在する。就業地点と職種（経歴）を記せば、［表5-1］の通りである。

表中の1番、3番などが、高級中学の時代から町に出て、高等教育を経て都市で正規の仕事を獲得した第一代目である。彼らは、下の世代の若者が学歴をつけるよう激励しているとのことで、その結果、石村全体では数十人、石城集落だけで八人の大学生・大学卒業生を輩出しているという。

第二に、江西花村での聞き取りでは、同村の出稼ぎ者は、出稼ぎ先にかんする情報収集や求職はあくまで個人ベースで行われ、出稼ぎ先で村民同士が助け合うことが比較的少ないといわれる。つまり、村外での村民同士の連携はほとんどない。これとは対照的に、石村ではある種の「越境するコミュニティ」と呼ぶべき状況がみられる。たとえば省都の貴陽にも村民が出稼ぎや就学で多数居住しており、サンプル調査では石城組だけで五一人、全人口の二九・三%が集まっている。筆者の研究協力者で貴州民族大学学生の隆純光は、貴陽在住の村民を集めて食事会を主催したりもしている。また興義にも約二〇〇人の石村村民が居住しており、同郷組織のようなものは存在しないものの、互いに交流があるという。

## 第二節　道路ガバナンス

今世紀に入ってから農村優遇の姿勢を堅持し続けている中国政府は、とりわけ内陸部の農村道路の整備に力を入れてきた。道路、とりわけ末端の毛細血管部分の整備は、住民の生活環境にも直結するため、住民自身の関心事でもあった。江西花村の道路ガバナンス事例（第四章）で明らかになったのは、今世紀に入ってから道路をめぐる外部資源（とりわけ「公」資源）の流入度合いが大きくなっていること、またそれにもかかわらず、その外部資源は内部の「共」的資源に接合されることで、有効なガバナンスに結びつくという点である。より厳しい交通環境にある石村ではどうであろうか。

一九七〇年代頃の状況についていえば、石村から県城までの交通機関は存在しておらず、山道を二日間も歩く必要があった。非常に最近まで、厳密にいえば二〇〇九年以前、石村への入村道路は人と馬だけが通れる幅数十センチの小径のみであり、自動車はおろか、バイクでさえ通行は不能であった。石村が所属している長留郷の中心地までは徒歩で一〜二時間を要した。この道を通って荷物を運搬するために、石村の村民は馬を飼育していた(14)。

二〇〇九年、長留郷の中心地までの道路補修が行われた。このときは道幅を拡張しただけで、路面の舗装にまでは至らなかったが、これにより、ともかくもバイクでの通行が可能となった。この時点で初めて、石村村民は徐々に馬を売却し始めた。二〇一〇年八月、筆者は初めて石村を訪れた。長留郷で小型バスを降りた後はその場でバイク・タクシーを雇い、入村までは約三〇分を要した。道幅が広がったとはいえ、巨大な石ころが路面の至る所にむき出しになった大変な悪路に違いはなかった。また、家屋を新築する者が増え、資材を積んだ大型車両も入り込んでおり、路面の破壊・陥没により凹凸も激しかった。

二〇〇九年の道幅拡張はどのようにして可能となったのか。このとき資金を引き込んだリーダーとして、石村出身の富豪である隆洪周と、長留郷細流村出身で貴州省副省長などを歴任した劉遠坤が挙げられる。隆洪周は石村の娃子集落の出身で、地区レベルの黔西南州の中心都市である興義在住の成功者である。長男の隆洪達は政府の工商局幹部、次男は黔西南州発展改革委員会（発改委）勤務、三男は化学肥料工場勤務と、有力な家族である。石村の実家には豪邸が建っており（すでに他人に売却されているという）、その前には『続隆氏家譜史実記』と題した一族の歩みを記した石碑がある。そこからは「故郷に錦を飾る」意識が濃厚に感じられる。隆洪周以外にも、娃子集落は多くの人材を輩出していることで知られ、県、州、省レベルの官員が存在する。大坪から城子までの道［図５－１］の拡張工事は、これらの人材の力で資金が引き込まれ、実施された(15)。

劉遠坤は省レベルの大官僚であり、二〇一三年から二〇一八年まで貴州省の副省長を務めた(16)。詳細はつかめないものの、晴隆県城から長留郷までのアスファルト道路の補修は彼が地元にもたらした功績と考えられている。実際、県城から長留郷までのバスでの所要時間は、二〇一〇年には五時間ほどであったが、二〇一三年の訪問時には三時間半に短縮されていた。劉のもう一つの功績は、貴陽から雲南方面に伸びる高速道路の通過点である黄果樹と六盤水を結ぶ「黄水公路」の開通である。これも劉副省長がもたらした道路であると地元の人は信じている(17)。黄水公路は長留郷の付近を通過しているため、これにより石村から貴陽に出るために晴隆県城を経る必要がなくなり、省都貴陽へのアクセスは格段に良くなった。二〇一六年、貴陽から長留郷までの所要時間はバスで五時間と、劇的に短縮された。

周囲の道路環境が向上する中で、長留郷から石村までの路面舗装工事は数年来、住民の期待するところであった。それを見越したかのように二〇一六年八月には工事が始まり、ほどなく竣工した。この路面舗装工事は、黔西南州政府のプロジェクトとして完全に公的資金に依存し、中国中鉄股份有限公司（中鉄）の請負の下で実施された。労働者もすべて会社の派遣であり、石村との関わりといえば、工事期間中、労働者が農家に住み込むという点のみだった。すなわち、この道路舗装は、本書が考察対象とするような「ガバナンス」の範囲を離脱し、住民は受動的な受益者となったのである。

ここから何がいえるだろうか。

第一に指摘できるのは、山地農村におけるインフラ建設コストの高さである。石村の道路の構造は、花村の事例に見たような「毛細血管」にあたる枝葉末節を欠いており、いくつもの集落を数珠つなぎにするように一本の長い道路がうねっている。これだけの距離を舗装するには、多額の資金が必要である。コミュニティの内部資源で対処可能なレベルを超えており、どうしても外部からの資源投入が必要となる。政府が前面に出なければ実現が難しいようなプロジェクトだったともいえる。

筆者が石村にホスト・ファミリーをもつことができたのは、村出身の大学卒業生で、現在は興義のテレビ局で働く隆純林のお陰である。実家の状況に関する彼の証言は、山地村落の置かれた地位の様々な道理を要約的に物語っていた[18]。

山岳地帯では道路建設のコストは平原地帯の数十倍もかかってしまう。だから政策的な措置によるのでなければ、希望はない。しかもこの投資は、最初から元手をすってしまうことがはっきりしている。なぜなら山岳地帯では、たとえ道路があったとしても発展することは叶わないからだ。二〇〇八年の金融危機以降、国家は内需拡大の方向に舵を切り、中西部への高速道路などのインフラ建設に力を注いだが、そのことで数十億元も損をしてしまったのだ（何故なら、この投資は回収不能であるため――引用者）。

中国西部地域ガバナンス資源の動向として、「公」的資源へのアクセスの機会は、二〇〇〇年以降の西部大開発、そして近年の「一帯一路」の展開とともに、格段に高まってきていることが実感できる。

第二のポイントは、コミュニティ外部の「公」的資源は自動的に降ってくるのではなく、当該地域出身の有力者（「第三の力」）が介在することで初めて「内部化」されることである。その意味で、本書が扱う「ガバナンス」の要素をまだ残している。石村の周辺では、李昌琪（後述）、劉遠坤、隆洪周とその息子たちが、政治的、経済的実力を活かして「パトロン」として働き、農村の外部に存在する資源を内部化し、故郷の山岳地帯に引き込んでいた。この点に関しては、研究協力者の隆純光が山道を歩きながらつぶやいたコメントが今でも筆者の印象に残っている。

そういう人たち（地元出身の有力者——引用者）がいなければ、私たちのこういう道路が「発見」されることはまずない（没有這些人的話，我們這些路就〝不会被発現的〟）。

もっとも、二〇〇九年段階での資金獲得はこのように地元出身の有力者によって引き込まれたが、二〇一六年段階では政府の資金力のカバーできる面が広がっており、住民側からすれば、プロジェクトが空から降ってくる形で工事が実現したということになる。こうした状況は江西花村ともある程度共通しており、こと道路に関する限り、今後、住民の組織的取り組みや「第三の力」の必要性も縮小してくるのかもしれない。

## 第三節　教育ガバナンス

本節では、子供の教育をめぐる石村住民らの組織的な取り組み——教育ガバナンス——についてみていきたい。石村の住民がしばしば口にしたのは、現地では子弟の教育を非常に重視するという点である。前出の隆純林も以下のようにコメントした。

山岳地帯では各種の条件が限られていて、教育を通じて道を切り開く（找出路）しかない。だからうちの田舎では、大人たちは子供の教育を非常に重視するのだ。(19)

自然条件や交通条件の厳しさのため、経済「発展」などは望むべくもない。地元での発展が困難であるから、村民たちは子弟の教育を重視し、早い段階からできるだけ良い教育資源を求めて子弟を外に送り出す。自らは出稼ぎに行きながらも、子世代にはできるだけ良い教育機会を与えようとする。教育の階梯の目標は大学・高等教育の修了を意味するが、辺鄙な村でありながら、実際に多くの大学生を輩出している。その最初のステップとして、現地の保護者らは小学校、中学校の義務教育の質にも注意を払う。

日本の感覚であれば、小学校・中学校の義務教育はまず何をおいても政府と自治体＝「公」により担われる「ガバメント」の一部である、という前提からスタートしやすい。しかし、中国の農村教育は、その歴史的経緯からしても、「共」と「私」の資源動員による「ガバナンス」の要素なしには成り立たない。

まず、近代以降の県や農村の近代教育においては、政府というよりむしろローカル・エリートの自助努力で新式学堂が設置された（朝倉 二〇〇五：四九—七三、Thøgersen 2002: chap. 3）。郷紳による教育事業は、「私」的な財と、郷土意識（「共」）が融合したものとして捉えられる。他方、「共」と「公」を組み合わせつつ教育事業が展開されたのが毛沢東時代以降である。都市＝農村二元構造を背景とした「自力更生」のスローガン下で、学校や診療所は人民公社や村のコミュニティ共有財産として創出された。(20)［図5－3］は晴隆県内の「民弁」と「公弁」の教師数の推移である。「公弁」が政府から給料を支給される、私たちの感覚になじみやすい「地方公務員」としての教員に近いとすれば、「民弁」は人民公社時代にあっては集団から労働点数を稼ぎ、集団によって養われる教師である。図からは、一九五〇～六〇年代にかけ、こうした「民弁」の教師は教員のおよそ半数を占めており、とりわけ人民公社解体の前後に大発展していることがわかる。一九九〇年代以降は「民弁」の形態は徐々に減少していったと考えられる。しかし、コミュニティの「共」的資源を動員し

**図 5-3 「公弁」「民弁」別晴隆県小学校教師数の推移**

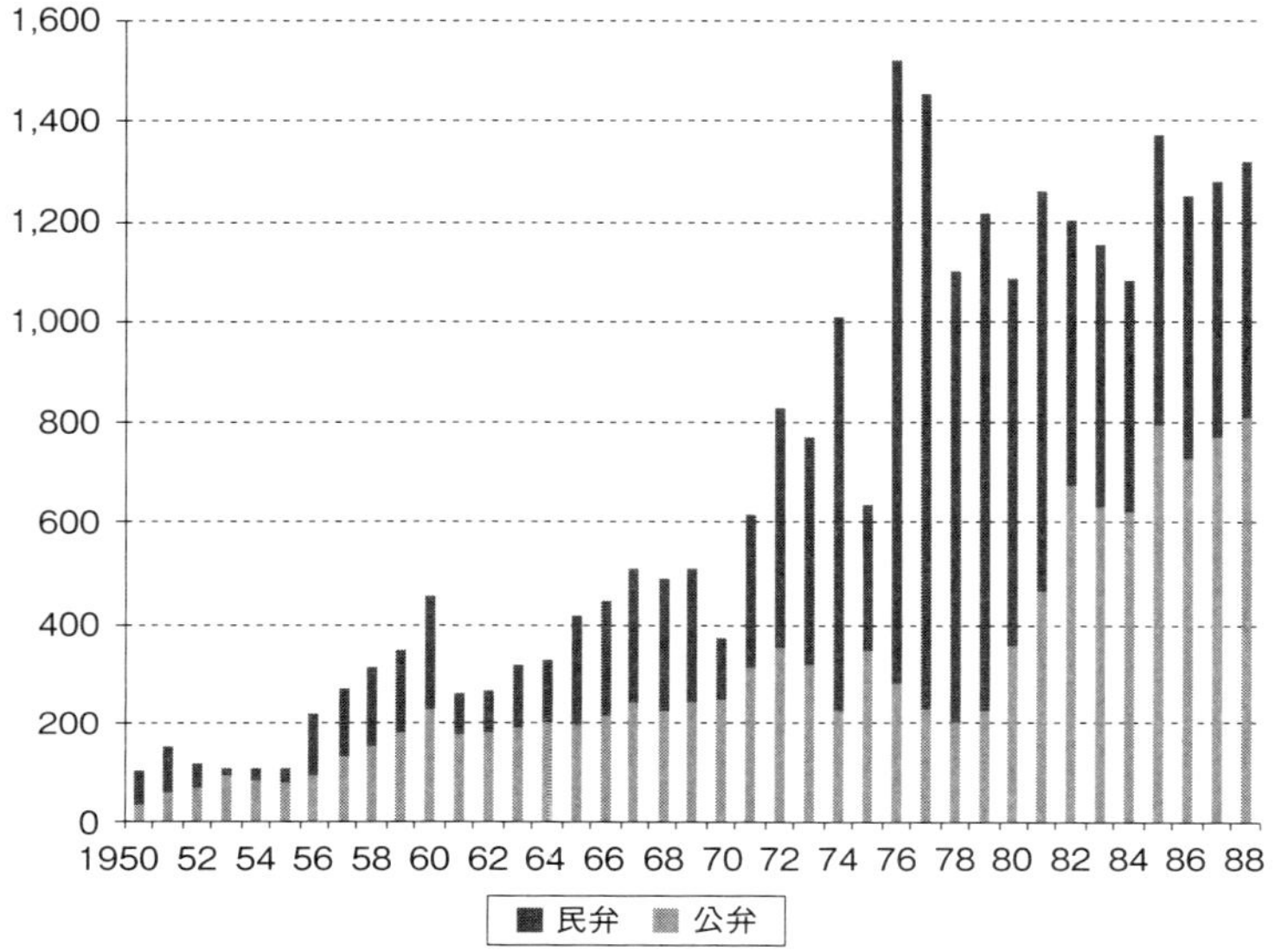


出所）貴州省晴隆県志編纂委員会（1993: 528-529）を参照して筆者作成。

て教員を養い、子弟の教育を賄うという発想自体は、近い過去の記憶として地元の農村住民の間に残り続けていると考えられる[21]。

つぎに「私」的資源を用いた教育ガバナンスである。これにも歴史的な根がある。すぐに想起されるのが、近代以前からの、民間の非公式教育機関である私塾の伝統——さほど裕福でない農民が、人を雇って文字を学習する方式——であろう。これは「私立学校」の走りであるともいえる。興味深いことに、今世紀に入ってからの石村周辺では、各種私立学校の乱立現象がみられる。黔西南州の中心都市である興義では、私立の小・中・高校が激増している[22]。これら私立学校の特徴は、小学校であっても寄宿舎付きであることである。二〇一三年、興義全体で二十数校あった私立学校は、二〇一六年現在ですでに一〇〇校を超えているという。

以上のように「公」「共」「私」資源が交錯する中で、石村の教育がガバナンスとして重要になっているのは何故だろうか。江西花村（第四章）との対比によって説明してみよう。

花村や石村のように内陸南部の農村では出稼ぎ経済の

浸透度が高い場合、当然ながら両親がともに年間を通じて不在の、留守児童が発生する。ところが江西花村の社会的文脈では、留守児童はあまり「問題」とされておらず、両親は不在でも、祖父母や近隣の親戚・縁者の家々の間を走り回りつつ、結果的に、留守児童らは、生活上はとくに支障なく暮らしていた。「出稼ぎ経済」の浸透は、父母が小学生や中学生の身辺にいて、多少なりとも勉学のサポートをするという意味での「教育」の内容を犠牲にし、簡略化することによって可能となっていた。この点、貴州石村の場合、「出稼ぎ経済」が浸透しつつも、同時にあえて、教育を簡略化することを潔しとはしない。辺鄙な山岳地帯で、現金収入獲得のためには出稼ぎに依存せざるを得ない。同時に、子供たちについては、各種資源が不足し「発展」の展望のない地元を抜け出し、立身出世を遂げるために、より良い教育を与え、是非とも大学卒業の資格を与えたいとする親世代の願望がある。両親が不在でありながら、良い教育機会を与えるにはどうすればよいか。こうした理想と現実の隙間を埋めるものとして、本節にみる教育ガバナンスが重要な意味をもってくる。

中国農村地域の公立学校には、日本の公立小・中学校のような「学区」というものが存在しない。したがって子弟をどの学校に入れるかは、保護者の自由選択に任される[23]。公立学校にも、ある種の「市場経済」が働くのである。保護者は各学校の風評や進学率を見て、子弟の学校を選択する[24]。ここから、各校の生徒数は毎年、毎学期、比較的大きく変動する。長期的にみれば、石村周辺の公立学校は凋落傾向にある。研究協力者の隆純光によれば、彼が地元の旅大小学校に通っていた一九九八年、同校は児童数八五〇人を擁した。現在、生徒数は大幅に減少している（詳細不明）。また旅大中学は一九八八年に生徒数四〇〇余人（貴州省晴隆県志編纂委員会 一九九三：五三八）で、一九九〇年代には黄金時代を迎え、学生数九〇〇人を誇った。当時、県外から越境して入学してくる学生も珍しくはなかった。それが二〇〇五年前後には、学生数六〇〇人となり、二〇一〇年から二〇一五年にかけては、高校入試の平均点で全県最下位をキープしており、学生数は三〇〇～四〇〇人で推移している。晴隆県城や興義に転校していく学生が少なくない。

隆純光の従兄弟である隆柳によれば、現地の子供の保護者らに普遍的な考え方、いわばマインド・セットのようなものがあるという。それは、農村の学校よりも県城の学校が優れており、県城の学校よりもさらに地区の中心地である興義の学校が優れている、という序列意識である。同様の考え方はおそらく全国の農村の保護者に共通しているが、石村では地元が地理的な周縁地帯で教育資源に欠けているとの認識が、このような図式をより際立たせるのだろう。

こうした動きの中で、二〇一五年、石村にも私立学校が誕生した。同年、同校に登録した児童は一二〇人ほどであった。以下、この「蘭山書院」を手掛かりとして、石村の教育ガバナンスの特徴を素描してみたい［図５-４］。

第一に、開校の手続きにみられる臨機応変さである。まず、①同校は、開校に当たって既存資源すなわち廃校となったもと石村小学校の空き校舎を利用した。[25]蘭山書院の劉校長は新規開校にあたり、この空き校舎にいち早く目を付けた。さらに、②中国の教育行政に関わる事情であろうが、同校は二〇一六年夏現在、県教育局に認可を求め申請中であるが、すでに二〇一五年から実際の学校運営を始めている。仮に日本で新しい学校を作ろうとすれば細かい基準を一々クリアしない限り行政の許可は下りないだろう。加えて、③教諭陣は校長の劉一族（妹とその婚約者）、その他の関係者を中心としたライン・ナップとなっている。そこからは、家族経営的な決定の速さ、柔軟さが重視されている点を感じ取れる。

第二に、私立学校としては自然なことであるが、保護者ニーズへの対応を意識している点である。具体的には、①公立学校に欠けている「児童に責任を負う」姿勢である。前述の通り教育の領域にもある種の「市場経済」が働く。進学実績などで評判が高くなれば生徒も増加し、評判が下がれば生徒は減少する。これは公立学校にも共通する点ではあるが、公立学校では生徒数が増えても教員の給与に直接的な影響をもたらさないので、教学に責任を持ち、教育の質を向上させる動機に乏しい。[26]この点、私立学校はより敏感に「市場」の動向を感じとり、実績をあげようとする。こうして、半期ごとに申込期間（報到）が設けられ、生徒の出入りがあるので、生徒数は常に変動する。また、学習の動機を高める措置として、期末テストでクラス一番の成績を収めると学費が全額免除、二番は半額免除、三番は八〇〇元割引となる。また②英語教育も行っている点が、公立学校との差別化を図る姿勢の表れである。そして重要なポイントとして、③寄宿制により、留守児童への対応を行っている点である。すなわち、出稼ぎ経済の浸透により、子供の両親が子供について勉学の面倒をみることができないにもかかわらず、教育重視の姿勢はまだもち続けていることから、寄宿制学校のニーズが生じている。

図 5-4　軍事教練（左）と新入生募集広告（右）

出所）筆者撮影（2016 年 8 月 25 日，29 日）

また貴州省政府の側も農村寄宿制小学校を政策的に援助しており、その結果、貴州の農村小学生の寄宿率は二〇〇九年の五・四％から二〇一三年には一五・八％に上昇している（董 二〇一六：一八四）[27]。蘭山書院の場合、自宅から通う児童の学費は一学期一五〇〇元、寄宿制児童の費用は三〇〇〇元となる。さらに、④現地には政府の計画生育に違反して生まれた（超生）子供が相当数、存在する[28]。これらの出産は政府により罰金を科されるが[29]、罰金を払い終えないまま子供が就学年齢に達した場合、公立学校への入学が許可されない。私立である蘭山書院は、このような子供にも就学の機会を提供することで、保護者らには重宝がられているという。

以上をまとめると、石村の教育ガバナンスとは、地元のニーズに応えられなくなった公立学校を補う形で、留守児童問題を解決しつつ、高い教育効果（進学率）も目指し、未来を担う郷土の人材を育成するための私立学校の活動、として現れていた。そのリーダーシップを担ったのが新しい私立小学校である。ガバナンス資源の観点から見れば、それが教育ビジネスとして成立していることから、コミュニティの外部資源（「私」）が運用されているといえる。同時に、そのビジネスの展開には劉校長の強い郷土意識（まとまりの「共」）が融合していた。政府資源（「公」）は閉校になる前の校舎建設に導入されたほかは限定的であった。

## 第四節　埋葬ガバナンス

教育が成果をあげて、高等教育まで進むことができた村民は、都会行きの片道切符を手にし、農村から去っていく。普通に考えると人材の流出は資源の流出である。しかし、石村の現状はさほど単純ではない。人材が流出しながら、故郷に資源が還流するメカニズムが存在しているからである。「埋葬」はそうした仕組みの一つである。

石村の道を歩くと、両脇の耕地の至る所に、大小様々の墓碑が建立されているのが目に入る。現地では墓碑の格式・勇壮さ、立派さが重視され、実際にも他地域では見られないほどの巨大な墓碑が多い。当然ながら、これほどに大掛かりな墓碑の建設と埋葬は、死者を出した単独の世帯の手には余るものである。死者の埋葬は葬儀ビジネスが主流とはなっていないどの社会でも、またどの地域でも住民が絡んだガバナンス事項となりうるが、石村では特に、埋葬が人々の関心事項として相対的に重要な位置を占めているといってよい。埋葬と墓碑の建立は別々の日取りで行われる。埋葬場所と、埋葬・墓碑建立の日時の決定は地元の占い師（算命先生）の助言により決定される[30]。石細工職人（石匠）や道士、コミュニティの援助も必要である。

二〇一六年八月二二日、筆者は、半年ほど前に亡くなっていた隆純光の祖父、隆常年の墓碑建立現場に立ち会った［図5-5］。この行事に参加するため、普段は興義や貴陽で就業・就学している家族員や親しい友人は皆、帰省していた。筆者らは徒歩で建立現場に向かった。建立作業は早朝、六時前後から始まっていた。墓碑の場所は、ホスト・ファミリーの住む石城集落ではなく、徒歩で小一時間もかかる狼店岩という石村内の別集落の山上である。この場所も占いの結果、選定されたのであり、生きている人間の墓参の便宜で場所を決めるのではない。

到着してみると、その場には五〇人ほどの人々が集まっていた。石匠、雇用した人夫、道士と家族関係者である。石匠の指揮の下で、男性家族員と人夫がセメントを練ったり、付近から石を掘り出して運んだりする。墓碑の基礎の部分は現場で掘り出した石を積み重ね、墓碑の上層部分は石匠によってすでに加工された墓石をくみ上げていく。石を運ぶ際は、太い丸太にロープをかけ、大きな石は四人で、小さい石は二人で担ぐ。前方後円墳の形をした墓碑の中間の部分、すなわち棺桶が埋まっている上部には大量の土が必要で、付近から土砂を掘り起こす作業は主として女性たちが担う。一糸乱れぬ連携プレーといってもよい。

墓碑が組み上げられていく間中、傍らでは道士が執り行う儀式も同時に進行している。故人の家族もそこに参加する。チャルメラや銅鑼の音が響き、鶏、豚、羊が墓碑の周りを一周ずつ引き回された後、生贄として捧げられる。ときおり打ち上げられる花火、爆竹の破裂音が耳をつんざく。紙銭を撒きながら、故人の子孫らが付近の山中を練り歩く。

すでに明らかなように、埋葬は生態領域と象徴領域が密接に絡み合ったガバナンスとして現れてくる。墓碑の建立、物質的な墓の建設（生態領域）の傍ら、道士による儀礼の主宰や動物の生贄の儀式（象徴領域）が、あたかも車の両輪のように同時進行したことがこの点を示している。埋葬と墓碑建立をピークとする儀式には、集まった一族や近隣の人々も加え、幾度もの宴席が開かれる。

**図 5-5　完成した墓碑**

出所）筆者撮影（2016年8月22日）

早朝から夜半まで、一日がかりで続く巨大な墓碑の建立作業を眺めながら筆者の脳裏をよぎったのは、石村での埋葬は単なる一世帯に限定された私的な出来事ではなく、一族を精神的に束ね、記憶を紡いでいくための「公共事業」だということだ。すなわち、道路や水道、港湾と同じように、墓碑は一族にとっての「公共施設」であり、だからこそこれほどの規模が必要なのである。埋葬という「公共事業」において目標とされているのは、埋葬、墓碑の建立をめぐる儀礼や共同活動を通じ、そこに参加する一族の人々の記憶を過去へと結わえ付けることである。

ここで事例とした埋葬は、費用の面からいって石村では最大級のものである。すなわち、墓石の購入に四・八万元、当日の石匠の作業への謝礼として一・四万、その他、労働力の雇用に四〇〇元、宴席の費用なども含めると、埋葬の費用は約一〇万元となる。これだけの費用の捻出が可能であるのは、故人の甥と孫の中に都市で成功した人々（表5-1の〔1〕、〔3〕、〔5〕など）が含まれるためであろう。

以上から、石村の埋葬ガバナンスでは、死者を出した世帯を中心とするコミュニティが主体となって牽引することで、目標が達成されている。ガバナンスの資源としては、資金や労働力、それを支える血縁を中心とした「つながり」ベースの小規模な「共」（内部・象徴）資源である。そこに、これも小規模な、石匠や道士などの農村の埋葬ビジネス＝「私」が動員されている。埋葬ビジネスは、農村のコミュニティに深く埋め込まれており、その意味で「私」と「共」が融合した資源であるともいえる。

## 第五節　文化ガバナンス

流出した人材を郷土に結わえ付けることになるもう一つの要素が、宗教、民族、地域文化などのソフトな要素である。実のところ、本書に登場する村の中で、石村は唯一、少数民族の居住地域に属しており、少数民族としての一体性が、象徴領域のガバナンスと象徴資源としての「まとまり」に益する面は小さくないと思われる。

ここで遅ればせながら、晴隆県全体の民族構成を確認しておこう。〔表5-2〕は第一次、第二次、第三次人口センサス（一九五三年、一九六四年、一九八二年）の結果である。それによれば、第一次と三次センサスでは、漢族とその他少数民族の割合はほぼ一対一であるのに対し、一九六四年の二次センサスでは漢族が六三％と多くなり、その代わりに苗族が四％と少なくなっている。この変動を説明するのが、「喇叭人」(31)と呼ばれる人々の分類である。喇叭人は、①第一次センサスでは「苗族」カテゴリーであったが、②第二次センサスでは「漢族」カテゴリーに入れられ、③第三次で再び「苗族」に戻っている。

以上のうち、①と②の詳細は不明であるが、③に関しては『県志』に記載がある。一九八一年、県人民政府が民族識別指導小組、民族識別工作組を組織し、いったん「漢族」とされた「喇叭人」にたいし歴史、文化、経済的な特徴や民族意

**表 5-2　人口センサスからみた晴隆県の民族構成**

| | 第一次（1953） | | 第二次（1964） | | 第三次（1982） | |
|---|---|---|---|---|---|---|
| | 人口 | % | 人口 | % | 人口 | % |
| 漢族 | 55,017 | 50.3 | **79,147 | 63.2 | 98,745 | 47.5 |
| プイ族 | 29,890 | 27.3 | 33,313 | 26.6 | 51,024 | 24.6 |
| 苗族 | *18,587 | 17.0 | 5,006 | 4.0 | ***41,517 | 20.0 |
| その他 | 5,952 | 5.4 | 7,786 | 6.2 | 16,446 | 7.9 |
| 合計 | 109,446 | 100 | 125,252 | 100 | 207,732 | 100 |

*　このうち 14,498 人（78%）が「喇叭人」であった。
**　喇叭人が「漢族」に含まれている。
***　喇叭人は再び苗族カテゴリーに戻る。
出所）貴州省晴隆県志編纂委員会編（1993: 44-45）の表を一部修正。

識などの面から調査を実施し、これを苗族の一系統であると認定した（貴州省晴隆県志編纂委員会 一九九三：七一、九六―九七）、というものである。一方、石村の人々は、現地住民の「苗族」身分の再取得を、ある人物と結びつけて考えている。地元出身の高級幹部、李昌琪である。李は石村を管轄する長留郷の別の村の出身で、一九八一年、第一期の黔西南州の州長を務めた。地元の人々が李の「最大の功績」として称賛するのが、前述の喇叭人を、漢族から苗族に変更したことなのである。すなわち、石村周辺の喇叭系苗族にとって、「民族」の変更は県政府の民族識別工作による客観的な認定の結果というよりは、李昌琪というパトロンがもたらしてくれた一つの恩恵と考えられているのである。李の側からすれば、喇叭人の集中する晴隆県北部の人民に対し、少なからぬ政治的リスクを冒してでも[32]、民族の変更により便宜を図ろうとする行為は、先にみた隆洪周や劉遠坤にも通ずる「故郷に錦を飾る」意識が背景にあったと思われる[33]。

少数民族身分の最大のメリットが、大学入試（高考）で二〇点を加算される政策にあり、これも子弟に高い教育を与えようとする現地農民の願いに結びついている。前出の蘭山書院の劉校長へのインタビューからは、彼が李昌琪を同郷・同民族の高官として、いわば「崇拝」していることが見て取れた[34]。

こうして、第三節に見た蘭山書院現象は、単に教育の領域に属するだけではなく、より広く地元の「文化」領域のガバナンスに連続していく側面ももっている。教育事業の展開が、「喇叭苗」のアイデンティティの復興という一点において切れ目なく結びついているのである。前節にみた埋葬ガバナンスが血縁集団をベースとした狭い「つながり」の資源を利用し、一族との結びつきを確認する目的で維持されていたのにたいし、以下にみる民族文化としての「山歌」の復興＝文化ガバナンスとは、狭い血縁の共同利益集団を超えて、喇叭人としての「まとまり」を喚起するような活動である。

一般的にいって、かつてのような社会主義イデオロギーと人民公社が存在していない現在の中国農村で、「まとまり」を生み出すのは容易ではない。その一方で、第二章で概観したように、いくつかの要素が「まとまり」を助ける可能性もある。石村の「山歌」復活の場合は、第一に、キーパーソン＝農村リーダーとしての蘭山書院の劉校長の存在がある。劉校長は二〇一六年に三六歳で、実家は長留郷内の細流村である。貴州師範大学芸術学部声楽専攻を卒業し、興義の学校でしばらく教えた後、二〇一五年に前述の蘭山書院を開校した。この人物は、単なるビジネスマンではなく、いうなれば確たる「郷土意識」をもって、教育事業のみならず地元の苗族文化の復興や観光事業発展についても自分なりの青写真をもっている。

第二に、民族文化のアイコンとしての山歌である。校長によれば、当地では一九九〇年代まで、毎年の春節の際には多くの住民が山に登り、山歌を歌ったり、聴いたりし、とても賑やかであったという。山歌はもともと即興性を楽しむものであり、周辺の自然風景を心情の表現に借用しつつ（以景代情）、その場で歌詞を作る。通常は七言律詩の形式をとる。現在、詞は作れるが歌えない者、詞は作れないが歌える者、一部にはどちらもできる者もいる。学歴のない農民が作ったものでも、唐詩や宋詞に負けないような格調の山歌もあった。誇張した表現で、ユーモアの漂うタイプの歌もあった。ところが二〇〇〇年代以降、出稼ぎの浸透に伴って、山歌の活動が中断してしまった。「このままでは山歌の伝統は永遠に失われてしまう。しかし一〇〇人のうち二〜三人でも山歌を作れる人が残っていけば、この伝統は生き延びることができる」と校長は言う。こうして二〇一六年の旧正月の時期、蘭山書院の主催により、長留郷政府の協力も得、長留郷の細流村を会場として、廃れていた苗族の「山歌」コンテストが開催された［図5-6］。

この文化ガバナンスをみる際の一つのポイントは、生活文化のかなりの側面が、漢族に同化されてしまっている喇叭人にとり、山歌はほぼ唯一、近年まで伝承されてきた民族文化だったという点である。(35) だからこそ、劉校長は他の失われてしまった民俗ではなく、山歌に着眼し、これを復興させようとしているのである。

## むすび

本章の検討から浮かび上がってくる石村のイメージを統合してみる。一見バラバラに見える、石村の道路、教育、埋葬、文化のガバナンスは、見えない「赤い糸」でつながっていた。それは、端的にいえば「人材流出」による「資源獲得」という構図である。

石村は険しい山岳地帯に位置し、地理的な位置や交通条件の制約から、地元経済の「発展」は最初から期待できない状況にある。この前提条件は、私たちが思う以上に重要である。「道路」の改善は地元の生活向上には必須だが、コストが高すぎるために、コミュニティ外部の政府の力によるしかない。政府の側も損を承知で、回収できない投資を行う覚悟が必要となる。それを可能にするのが、地元出身の有力者――「第三の力」である。

一方、地元の発展可能性が閉ざされているからこそ、地元を抜け出して、成功の階梯を駆け上がるための教育重視の伝統が住民の間に生まれてくる。極めて辺鄙な村でありながら、多くの大学生を輩出しているのは、教育重視がすでに地域の風土を形成している点を物語る。とりわけ近年では、住民の期待に応えられない公立学校に代わり、私立学校を主

図 5-6　喇叭苗族「山歌」コンテストの模様

出所）中国黔西南 HP（http: //www.zgqxn.com/detail/66764.html, 2018 年 11 月 20 日閲覧）

体とした教育ガバナンスが展開されていた。

読者の中には、次のような疑問をもつ人がいるかもしれない。すなわち、教育を通じて、あるいは政治的栄達を遂げた優秀な成績を収めた人材であるほど、郷土を離脱してしまい、教育の目的が達成されればされるほど、郷土からは人材という資源が失われるのではないかと。確かにその通りである。教育を通じて、空間としての郷土に「残る人」と「出ていく人」が分化してくるわけだが、教育を通じて村を「出ていく人」は都市部で企業や政府機関での優勢なポストに就く。しかし、彼らは出ていったきりではなく、村に「残る人」を優勢な資源でもって援助することが期待されている。[36]

ここで、援助の「期待」を支える根拠となっているのが、広い意味での家族的なつながりや、文化的なまとまり、一体性である。「埋葬」や「文化」のガバナンスは、立身出世を遂げた地元人士を、曲がりなりにも地元につなぎ止める役割を果たしている。隆家の墓碑の建立時、成功人士を含む血縁コミュニティのメンバーは都市から帰還し、活動に参与した。[37]埋葬ガバナンスは、過去から未来への「つながり」を再確認する活動として、維持されていた。また血縁コミュニティを超えたより広い「喇叭人」としての「まとまり」を再編していく活動として、山歌イベントなどの文化ガバナンスが展開されていた。

流出した人材が、流出したままにならず、同族とその拡張としての故郷にアイデンティティをもち続けた場合、成功人士を通じて都市部の資源が故郷に環流することになる。もちろん、こうしてもたらされる資源の総量は、ごくささやかなものであるかもしれない。しかし、人材と資源が循環する経路が確保されていることそれ自体が、石村のような山地村落が存続していくうえでは格別に重要なことのように思われる。

# 第六章　小さな資源の地域内循環
## ――甘粛麦村――

### はじめに

この章では、温暖・湿潤な水稲耕作地帯から北上し、広大な西北地域に目を向けてみたい。シルクロードのイメージが強い甘粛省に属する麦村(1)が次の舞台である。

中国西北農村は、東部地域に豊富な経済的資源や、南部地域の宗族・家族的つながりに匹敵するような、目立った資源には乏しい地域である。水資源にも乏しい。しかし、誰もが納得するような有力な資源に恵まれていないからこそ、逆に見えてくる小さな資源がある。麦村が指し示すのは、このように一見して「資源欠乏型」のコミュニティ(2)であっても、共同生活の問題に対処していくための資源は確かにそこに存在している、という点である。目立った資源に乏しい西北地域の村こそ、逆にそこで使用されている小さな資源を見出すのには適している。さらに、こうした小さな資源は、麦村を中心として、西和県県域、あるいは近隣の諸県を含めた地域社会や、さらには隣の陝西省や新疆ウイグルまでをも含め、幾層にも連なる「地域」の内部で、緩やかに循環している、という点もポイントである。

## 第一節　農家経済とコミュニティ

麦村は甘粛省の南部、隴南市の管轄下にある、山岳地帯の平凡な農業県である西和県に属している(3)。西和県を訪問するには、隴南市から入るのではなく、西安から鉄道で天水まで行き、そこでバスに乗り換えて西和県城に向かう。天水から西和県城までは二時間半ほどの行程である。

県の領域は比較的急峻な山岳地帯の中にあり、年間降水量は五一〇ミリ程度（西和県志編纂委員会 二〇一四：一三三）と少ない。麦村が位置する県中部の、一九六六～一九八五年の平均降水量は五二〇ミリで、降雨は六～八月の夏季に集中する。四川との省境にも近く、県の全域が二〇〇八年の四川大地震でも被害を受け、政府からの震災復興金が農民に配分された点については第一章に触れた通りである。

西和県は国家の貧困救済事業の重点県であり、『中国県域社会経済年鑑』（中国県域社会経済年鑑編輯部 二〇〇六）によれば、西和の「総合競争力指数」は全国二〇六二の県・市のうちの一九〇五位である。二〇一〇年の人口は約四二万人で、域内に二〇の郷・鎮と三八四の村民委員会を管轄する。

「資源」の角度からみれば、隴南地域のいくつかの県が相対的に恵まれているのは、鉛、亜鉛などの鉱山資源である。西和の鉱山も多くが鉛・亜鉛のもので、県東部の六香郷に最も集中している。その中で最大の企業は一九七〇年に成立した鄧家山鉱山である。県内にはこのほかアンチモン、金、銅、鉄などの鉱山があり、一九九五年時点で、県内に立地する主要企業二五社のうち、鉱山企業が一七社を占めていた（西和県志編纂委員会 一九九七：二四七―二四八、三四四、三五三―三五四）。西和県の独自財源の中で、これら鉱山企業からの税収は大きな比重を占める。

麦村は西和県河巴鎮が管轄する二七の村民委員会のうちの一つであり、県城からは二〇キロほど離れている。二〇一三年より以前、県城から伸びるアスファルト道路は河巴鎮政府所在地までで途絶えており、河巴鎮から麦村までは未舗装の土の道を行かねばならなかった。

二〇一五年の統計では、麦村は四〇八世帯、二二〇〇人を有していた。現地においては「大村」とみなされる。(4) 主たる農作物としては小麦、トウモロコシ、ジャガイモ、蕎麦、アブラナなどがあり、近年では漢方薬の原料である半夏の栽培も一時、流行した。耕地面積は二〇二一畝で、一人あたり耕地は一・〇畝となる。この数値は南方の諸省よりはやや高いものの、北方農村、県全体の平均よりもかなり低く、(5) 麦村の人口圧力は高いことがわかる。その分、出稼ぎに頼る割合も相対的に高くなっている。山林面積は一一〇〇畝であるが、これは退耕還林政策により旧耕地三七三・七畝が山林に戻された後の数値である。村民によれば、山林にはイノシシ、タヌキ、雉なども生息している。

村域の地形は起伏に富み、居住区の高低差も大きく複雑である。集落内の道はほとんどが傾斜しているか急な坂道で、平らな道はほとんどない。とりわけ降雨の後、傾斜地の徒歩での移動は極めて困難となる。山岳地帯の村としては、集落の空間的分布は相対的に集中しており、四〇八世帯のうち三一八世帯が中心集落に居住している［図6-1］。それ以外に柳代溝（四八戸）、火石崖（一〇戸）、劉家崖（八戸）などの小規模集落があり、全体を合わせて麦村村民委員会（＝行政村）が形成されている。

人民公社時期の末端行政機構は、中国の他の地域と同様、県―人民公社―生産大隊―生産隊の構成をとり、基本会計単位は生産隊であった。(6) 一九六一年時点で、麦村は河巴公社の麦村大隊であり、四つの生産隊から構成された。そのうち麦村の中心集落が三つの生産隊からなり、柳代溝集落が一つの生産隊であった。一九六五年、麦村大隊は隣接する李山大隊および宋巴大隊と合併し、新しく宋李大隊が成立した。宋李大隊は一一の生産隊を管轄し、世帯数は約六〇〇戸、人口三二〇〇人ほどで、耕地面積は約三〇〇〇畝だった。宋李大隊の書記は、付近の村民が現在でもしばしば賛美とともにその名前を挙げる李言照である。一九八〇年に公社が解体すると、麦村は一つの行政村となり、元々管轄下にあった四つの生産隊は、「一社」から「八社」まで、八つの「社」に分割された。それぞれ「社長」が置かれて日常業務を行っているが、八社には社長がいないため、七社の社長が合わせて担当している。規模が大きいにも関わらず、現在、麦村には村幹部が

図 6-1　麦村中心集落

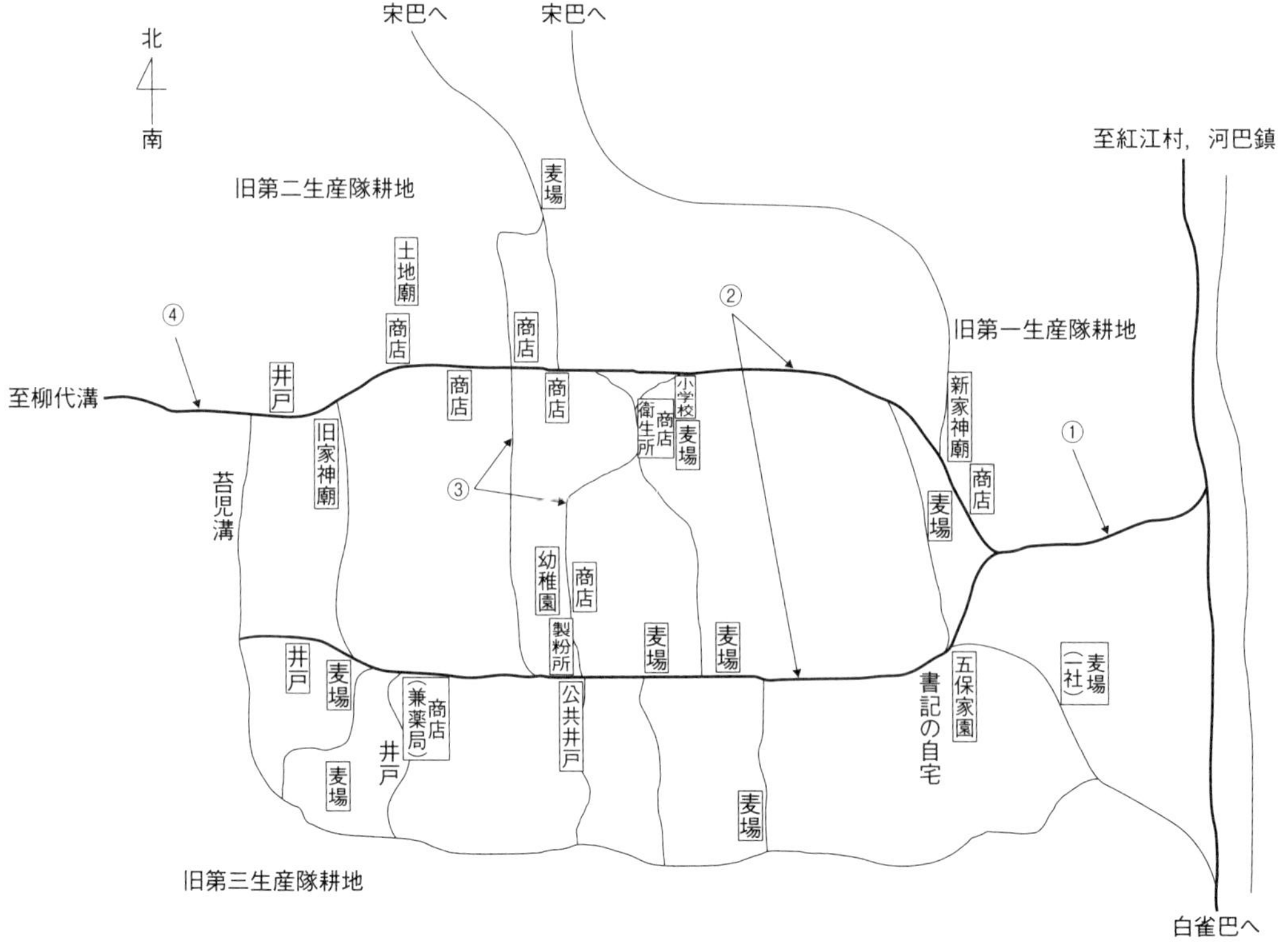


出所）筆者作成

**図6-2 麦村の農事歴**

| 二十四節気 | 2013年の場合 | | 小麦 | 蕎麦 | ジャガイモ | トウモロコシ | 半夏 |
|---|---|---|---|---|---|---|---|
| | 農暦 | 新暦 | | | | | |
| 小寒 | 11月24日 | 1月5日 | | | | | |
| 大寒 | 12月9日 | 1月20日 | | | | | |
| 立春 | 12月24日 | 2月4日 | | | | | |
| 雨水 | 1月9日 | 2月18日 | | | | | |
| 啓蟄 | 1月24日 | 3月5日 | | | | | |
| 春分 | 2月9日 | 3月20日 | | | | | |
| 清明 | 2月24日 | 4月4日 | | | | | |
| 穀雨 | 3月11日 | 4月20日 | | | 作付 | 作付 | 作付 |
| 立夏 | 3月26日 | 5月5日 | | | | | |
| 小満 | 4月12日 | 5月21日 | | | | | |
| 芒種 | 4月27日 | 6月5日 | | | | | |
| 夏至 | 5月14日 | 6月21日 | | | | | |
| 小暑 | 5月30日 | 7月7日 | 収穫 | | | | |
| 大暑 | 6月16日 | 7月23日 | | 作付 | | | |
| 立秋 | 7月1日 | 8月7日 | | | | | 収穫 |
| 処暑 | 7月17日 | 8月23日 | | | | | |
| 白露 | 8月3日 | 9月7日 | | | | | |
| 秋分 | 8月19日 | 9月23日 | | | | | |
| 寒露 | 9月4日 | 10月8日 | 作付 | 収穫 | 収穫 | 収穫 | |
| 霜降 | 9月19日 | 10月23日 | | | | | |
| 立冬 | 10月5日 | 11月7日 | | | | | |
| 小雪 | 10月20日 | 11月22日 | | | | | |
| 大雪 | 11月5日 | 12月7日 | | | | | |
| 冬至 | 11月19日 | 12月21日 | | | | | |

出所）現地での聞き取りに基づき筆者作成。

三人しかいない。このため「社」の果たす役割は小さくない。「社」はまた土地所有の主体でもある。

甘粛麦村の出稼ぎ者はおよそ陽暦の七月頃に比較的長期間、出稼ぎ先の杭州から帰郷する者が多い。この時期に出稼ぎ者が帰省する最大の理由も、実家での農作業にある。［図6-2］からもわかるように、この時期には主作物である麦の刈り入れと、その直後に行われる蕎麦の作付があり、さらに[7]二〇一一年からは漢方薬の一種である半夏を栽培する世帯が急増しており、その収穫の時期もここに重なるようになった。

この時期が帰郷のタイミングに選ばれる理由について、麦村の前村主任は、農作業の理由以外にもさらに四つの点を挙げてくれた。①杭州で建築作業に従事するものが多いが、南方では夏季に降雨が多く、現場作業が休止になることが多い。

**図6-3　麦村住民の就業地（2010年8月）**

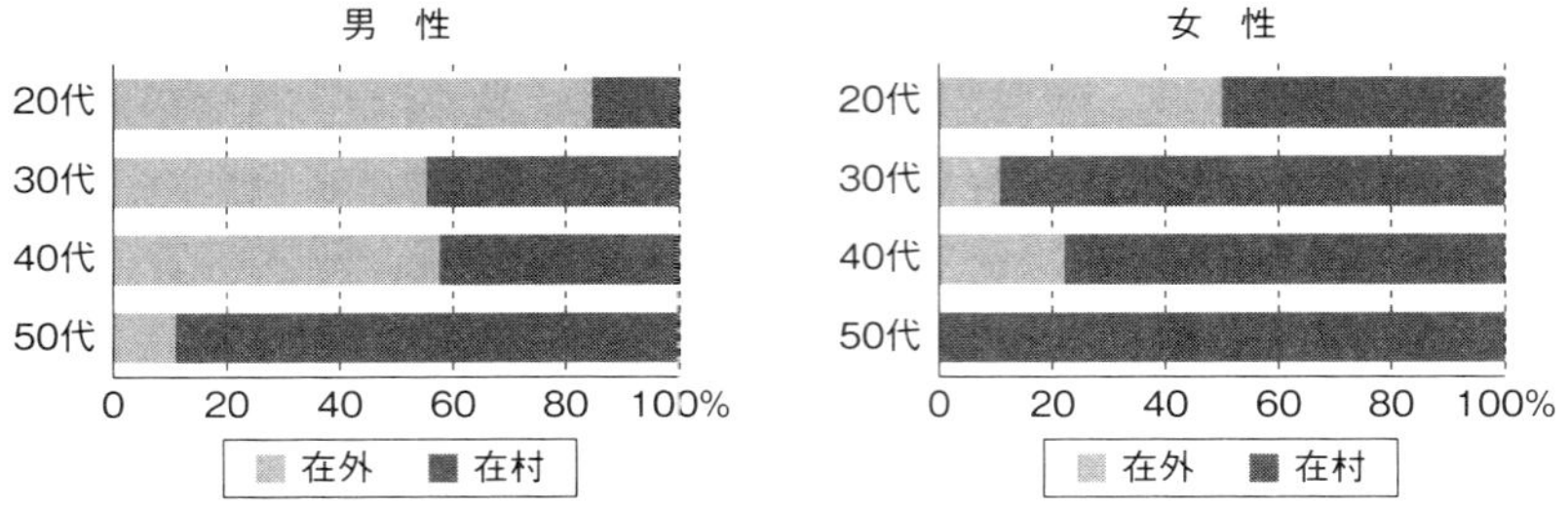


出所）麦村のサンプル調査（第五社，62世帯，304人）より筆者作成。

②工場労働者の場合は天候の影響を受けず、一般に休暇は取りづらいが、現在、杭州では労働者不足で売り手市場なので、とりあえず辞職しておいて必要な時に別の場所で再就業することも容易である。③南方の気候は西北の住民には暑すぎるので、避暑を兼ねて帰郷することは合理的である。④春節の際には帰郷しない者が多いので、七月の帰郷を楽しみにする。春節の休暇は多くの工場では一週間しかないため、遠隔地の甘粛に帰郷する場合、往復の移動で四日を消化してしまう(8)ため、割に合わない。

以上にみられる麦村村民の出稼ぎパターンは、あくまで在来の農事歴と農作業を前提とし、農家経営の隙間に「副業」として巧みに組み込まれたものといえる。麦刈りについては大型の機械は導入されておらず、相変わらず人力で行うため、多くの人手が必要である。山岳地帯のため耕地は細かく、分散した棚田が多く、そもそも機械での収穫には適していない。加えて、近年は収益性の高い半夏の収穫も加わって家族が一緒に収穫作業を行うため、出稼ぎ者の毎年の帰省時間は長くなりこそすれ、短くなることはない。故郷での農作業のリズムを最優先に考えたうえで、家計の補助を目的とした副業として出稼ぎを位置づけることが、麦村農民なりの「合理性」なのである。

筆者によるサンプル調査(9)に基づく［図6－3］によれば、江西花村、貴州石村に比較すれば、かなり多い割合の村民が現地で就業していることがわかる。とりわけ女性の外地就業者が少ない。労働力全体のうちの在外就業者の割合は四〇・一%となり、花村、石村よりはかなり少ないものの、甘粛省全体の平均（一九・八%）の二倍ほどである。したがって平均的な西北農村では、麦村にみられるよりも出稼ぎ経済の浸透はさらに控えめであり、地元で就業する村民が多いと予想される。コミュニティの面識関係が保持されやすいのが、西北農村の一般的傾向だと思われる。

## 第二節　人民公社期のガバナンス

本節では、少し歴史をさかのぼり、麦村の人民公社時代（一九五八〜一九八〇）を、二一世紀現在のガバナンス資源の形成プロセスとして概観してみたい。人民公社体制の最大の特徴は、農村社会を一つの巨大な労働組織に再編成したことであろう。このような中国農民の組織化は、史上かつてない出来事であった。政府の側から見れば、労働力の組織化を行うことで初めて、自ら資金を投ずることなく、ゼロから各種の財を生み出し、工業化のための蓄積を行うことが可能となった。農村社会の側から見れば、労働力の組織化により初めて、小農経営に付きまとう極限性を克服し、コミュニティの全体的利益の観点から組織的な取り組みを行うことも可能になった。そしてその様々な領域での取り組みの結果は、人民公社期にとどまることなく、一九八〇年代からの改革時期にも連続している。以下、農地、山林、初等教育、集団経済の代表的な四つの領域について、麦村における人民公社時期のガバナンスを整理してみよう。

### (1) 農　地

麦村の農地は一九五二年の土地改革、一九五五年の初級合作社の段階を経て、一九五七年に高級合作社が成立したことにより、私的所有から集団所有制に転換した。土地生産性を向上させるための農地の改造・整備に組織的に取り組むことの制度的条件が整った。西和地域の人民公社時期の重要な成果の一つは、棚田の造成である。各種の資料によれば、西和県では主として一九七〇年代、ほぼ毎年の冬季を利用して棚田造成運動が展開され、合計で約一五万畝から三〇万畝（全耕地の二二〜四四％）の棚田が造成された(10)。

麦村での聞き取りによれば、宋李大隊の棚田造成は一九六四年より着手され、一九六八年から本格的に展開し始め、一九七七年に一応の完成を見た。造成の手順として、山頂の高い部分から低い部分に向けて工事を行った。造成面積は二〇〇〇畝ほどで、全耕地の三分の二に達した。当時、宋李大隊は「農業は大寨に学べ」運動の公社レベルのテスト・ポイント（試点）であった。林姓の麦村元村長は、次のように回顧している。

一九六八年から七〇年にかけての「農業は大寨に学べ」の時期には、大隊のラッパは常に鳴りっぱなしだった。棚田の造成には全村の人間が借り出され、毎日朝の四時から日が暮れるまで働いて、年越しの時でさえ休む間もなかった。

棚田造成の具体的な貢献は、栽培作物の変化として現れた。すなわち、棚田ができる以前、農地の表土は流出しやすいため薄く、背の低い燕麦しか栽培できなかった。棚田造成後、表土を厚く保てるようになったことから、小麦の栽培も可能となった。宋李大隊元書記の李言照によれば、棚田を作ることのメリットは、水分と表土の保持力を高めることである。過去において、農地の斜面はかなり急であり、表面の馴染んだ土壌（熟土）は流出しやすかった。棚田の造成後、水分は保持されやすく、表土も厚くなった(11)。

［図6-4］は西和県で夏季に収穫された食糧作物の作付面積に占める小麦の割合である。一九五〇年代、小麦の割合は六〇～八〇％の間で毎年の変動が大きかったが、一九六〇年代末期の「農業は大寨に学べ」の時期以降、八〇％以上の水準で安定し、一九八〇年代以降は九〇％以上の水準となっている。この変化の含意するところは、かつては小麦を栽培できないか、あるいは作付けしても収量が少なかったような農地が小麦栽培に適した農地に変わったということであり、その背景として全県で推進された棚田造成運動があったということである(12)。

一九八〇年、河巴公社は河巴郷となり、宋李大隊は三つの行政村に分かれ、麦村も再び独立した行政村となった。中国の他の地域と同様に、農地の各家庭への配分は極めて平均主義的な発想に基づき行われ（第一章）、すべての世帯が同等の価値の農地を受け取るよう、配慮がなされた。一九八二年前後、農地分配はまず、生産隊を単位として実施された。前

**図 6-4　夏に収穫する食糧作物作付面積中の小麦の割合（%）**

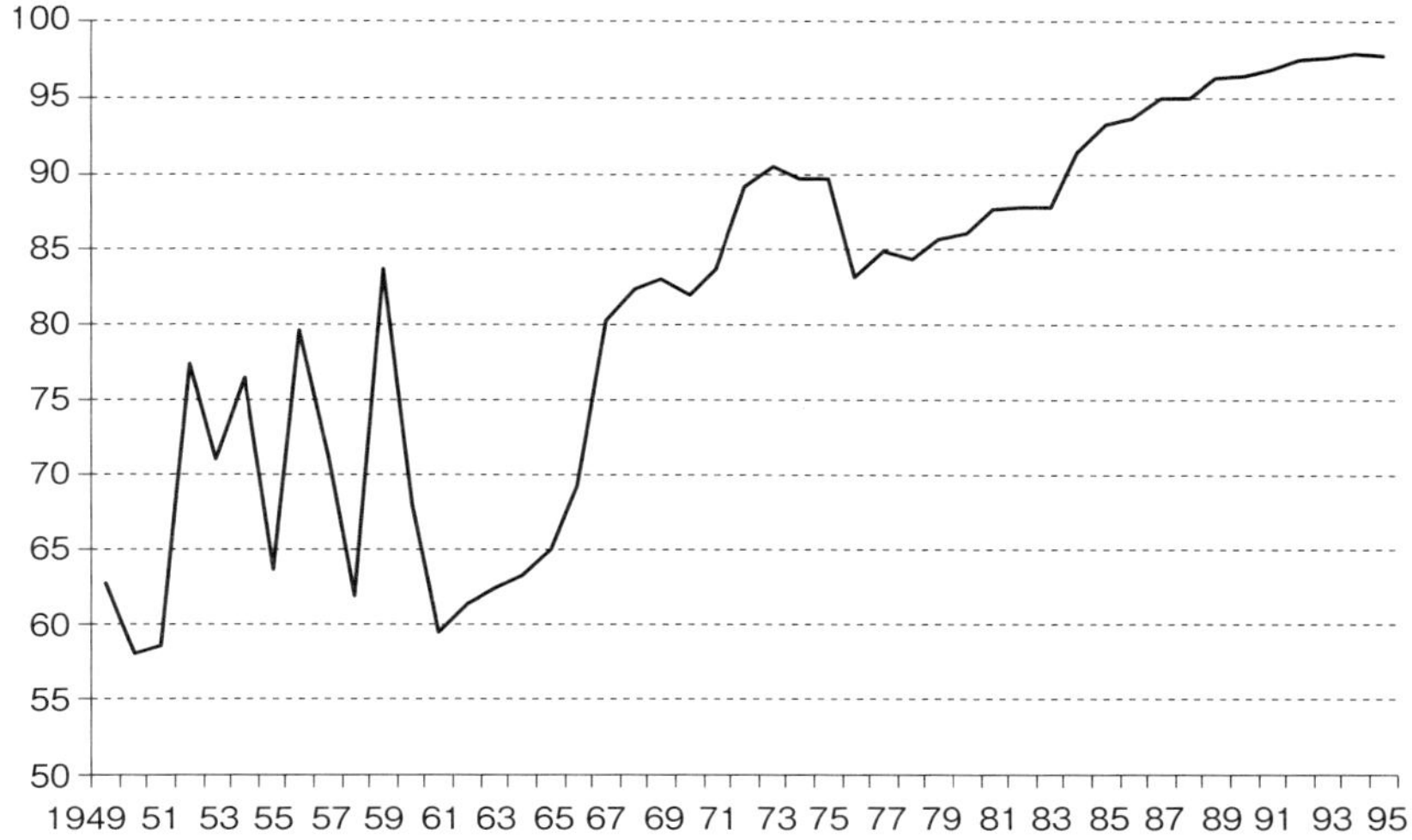


出所）西和県志編纂委員会（1997: 298-300）に基づき筆者作成。

村主任の林玉文の紹介によると、麦村の中心集落を構成する第一、第二、第三生産隊はそれぞれ、大まかに一つにまとまった農地群を分与された。それぞれの農地群には一等地、二等地、三等地と呼ばれる異なる条件の農地が含まれていた。一等地は概ね平地であり、水の条件が良く、トウモロコシの栽培に適している。二等地は丘陵地で、小麦の栽培に適している。三等地とは小麦やトウモロコシの栽培ができず、燕麦、蕎麦、長豆、大豆などを植えるしかなかった。さらにわずかな「等外地」も存在した。一等、二等、三等地をすべての世帯に分けると農地分散が激しくなるため、一等地を受け取った世帯は三等地と組み合わせ、二等地を受け取った世帯は、一等、三等は分配しないものとした。

注目すべきは、村集団はこのとき、実はすべての土地を農民に分け与えるのではなく、一部の農地を臨機応変に使用できる「機動地」として保留し[13]、これら後にそれを必要とする農家に段階的に分配していった。つまり、農村改革直後の麦村は村民に福利を提供するための土地という資源を手元に残していたことになる。このほか、村の環状道路に沿った一部の農地は「報酬地」として取りおかれ、一九八〇年代当時の書記、村長、副書記の三人に〇・九畝ずつ分配された。この「報酬地」はずっと後になって公共的な役割を果たすことになる（第四節参照）。

以上、麦村の農地ガバナンスとしては、①人民公社の集団労働により棚田を造成したこと、そしてそれが②公社解体直後に村民間で均分された点が重要である。

## (2) 山林

コミュニティ共有財産としての山林資源の管理についていえば、西和県の社会主義経験はプラス・マイナス両面の結果をもたらした。のみならず、破壊は創造よりも大きかったといわねばならない。中華民国期の一九四五年、西和県長の王漢傑は全県で「植樹造林」運動を展開し、わずか四〇日の期間に六万株以上を植えたとされる。一九四九年の人民共和国建国直後、これらの木々は成長して日光を遮り、川面に木陰が広がるほどで（高大蔽日、緑蔭満川）、谷間の渓流は澄んで川底が見えるほどであった。が、一九五〇年代末に製鉄運動のために乱伐が進み、森林面積は急減した（張浩月 一九九六：一四六、西和県志編纂委員会 一九九七：三〇七—三〇八）。

一九五〇年代末の「大躍進」に関して、麦村の村民らが共有していた一つの記憶は、エンジュ（槐樹）の巨木を伐採した事件である。村には樹齢一〇〇〇年といわれるエンジュの樹があった。高さは四～五メートルほどしかないが、樹枝の覆う範囲は四～五畝（一八～三三アール）ほどもあったという。根の部分は地面から突き出ており、その高さは大人の背丈ほどもあった。一九五八年の製鉄運動の際、このエンジュは伐られてしまい、木材の一部は政府に納められ、その他の部分は村で様々な用途に用いられた。ある生産隊長はそれをオンドルの上の床板に使用したりした。このときの木材は、筆者が麦村を訪問する三～四年前、すなわち二〇〇六～二〇〇七年ころ、ようやくすべて使い終わったという。二〇一六年に李言照元書記を再訪した際、筆者は一九五八年前後の森林伐採について尋ねてみた。元書記はかなり耳が遠くなり、記憶も以前ほどはっきりしていなかったが、この質問は書記の琴線に触れたようで、にわかににんまりとした表情になり、「どれだけ伐ったか知れない！」（数不清）、「愚かなことだ！」（得不償失）、「多大な浪費だ！」（労民傷財）と当時の森林伐採を批判した。一九五〇年代末の「反右傾」運動において彼が七度の批判にさらされた際の「罪状」の一つは、樹木の伐採に反対したことであった。

もちろん、同じ社会主義時期といっても、一九六〇〜七〇年代にかけては、森林の破壊よりも創出に力が入れられるようになり、公社＝大隊＝生産隊の緊密な組織的連携の下で植林が進められた。麦村を含む宋李大隊は、森林伐採に反対していた李言照の指導の下で、一九六一年から植林に着手した。一九七〇年代にはハリエンジュ（洋槐樹）が西和県に導入され、宋李大隊は一九七二〜七三年にかけて一万三〇〇〇畝の山林に植樹を行った。緑化と冬場の燃料（薪）の確保がその目的だった。

総じていえば、西和県は一九五〇年代に社会主義に向かう途中で、山林資源に甚大な破壊をもたらしてしまった。この破壊を補うことは、一九六〇年代以降の修復努力をもってしても中々に困難であった。楊克棟（一九八五：二二）によれば、一九五二年から一九八〇年までに営造された森林は三七万六五二五畝であったが、生き残ったのは七万七三五三畝で、保存率は二〇％ほどに過ぎなかった。植林と同時に伐採も進んでいたためであり、毎年平均して八〇〇〇畝から一万畝の速度で森林が消失していた。唯一、後の麦村にとってメリットとなったのは、山林修復の努力の過程で労働力が組織化され、「集団」の枠組みの中から、「集団」の命運に責任を負う基層エリートが輩出されたことである（後述）。

### (3) 初等教育

村の小学校の創設は、農地の営造や植林と同様、いずれも政府が主導しはしたものの、資源の投入は限定的で、各大隊の「自力更生」により創設・運営されていった。現存している三校、李山、宋巴、麦村の小学校はいずれも人民公社期に創建されたものである。

麦村周辺には、かつては紅江村に一校の小学校が存在するのみだった。麦村小学校は一九五八年に創設されたのち、一九五九年にはいったんこの紅江小学校に吸収され、一九六一年に再び麦村に戻って開設された。隣村の李山村も一九六一年に李山小学校を開設した。李山小学校が建てられた際には、現地の村民すべてが資金や、校舎を建てるための木材を寄付した。大隊書記の李言照も李山の住民であり、材木を一本寄付したという。直前の大躍進で山林の樹木があらかた伐採されていた点に鑑みれば、当時の材木の希少さは想像に余りある。

宋巴小学校はやや遅れて一九七三年の創設になるが、このときは村民から一五〇〇元が集められたうえ、木材の寄付も募られた。これ以外に興味深い点は、後述する通り、宋李大隊から抜擢・派遣されていた五〇人の「契約工」が、職場の林場から贈られた三～五立方メートルほどの木材を小学校の校舎のために寄付したことである。さらに、これも後述する一二〇名からなる「基建隊」が中心となり、紅江河の河岸の砂地を整備し、その基礎の上に校舎を建造した。学校の教師は三人おり、公社によって招聘されたという意味で、「社請老師」と呼ばれた。彼らの多くは高校を卒業後、故郷に戻ってきた青年で、小学校ができる以前は現地で成人向けの夜間学校（夜校）の教師をしていたという。当時、これらの教員は政府から支給される月一五元の給料とあわせて、現地の生産隊から配分される労働点数によっても収入を得ていた。「社請老師」を除き、すべての小学校には政府から給料を受け取る正式の教員が一人ずつ割り当てられていた。ここから、初等教育につき政府も限定的な資源投入を行ったことがわかる。

## （4）集団経済

第二章の「資源」の分類で位置づけた通り、「集団経済」（集体経済）とは、村（生産大隊）や村民小組（生産隊）などの集団に直接の経済的収益をもたらす公共財産を指す。西北農村に属する麦村では、沿海部の「社隊企業」に相当するような規模の大きな集団経済は存在しなかったが、家畜の飼育や経済作物の栽培によって集団の収益を増やそうとする試みは存在した。

たとえば宋李大隊が一九七二年に起した養豚場では、十数頭の豚が飼育されていた。また同じ年には、大隊経営のリンゴ園が開設されている。面積は二八畝で、中には二株のクルミの樹も含まれていた。一九七七年にはリンゴが実を結び、李言照書記は一五トンほどを天水の市場で売り、大隊の収入とした。一九七八年、七九年も同様に収穫があった。一九八〇年に宋李大隊が三つの村に分かれると、果樹園も三村に分与され、それぞれの村からの請負人に経営が委ねられた。しかしその後、寒冷な気候や害虫のために果樹が枯死し始め、また販路の問題も重なり（天水までリンゴを売りに行くのも一苦労である）、三つの果樹園はいずれも存続不能となった。果樹園の跡地は、李山小学校の用地として吸収された。

生産大隊のレベルを除き、生産隊レベルの「集団経済」としては、漢方薬の原料である当帰の栽培が唯一の収入獲得の方途だった。現地では建国以前から当帰が栽培されており、地面から掘り出したのち屋根の上で乾燥させ、四川省で販売していたという。公社時期、どの生産隊でも一〇畝ほどの当帰を栽培しており、麦村の範囲では併せて四〇〜五〇畝ほどもあったが、公社解体後は栽培されなくなった。(14)

## 第三節　道路ガバナンス

中国内陸部の多くの村と同様に、二〇一〇年前後の麦村でも村周辺の道路の舗装が村民の関心事となっていた。村周辺で舗装が課題となっていた道路は、四つの部分に分かれる［図6-1］。すなわち、①隣の紅江村から麦村の入り口までの入村道路（全長一五〇〇メートル）、②麦村中心集落の環状道路（全長一六〇〇メートル）、③中心集落内の小径（全長一五〇〇メートル）、④中心集落と周辺集落を結ぶ道（全長四五〇〇メートル）、である。

①について、筆者が二〇一〇年と二〇一一年に麦村を訪問した際、県城からやってくる道路は河巴鎮の中心地までしか舗装されておらず、そこから村までは土の道であった。降雨の後で泥濘に嵌り、同じ小型バスに乗り合わせた乗客全員で車を推し、かろうじて脱出したこともある。この時期、県内の農村道路の状況は似たり寄ったりであった。

また③の整備も切実な問題だった。一つは水汲みの問題である。麦村の中心集落で、標高の高い部分に住む村民で、貯蔵用井戸（旱井）を所有していない村民はそのつど中心部の公共井戸［図6-1］まで下りてきて水汲みをする必要があるが、いったん降雨があると、坂道はぬかるんで滑りやすくなり、水汲みができず、雨水に頼るしかなくなる。もう一つは、小麦の運搬の便宜であり、次のようなエピソードがある。

【事例6－1　農道拡張協議の頓挫】
畑で刈り取った小麦は麦場まで運搬した後、脱穀を行う。ところが畑から麦場までは細い道しかないため、小型の農業用トラックで運ぶ場合、多くを積み込むことはできず、三度に分けて運ぶしかない。一回の運搬に三〇元の料金がかかるため、三度に分ければ九〇元になる。費用を節約するなら自分で背負って運搬するしかない。この状況を改善するため、付近の三〇～四〇世帯が協力して農道を拡張する相談を始めた。ところが、道路脇に住む一世帯が、自家の墓地の風水に影響が及ぶことを理由に反対し、計画は頓挫した。(15)

さらに、②環状道路は村民の大部分に関わる道でもあり、整備への期待はとりわけ高かった。にもかかわらず、村民の態度は以下のように冷淡なものだった。

【事例6－2　環状道路建設への冷淡な反応】
二〇一〇年の八月、麦村の幹部らは環状道路脇の村民世帯の立ち退き問題に頭を悩ませていた。県交通局の規定によれば、新しく舗装する道路は四・五メートルの道幅を確保する必要があるが、当時の環状道路の道幅は明らかにそれより狭かった。道路わきの村民の建物を立ち退かせる必要があった。鎮のレベルの立ち退き補償額は一部屋分一五〇〇元で、農村部はそれよりも安いはずだが、当時は明確な規定がなかった。ある村民は、補償を狙って環状道路の脇にわざとトイレを建てた。この村民は、立ち退かせるならば四〇〇〇元の補償をよこせと主張し、幹部らは頭を痛めていた。書記の見積もりでは、このトイレの建設費用は五〇〇元ほどではないかという。(16)書記と当時の村主任は何度も説得を試みたが、村民は回を追うごとに態度を硬化させた。この世帯の二番目の息子は杭州に出稼ぎ中であり、書記はこの息子に電話をして考えを尋ねた。息子は「(立ち退きの対象となる——引用者) 他の数世帯が同意するならば俺も同意する」という。書記が「あなた自身の考えは?」と聞くと、「四〇〇〇〜五〇〇〇元は貰わないと立ち退かない」との答えだった。同じ並びの数世帯については、一世帯は既に立ち退きに同意している。別の世帯は四部屋分も立ち退かねばならず、補償が多額になるため、同意は得られていない。村幹部らが言うには、家屋を建てるには建築許可証 (荘基証) が必要であり、鎮と県に申請し、許可が下りて初めて家屋を建てられる。ところが現状は、トイレを建てた世帯を含め、八〇%の家屋は許可証を得ずに建てられている。したがって、「もしも政府のプロジェクトとして道路建設をやるならば説得力があり、やりやすい」。政府のプロジェクトであれば、そこに司法所、国土 (資源) 所、交通局などが絡んでき、これらの部門は国家の法律を適用し、許可証がなければ法に従って強制立ち退きとなるからである。こうして二〇一〇年まで、村幹部らはまだ申請可能なプログラムを見つけておらず、環状道路建設の具体案は固まっていなかった。二〇一一年、筆者が三度目に麦村を訪問した際、環状道路の建設資金の申請が採択され八万元が支給されるとの情報を聞いた。環状道路の舗装は、三つのステップで行われるという。すなわち、二〇一一年は道幅拡張と砂利敷き、二〇一二年は排水溝掘り、二〇一三年に舗装である。道幅の拡張にあたっては、ある村民の農地を占有する必要があり、現在の村幹部は、一九八〇年代の村幹部であった林紅洼に村から配分されていた「報酬地」(第一節参照) を回収して、この土地を当該村民の補償に充てようと考えた。ところが林の息子はこれに断固、譲らない姿勢を示し、たとえ最低生活保障の枠を一つ貰ってもこの土地は放棄しないと言った。この他、村の計画では、政府からの補助金以外に村民からも三万元を集めるはずだった。村民は約二〇〇〇人だから、一人あたり一五元ほどの額になる。ところが村民たちは概ね、進んで協力しようとはしなかった。多くの村民が出し惜しみ、結果的に一四〇〇元しか集まらなかった。村の側では、これでは無意味であるとして、その一四〇〇元を村民に返却した。

**表 6-1　麦村各社の道路建設資金徴収状況**

| | 戸数 | 徴収状況 | 備考 |
|---|---|---|---|
| 一社 | 56 | 比較的多い | 書記の居住区 |
| 二社 | 43 | 2世帯のみ徴収 | |
| 三社 | 45 | ほとんど徴収できず | もともと道が広く，不便ではない |
| 四社 | 45 | ほとんど徴収できず | もともと道が広く，不便ではない |
| 五社 | 65 | 比較的多い。400元，27人分 | 環状道路わきの世帯多い |
| 六社 | 55 | まったく徴収できず | |
| 七，八社 | 68 | ほとんど徴収できず | 環状道路は普段，通らない |
| 合計 | 377 | 1400元 | |

出所）聞き取りに基づく。

村が最終的に集めることができた一四〇〇元の内訳は，［表6-1］の通りである。

こうした状況の中で，二〇一五年に筆者が麦村を四訪した際，①〜③の道は既に路面の舗装が完了しており，大きな変化が生じていた。村民が概して非協力的な態度を採るなかで，一体どのようにして，道路舗装は最終的に完成をみたのだろうか。第一に，麦村書記林双湧の私的な資源がフルに活用された。②環状道路について具体的にいえば，重機である。書記は元鉱山経営者で，現在も隣県に炭鉱を所有している。鎮政府に説得され，故郷の村で二〇〇八年から書記を務めている。そのような彼が，自らが保有するショベルローダーを環状道路の工事に無料で使用させた。ショベルローダーの使用費は，本来は一時間五〇〇元が相場のところ，二五〇時間以上の工事について無償で使用したので，この分だけで一二・五万元ほどになる。その他，燃料費，運転手への報酬七〇〇〇元，そして排水管の購入費なども書記が自分のポケットから立て替えた。

第二に，同じく②について，もともとの計画を簡略化したことも大きい。村幹部らはまず，環状道路の路線を調整し，できるだけ立ち退き補償を出さなくてもすむようにした。さらに，やむを得ず多少の建物や農地を占有する場合でも，これは村民の生活改善のための工事だという点を強調し，基本的には補償は行わない方針を採った。環状道路で実際に占有されたのは，村内では一社，二社の農地が多かった。最終的に，補償の対象となったのは，〇・五畝以上，農地を潰された二世帯に限られた。これらの世帯も，現金で補償するかたちではなく，既述の最低生活保障対象世帯の枠を割り当てることで補償に代えた(17)。書記自身の農地も〇・五畝占有されていたが，彼は補償を受け取らなかったので，〇・五畝未満の村民には補償を要求させない，という方針は説得力をもった。また道幅に関しても四・五メートルの確保には固執せず、道幅二・五メートルで妥協した。もとの計画に執着する限り、補償問題は避けられなくなる。村幹部らは、補償がネックとなって工事計画自体が夭折してしまうことを恐れたのである。また路面のセメントの厚さも、元の計画では二〇センチだったが、最終的に資金不足のため、一〇数センチに抑えた。

第三に、セメント舗装の費用について、幹部の私的な人間関係を通じて外部資金が導入された。①については交通局の資金を獲得して舗装が行われた。林双湧書記の中学の同窓生で幹部を務める林三歩を通じ、そのまた同窓生である県交通局局長に話をつけた。②については貧困削減担当部門である扶貧弁公室から補助金を獲得した。麦村出身で県財政局副局長である林湖が民政局局長との人間関係を用いて扶貧弁公室に話をつけた。また③については、②の林湖自身が財政局で農道の舗装を担当しており、財政局の資金を用いて舗装が行われた。

第四に、確かに村民は全般的に協力的ではなかったものの、完全に冷淡な態度を採ったわけではなかった。この点も押さえておく必要がある。二〇一一年に書記の重機を用いて道幅の拡張を行った際、多くの村民が無償で労働力を出し、道のわきの樹木を伐採したりする作業に従事した。特に拡張される道に面した五社の村民の参与が多くみられた。自分の家の前の樹木は伐採後、自由に使用してよいとされたことが、参加の一つの動機となったかもしれない。五社の社長である何有銘の手元の記録からは、同年四月八日から五月一〇日までの毎日、早朝七時から夜の八時まで、午前、お昼、午後の三つの時間帯に分けて、平均二〇名程度の村民が労働に参加したことが確認できた。

ここから明白なように、中心集落の全域に関わるような規模の道路ガバナンスにおいて、人民公社時期に存在していたような「自力更生」の動員力はもはや期待できない。その代わり、政府（「公」）や企業家（「私」）など、コミュニティの外部資源がフル動員されている。そしてこれら資源の結節点の役割を果たしたのが、鉱山経営者兼村党支部書記の林双湧であった。

## 第四節　宗教ガバナンス

道路ガバナンスが大きく生態領域に比重を置いた取り組みだとすれば、宗教ガバナンスは典型的な象徴領域の取り組みだといえよう。もちろん、本節でみる通り、信仰の実践も寺廟や教会等の物理的なモノの建設を必要とするのであり、その意味では生態領域と象徴領域は相互に溶け合っている。

### （1）中国西北農村の宗教文化

中国の民間信仰は、プロテスタンティズムのように信仰を個人の内面の問題にとどめたりはしない。カトリック、東方正教会、ヒンドゥーイムズ、イスラームなどと同様に、信仰の実践には、施設、儀式、そしてそれを支える身近な他人、すなわちコミュニティや地域社会を必要とする。ここから宗教も村落ガバナンスの欠かせない一部となる。

山がちの西和県域には、ほとんど無数といっていいほどの寺廟、家神廟、土地廟などが存在する。その多くが、山の頂の部分に建造されている。どこであれ、起伏に富んだ山頂に、決まったように寺廟が建てられている。少なくともそうした錯覚に陥るほど、西和には廟が多い。

空間的な普遍性とともに時間的にも、各種の寺廟の存在は、西和地域、西北地域の人々の日常生活に深くかかわっている。人生の節目ごとに、あるいは農暦のリズムで刻まれる季節ごとに、人々は願掛けやお礼参りのため寺廟に赴く。農暦の毎月一日と十五日（初一十五）には特に多くの参拝者がある。また年に二度は寺廟において「廟会」が開かれ、出店なども出る。第三章の山東果村の事例に見たように、他の地域では定期市の拡大版が「廟会」となっているケースも少なくないが[18]、西和地域では廟会は寺廟への参拝の拡大版となっている。定期市の拡大版であれ、社寺参詣の拡大版であれ、廟会は宗教・娯楽・商業が一体となった性質を指摘できる（段 二〇一三）。たとえば西和県城の岷群山にある薩爷殿では、四月の七日から十日にかけ、連続四日間にわたり廟会が開催される。そのうち二日目の八日が「正会」と呼ばれ、最も重要で正式な日とされる。薩爷殿は劇団が公演を行うための舞台（戯台）を備えてもいる。

大まかには漢民族全体にも通ずる西北農村の宗教文化の特徴は、以下のようにまとめられる。第一に興味深いのは、廟に祭られる対象は、儒、仏、道の「三教融合」が一般的であり（張 二〇一一）、さらに多くの場合、その他の諸神仙も雑居している点である。前述の薩爺殿では、主神は道教の薬神である「薩公真人」であるが、同時に道教の他の神仙である「王霊宮」、仏や菩薩、神となった歴史上の人物（「楊四将軍」）なども一緒に祭られている（西和県志編纂委員会 一九九七：七三二）。また県城隍城の西霊寺は、仏教・道教結合型の寺である。一部の主殿には道教の神が祭られており、また別の主殿には弥勒など仏教の菩薩が祭られている。こうした意味で、中国の神仙は排他性を欠いており、「混淆宗教こそが漢民族の宗教（渡邊 一九九一：三三六）」と指摘される通りである。

第二に、大まかな「祭祀圏」は存在するものの、基本的には地理的な境界も存在しない。人々は村の境界を越えて、寺や廟に参拝する。すなわち「廟に出会えば必ず入り、神に出会えば必ず拝む（甘 二〇〇七：一一七）」（逢廟必進、逢神必拝）のが現地住民の日常的な心性である。

第三に、祭られた神仙は、仏教徒であろうがなかろうが、あるいは他姓の者であろうが、すべての人々の現生における願いを叶えてくれる存在である。渡邊欣雄は、このような漢民族の宗教の在り方を、「ご利益主義」に貫かれた「民俗宗教」であるとし、次のように的確に要約する。

> 民俗宗教とは、人びとの生活の脈絡に沿って編まれた宗教で、既存の生活組織（たとえば家・親族・宗族・友人・地域社会など）を母体とした宗教である。宗教的目的は教祖や教義によらず、漢民族の生活信条にもとづいて〈ご利益主義〉に貫かれている（渡邊 一九九一：三三七—三三八）。

甘満堂の福建農村での調査（甘 二〇〇七：一三二）によれば、村民が村廟を訪れる際の具体的な目的は、家内安全（求平安）が九〇％、経済的発展（求財）が八五％、就職（求職）が八三％、長寿（求寿）が六五％などであり、その他は縁結び、合格祈願、子宝、官職（求偶、求学、求子、求官）等などであった。

第四に、各寺廟は、その「株」の変動により盛衰する。その意味で、ある種の市場経済がみられる。「ご利益主義」に基づき、願いをより良く叶えてくれる寺廟は、「霊験あらたか」（霊）であることになり、地域社会での名声が高まる。そしてより多くの、より遠くからの参拝者（香客）を引き付けることになる。願掛けをした者の中からは、成功者も生まれ、こうした成功人士が寺廟に寄付をして、寺廟の改築、増築が行われる。霊験あらたかであればあるほど、参拝者・寄付者はさらに増加し、寺廟は発展し、規模を拡大していく。小規模な廟が拡大するにつれ、殿堂は増築され、祭られる神仙もより多く、より雑多になっていく（張 二〇一一：一一八）。二〇一六年八月二日に筆者が訪問した西谷郷白雀村に位置する白雀寺もそうした事例である。白雀寺の建設年代は不明だが、いったん火災で焼失したのち、清乾隆帝の時代に再建された。その後、おそらくは清末の「廟産興学」[19]時期に小学校（小学堂）の校舎に転用され[20]、そのまま一九九七年八月まで白雀小学校として使用された[21]。

二〇一一年八月九日、麦村と同じ河巴鎮に属する北義村の河口廟を訪れた[22]。河口廟はもともと存在していたが、文化大革命時期の二～三年間、「思想改造」の場所として使用された後、建物は解体され、木材などは大隊が回収していた。当時、近隣のすべての廟は解体され、仏像なども没収された後、破壊されたという。当時、大隊は宗教行為を厳しく取り締まっており、仏像は大きすぎて隠すことはできなかった。このように、一九六〇～七〇年代、人々は堂々と仏像をあがめることはできなかった。一九八〇年代になり、人々は徐々に紙銭を燃やすようになる。付近の住民はこの廟を必要とし始めていた。そこで、過去に大隊長を務めたこともあり人々の間で威信もあったこの村民を、張杜村の村民委員会が廟再建の責任者として任命した。実際には、まず付近の八つの集落から二〇人の労働者を選び、その中から彼を工事責任者に選ぶというかたちをとった。リーダーを務めることで報酬はなかったが、彼は「最大の報酬は神仙の加護を受けられること」だと考え、この仕事を引き受けた。

こうして、河口廟は一九八八年に再建された。八つの村からは、一・六万元を集めた。一部分は一人二元の「集資」の方式で徴収し、その他は廟へのお布施（化縁）に頼った。廟の再建には一・五万元ほどかかり、余った六〇〇元ほどは村民委員会に寄付して道路補修に用いた。

廟の日常の世話をするために、工事責任者は馬寨村のある老女に依頼した。彼女が亡くなると新しい人が来たが、仕事ぶりが良くなかったので、現在の世話人に変わった。廟の世話をするこの老人は李山村に住む農民であり、妻が早世し、子供がいなかったため、二人の子供を養子にした。二〇〇七年ころ出家し、その後まもなく廟の世話を始め、廟に住み込むようになった。実家にはほとんど帰らない(23)。廟に来る人が供え物をしていくので、世話人は生活に困ることはない。お布施は〇・五元から最高でも一〇元ほどの少額である。廟の背後には世話人の部屋が付属しており、さらに参拝者用の部屋が二間ある。中元節などの際に、遠方から参拝する者はここに宿泊することができる。平時の参拝客の範囲は前述の八つの集落を超えることはない。

### (2) 村と家神廟

ここまで、西北地域や西和県域に広がる宗教文化として寺廟を位置づけてきた。以上に述べた寺廟の主神の「神格」は相対的に高く、その「祭祀圏」も広い。これらに対し「家神廟」の祭祀圏は相対的に狭く、「村」と重複する度合いも高い。したがって村落ガバナンスと密接な関係にある。

家神廟信仰とは甘粛の定西地域、隴南地域に広がる習俗である（馬 二〇一五）。「家神」とは既に亡くなった祖先とその他の神仙に由来する家族の保護神を指す（周・韓 二〇一六）。西和県では、現在でもほぼすべての村に家神廟が存在している。多くの村には多数を占め、村の中心となる家族がいるが、そうした村の主姓が建造した家神廟は、排他的ではなく、近隣の他姓の村民も自由に参拝に訪れる。距離的な近接性から、村民にとって家神廟はしばしば訪れる極めて日常的な場所である。以上のような観点から、麦村の家神ガバナンスをみてみよう。

麦村村民は日常的に家神廟に通う。日々の小さな願い事をするためである。二〇一〇年八月一〇日、筆者が麦村の旧家神廟を訪れていた最中にも、次々と参拝者があった。そのうちの一人の年配の女性はドライバーである息子の交通安全を祈願していた。村の中に廟が必要であるのは、小さな願い事をするためには、歩いて行ける近場に廟が存在する必要があるからである。それはあたかも、大病を患った際には県城の病院に入院する必要があるが、風邪などの軽い病気は村内の衛生所で薬をもらって済ませるのと似ている。

家神廟は、前述の河口廟のように独立した建物をもつ場合もあるが、それ以前の段階として、一般人の家屋の中に置かれていることもある。麦村でも二〇一四年以前は村内の陳姓の農民の家屋に廟は置かれていた。この村民の祖父は建国前の地主の一人であり、彼らの家屋は一五〇年、五代に跨る歴史をもつ。中国南方の宗族の祠堂とは異なり、西和地域の家神廟は家族を単位とした施設であるより、同地域のすべての村民に開かれた施設である。廟の世話をするのは陳姓の村民であるが、麦村の多数を占めるのは林姓であり、多くの林姓の村民がここを参拝するだけでなく、周辺の柳集村などからも、姓を問わず多くの村民が訪れる。農歴で毎月の一日、十五日にはとくに多くの人々が訪れるが、それ以外でも参拝者がある。陳姓の村民夫婦は家神廟の日常的な世話をするが、それにたいしてはいかなる報酬も受け取らない。一部の参拝者は香、蠟燭、紙銭などを持参しないため、夫婦が自費で購入したものを使用させることもある。なお、麦村行政村の範囲には、より小規模な柳代溝集落があるが、そこでも何姓、柳姓の家神廟が、それぞれ住民の家屋のなかに置かれている。

こうした中で、麦村の旧家神廟は「倒壊しかかっており（危房）、場所が手狭である」として、新しい独立した家神廟の工事が二〇一四年三月に始まり、二か月後の五月には竣工した。第一社社長の紹介によれば、「新しい廟がこの場所にできてから、参拝者は目に見えて増えた」という［図6-5］。

廟の新築運動のリーダーシップをとったのは林井泉という村民で、西和県仏教協会に関わりがあり、麦村の様々な公共領域に登場するキーパーソンのうちの一人である。その他、二人の麦村村民が林井泉の助手として働き、運動を牽引した。

そのうちの一人、林富足は毎日朝と夜に廟を訪れ、管理業務を行うことになっている。ここでは、前節の道路ガバナンスにみた「人が譲らないなら自分も譲らない」という利己的な姿勢は微塵も感じられない。

最初の仕事は建設用地の確保であった。新しい廟の用地としては、麦村集落の環状道路沿いの東部にあるもと村民委員会所有の「報酬地」(24)に再び白羽の矢が立った。前述の通りこの土地はもともと一九八〇年代の初頭に故人である麦村の元村書記林紅洼に分配されたものであり、近年はその息子が農地として耕作していた。環状道路建設の際には断固として譲らなかったこの息子を相手に、村民委員会と家神廟のリーダーらが交渉し、この土地を一万元で村に買い戻して廟の建設用地とすることに成功した。この場所が選択されたのは、単にこの場所が道路沿いにあり便利であるのみならず、八〇年代初頭の農地分配の際に集団の所有地として保留されたことから、近年に至るまで「半公共的」な土地として村民たちの記憶に残っていたためであろう。

図6-5　竣工した家神廟

出所）筆者撮影（2015年5月3日）

続いて新築資金を募るための献金運動が展開された。そこでは同じ河巴鎮の木坪村に住む張四周が一人で一四万元を寄付し、中心的な役割を果たした。彼張は建築請負業者（包工頭）であり、いわば地元の「成功人士」である。彼の母親の実家が麦村であったことから、張は幼いころから麦村の家神廟に通ってきていた。自らの事業の成功は、麦村の家神廟の加護のお陰であると思い至り、これだけ多額の寄付を惜しまなかったのである。その他、麦村内外の一般村民が合わせて三万元ほどを寄付し、第一次募金運動の成果は一七万元ほどとなった。ただし、この額ではなお、計画した金額には届いていなかった。そこで第二次募金をかけ、新たに二万元ほどを集めた。合計額は二〇万元近くになった。

道路建設の領域と比較すれば、廟の新築には明らかな違いがみられる。第

表 6-2　家神廟再建運動への参加状況

| | 参加世帯数 | うち村内世帯数 | うち世帯戸数 | 麦村村民の参加割合（%） | 金額 | 世帯平均金額 |
|---|---|---|---|---|---|---|
| 寄付 | 254 | 180 | 74 | 47.7 | 23,616 | 93.0 |
| お布施 | 324 | 259 | 65 | 68.7 | 12,917 | 39.9 |
| 資金徴収 | 17 | 16 | 1 | 4.2 | 1,795 | 105.6 |
| 合計 | 595 | 455 | 140 | | 38,328 | 64.4 |

出所）麦村所蔵資料（2015 年 5 月 4 日，村主任提供），および聞き取りに基づき筆者作成。

一に、村民の参加度合いである。［表6－2］を参照すれば、寄付金を供出した人数は二五〇人以上、その他、より少額のお布施（功徳款）のかたちで参与した者を含めると、延べ六〇〇人近くが運動に関わっている。お布施はもともと象徴的な意味合いの出資であり、金額は一〇元や五元などの少額でも構わない。このことで、新築運動に参加する敷居は低くなり、より広範な人々がここに関わることを可能にした。その他、食品や酒、茶、爆竹など様々な物資の寄付の形で参加したものが延べ一〇〇人ほどもいた。村主任の手元の記録によると、物品の寄付を行った者はのべ一〇三人である。そのうち比較的多かった品目としては、爆竹（四〇人）、酒類（二八人）、小麦粉・麵類（一二人）、お茶（八人）、お焼き（七人）、煙草（五人）、巘（五人）、清油（五人）、ジャガイモ・はるさめ（粉条）（五人）、鍋盔[25]（四人）等があった。

第二に、こうした広範な運動には麦村外部の他村村民の参与も多く、のべ五九五人の中で一四〇人、二四％を占めることである。廟の宗教的性格の特性として、「霊験あらたか」でありさえすれば、宗教コミュニティは地理的・行政的な境界を超えて拡大しうるのである。これは道路建設の受益者＝参与者が基本的には地理的な境界に制限されるのとは対照的である。

第三に、自発的な参加原則をもつことは、逆に見れば同じ麦村行政村内の村民であっても、その参加度合いは不均等になるのも自然なことである。献金運動への参加を「社」ごとにみた［表6－3］からは、五、六社の参加割合が相対的に低かったことがわかる。前述の通り、再建の中核を担ったのは一社の村民たちであり、また廟の用地も一社の農地から選ばれている。五、六社住民の居住地は新しい廟からやや離れていることも、参加度合いに関係しているかもしれない。

こうした募金運動の結果、最終的に二〇万元ほどが集められたわけである。それなりの金額

表6-3　家神廟再建運動への参加状況

| 所属 | | 総世帯数 | 参加世帯数 | 参加割合（%） | 総金額 | 世帯平均金額 |
|---|---|---|---|---|---|---|
| 麦村 | 一社 | 56 | 25 | 45 | 2,500 | 100.0 |
| | 二社 | 43 | 25 | 58 | 2,280 | 91.2 |
| | 三社 | 45 | 31 | 69 | 3,050 | 98.4 |
| | 四社 | 45 | 27 | 60 | 2,400 | 88.9 |
| | 五社 | 65 | 17 | 26 | 1,650 | 97.1 |
| | 六社 | 55 | 9 | 16 | 850 | 94.4 |
| | 七，八社 | 68 | 46 | 68 | 4,390 | 95.4 |
| | 小計 | 377 | 180 | 48 | 17,120 | 95.1 |
| 宋巴 | | 333 | 14 | 4 | 1,350 | 96.4 |
| 柳集 | | 351 | 60 | 17 | 5,146 | 85.8 |
| 合計 | | 1,061 | 254 | 24 | 23,616 | 93.0 |

出所）麦村所蔵資料（2015年5月4日，村主任提供），および聞き取りに基づき筆者作成。宋巴，柳集の戸数については，西和県統計局（2008: 31-32）による。

であるため、村民委員会に委託して管理し、廟再建にかかわる会計・出納業務も村民委員会に委ねることになった(26)。参拝者による日常的な供え物や献金については廟の建物で保管している。盗難を防ぐ意味でも、前述の一社の村民、林富足が朝、夕、必ず廟にやって来て世話をしている。こうした廟の管理は自発的なものであり無償の行為である。

## 第五節　飲水ガバナンス

村による飲水の供給については、第三章の山東果村の事例ですでにみた。降水量の少ない西北農村にとっても、飲水の解決は組織的な取り組みを必要とする重要な毛細血管のガバナンスである。しかるに果村と麦村のあいだの決定的な違いは、麦村では地形の要因により、村民内部の利害が一致しないため、統一的な飲水プロジェクトの難易度が高くなってしまうことである。

麦村の飲水問題に関しては、問題が解決された柳代溝集落と、未解決の中心集落に区分して考える必要がある。両集落は距離的に離れており、地形的条件も異なる。様々な局面において、中心集落と周辺集落は利害関係が異なっている。

柳代溝は麦村の七社、八社を含み、六六世帯ほどの規模なので、それ自体として一つのまとまりが生まれやすい。現在でも「自力更生」の気概が感じられるのである。同集落では、一九九三年に電気が通り、続いて二〇〇〇年前後に水道が通った。「電気も水道もともに自分たちで解決した」という。なぜかといえば、「政府はこのような辺鄙な場所を助けてはくれないだろうから」である。「水道」といっても、集中的な浄水場から広域的に給水する都市の水道システムとは異なり、まず山上の泉水を集落まで引いて二つの井戸に溜め、井戸と各世帯とをパイプで連結して給水するというもので、集落内で完結したシステムである。その意味では山東果村のシステム（第三章）と共通している。彼らは当時、西和県内の馬円郷で、山の泉を引いてくる同種のプロジェクトが進められていることを聞き知ったが、自分たちのような辺鄙な場所ではプロジェクトに申請しても無駄であろうと考え、ひとまず自力で溝を掘り始めた。掘り終わってから、県の水電局の役人を呼んで現場を視察してもらったところ、なんと補助金を貰えることになったという。柳代溝の各世帯が一五〇元ずつ供出し合い、不足する部分を政府が供出した。政府はまた、二人の指導員をよこし、住民にたいし一～二日ほど水道に関する技術指導を行った。(27)

他方で、麦村中心村での飲水問題は異なっていた。同じ集落内でも高低差が異常に大きく、各世帯の家屋の位置する高度で水源へのアクセスは異なり、利害は一致しない。低地に位置する世帯は自分の井戸（水井）を保有しており、「飲水問題」は存在していない。村書記の自宅は集落内の低地に位置し、最も早期に井戸を掘った世帯で、自宅にはシャワー室さえ備えられている。これに対し、高地の世帯は、水源に達するような深い井戸を個人で掘ることは不可能である。その場合にできることは二つあり、一つは村の公共井戸を利用することである［図6-1］（村民によれば、この古い共用井戸の水はとても冷たいうえ、飲んだ後に空腹を覚えやすいという。この水でお茶（罐罐茶）を入れて飲むと、舌に独特の香りが残る）。ただし、この古井戸の水の量は十分ではない。もう一つは、政府のプロジェクトで貯蔵用井戸（旱井）を掘ることである。二〇一一年には県水利局のプロジェクト資金が支給され、麦村では四割ほどにあたる一七〇世帯に一・五トンずつのセメントと、雨水を収集するためのシートが支給された。貯蔵用井戸は水を貯めることができるだけなので、公共井戸から汲んできて貯蔵するか、別の村、特に隣村の紅江村で水を購入するか、あるいは雨水を集めて貯蔵するしかない。購入の場合、水の価格は二トンで三〇元ほど、運送費が四〇元、あわせて七〇元である。これだけの水を節約して使えば、一世帯で一月ほどもつという。目下、飲水問題が最も深刻なのは中心集落内で高地に属する六社であり、貯蔵用井戸を作った世帯も一一世帯（一六％）にすぎず、その他の世帯は水を人力で背負って運搬せねばならない。

こうして、道路や宗教施設が整備された今、麦村の最大の課題は飲水問題への対処となっている。

## 第六節 「資源」としての人民公社時代

ここまでの検討を踏まえ、本節では、第二節でみてきた社会主義時期の各領域でのガバナンスの過程が、どのようにして第三、四、五節にみた現在のガバナンス資源として連続しているのか、について考察したい。

### (1) 基盤型コミュニティ共有財産

これまで人々の注意を集めやすかった農村ガバナンス資源の一つは、経済発展地域の「集団経済」であった。集団経済が実際にどのような役割を果たしうるか、私たちは山東果村（第三章）の事例を通じて理解してきた。一方、麦村でも人民公社の末期に養豚場、リンゴ園、漢方薬などの栽培により集団の収入を増加させようと試みたこともあったが、結果的にそれらは公社の遺産として存続することはできなかった。

集団経済が不在となった麦村で、相対的に価値を増してくるのが公社時代の農地、山林、学校などに代表されるコミュニティ共有財産である。これらは、当時の政府からの外部資源の投入がごく限定的な中で、公社や大隊、生産隊など「集団」の自力更生と集約的労働投入により創造・修復・維持・蓄積されてきたのである。

集団経済が村集団に直接の収益をもたらす「収益型財産」であるとすれば、麦村における人民公社からの遺産は、村民の生産・生活を下から支える農地、山林、校舎などの「基盤型財産」であったといえる（第二章第三節参照）。収益型財産が欠けているために、麦村は一見したところまったく資源が「ない」ように映るが、基盤型財産という概念を導入することによって、初めて麦村に「ある」ものが見えてくる。基盤型財産の恩恵は、収益型財産がもたらす直接的な受益に比べると、より目に見えにくく、間接的なものである。それはむしろ、深層の共同的記憶を喚起することで、村民間を緩やかにまとめ上げる働きをもつ。

実のところ、村の基盤型共有財産が村民の社会関係を繋ぎ止めるとの見方は、社会主義革命を経験した中国などの地域に特有なものではない。たとえば日本の農村社会学でも、次のように考えられている。

むらの資源はソーシャル・キャピタルだとよくいわれる。むらの資源には人びと・家々をめぐる社会関係財が歴史的に堆積しており、同時にむらびとの生産生活を成り立たせる物的な生産基盤（共通資本）としての役割が存在しているからだというのがその理由である（日本村落社会研究会 二〇〇七：一七）。

日中間の違いがあるとすれば、中国農村の棚田造成、植林、学校、一部集団経済の創設など「むらの資源」の付加価値を高める試みが、人民公社のガバナンスとして、社会主義政策の圧力のもとで進められたという一点であろう。

第一章第二節で論じた通り、土地に代表される郷土資源の多寡は、当該地域の出稼ぎ経済の浸透度合いに反映される。周知のように、二〇〇〇年代以降、中国内陸部では大量の農民が実家を遠く離れ、年間を通じて外地就業する出稼ぎ経済が広がってきた。農民が手にする現金収入は増加し、年を追うごとに物質的な豊かさを実感するようになった。ただし、多くの村民が、遠隔地で、長期間就業すればするほど、故郷のコミュニティで村民らが積み上げてきた、互いに熟知した関係は維持しがたくなり、徐々に弱体化し、村民間の協調行動が取りづらくなった（賀 二〇一三）。互いの経済力についても熟知しえないがゆえに、見栄の張り合いや、実力を誇示するための消費主義的な傾向も顕著になってきた（馮 二〇一五）。

麦村村民の出稼ぎ慣習を比較の視点でみた場合、それはあくまで農業や家庭生活を主体とし、出稼ぎはその隙間を利用

図 6-6 食糧作物の一畝あたり平均産出量（単位：kg）

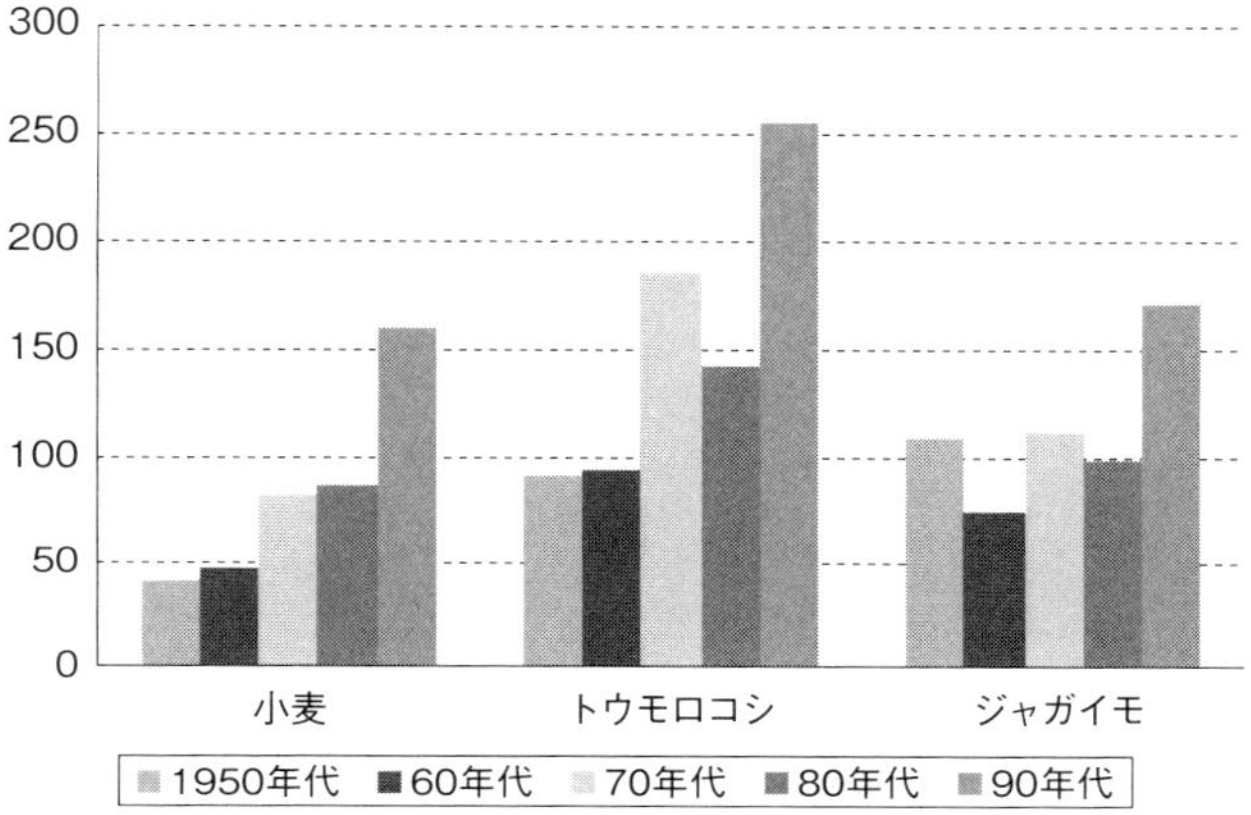


出所）西和県志編纂委員会（1997: 301-302）に基づき筆者作成。

して副次的に行われるスタイルであり、「副業型出稼ぎ」と呼ぶことができる。これは南方の内陸諸省でみられる、出稼ぎが深く浸透し、コミュニティの公共生活が簡略化される江西省花村――「主業型出稼ぎ」と呼んでもよい――とは異なっている。このことは、麦村の村民家庭での葬礼・埋葬が伝統的な格式を守って、荘厳に挙行される点にも表れている。また、現金収入を余計に稼ぐために若い両親が農村の自宅を留守にせず、通常は母親が家庭に残って子供や家庭の面倒をみるという選択も、出稼ぎよりも村での生活を優先的に考える発想に思える。

このように、出稼ぎ経済の浸透は中国内陸のどの地域でも均等に進んでいるわけではない。端的にいえば、その度合いは郷里の農村の資源の多寡によって決まる。「資源の多寡」の最も簡単な指標は一人あたりの農地面積である（第一章）。大まかに言って、一人あたりの土地資源に恵まれた中国北方の農村は、そうでない南方農村に比べて、出稼ぎ経済の浸透は緩慢である。故郷の資源が多いほど、農民は地元や近場での就業機会が多くなり、故郷の村を離脱せずにすむ。

本書の「資源」概念に照らしてより重要な点は、各地域の一人あたり耕地面積は新しく開墾を行わない限り不変であるのに対し、各種の基盤型共有財産は人為的な努力により、「資源」としての付加価値を高めることが可能なことである。人民公社期はそのように、有限な農村環境の「資源化」を目指して人々が果敢に挑んだ時代であった。［図6－6］は西和県の食糧作物の畝あたり産出高の推移である。ここから、食糧作物、とりわけ小麦の産出高は一九七〇年代に比較的大きく伸びていることがわかる。もちろん、人民公社がすでに存在していない一九九〇年代の生産高の伸びが最大であることから、成長の原因をすべて「人民公社体制」に帰すことはできない。しかし、結果的にみれば、一九六〇～七〇年代の基盤型共有財産の整備は、大きくいえば地元の付加価値を高めることになった(28)。長期的にみれば、公社時代の人々の様々な営為は、現在の麦村村民を故郷につなぎ止める契機となっている。

農地などの基盤型財産が公社時代の遺産として残り易かったことには、地域特有の事情もある。すなわち、西北農村である麦村では、水利施設がもともと、ほとんど存在しなかったことである。

中国の多くの農村、とりわけ南方の稲作地域の農村では、人民公社のもたらした最大の貢献は、灌漑・排水など水利施設の建設だった（Li 2009: 230-239）。その裏返しとして、公社解体に伴い、それまで組織的に運営されてきた水利灌漑施設のメンテナンスが放置された結果、徐々に荒廃し、廃棄される現象が広く発生していることである(29)。公共的な灌漑施設が廃棄に追い込まれることで、個別農家がそれぞれ井戸を掘って灌漑を行うので、コストが高くなり、水資源の多大な浪費にも結びつく。希少な水をめぐって争うので、村民の間には、互いに折り合おうとしない「原子化」や、ひいては経済的利益ばかりを追う「理性化」などの傾向が目立つようになる。水利施設が公社時代にもたらされた重要な公共財であったがゆえに、その荒廃は、人民公社の一集団」遺産の消失をシンボリックに示すものになってしまった。

この点、麦村では降水量、地下水源、地形などの関係上、ほとんどの農地ではそもそも灌漑を行うことができなかった。この状況は、人民公社時期から現在に至るまで基本的に変化していない(30)。皮肉な展開ではあるが、灌漑施設そのものが最初からほとんど存在しないため、ポスト公社時代においてそれら施設が荒廃していく喪失感もない。その代わりに、現地の人々はその他の基盤型共有財産の恩恵を意識することができる。

麦村で人民公社の遺産が重要であり続けていることのいま一つの背景として、西北文化と主食の関係を指摘できる。ここでは二つのポイントに留意しておきたい。一つは、食糧作物が中国西北農民の生活に占める特殊な位置についてである。

筆者のフィールドでの観察に基づけば、麦村および西北地域の飲食文化は、中国の他の地域と比較して相当に素朴である。「素朴」ということの中身は、飲食の中での「主食」が占める地位の高さにも反映されている。小麦で作ったお焼きともいうべき鍋盔、ジャガイモ粉で作ったはるさめなど、西和の特産物もある（西和県志編纂委員会 一九九七：二三八）。主食の種類が豊富であるのとは対照的に、肉類、酒類、野菜類などの副食品の消費量はかなり少ない。仮に飲酒する場合でも、まず主食で空腹を満たしたうえで、食事の最後に少量を飲む。こうした習慣は、南方の江西花村、貴州石村でのように、ほとんど毎食、肉・酒類を摂取するスタイルとは対照的である。

もう一つは、食糧作物の中でも、特に「小麦」がもっている象徴的な意味である。前述の通り、麦村の棚田造成は、表土の流出を防ぎ止め、現地でいうところの一等地、二等地において付加価値の高い小麦を栽培することを可能にした。ここでいう「付加価値」とは単に市場価格などの客観的指標を指すばかりではなく、麦村村民の社会的・文化的脈絡から見た主観的価値を指している。過去において小麦や小麦粉は貴重品であり、人々は平常、産出量の多いトウモロコシやジャガイモに頼って生きていた（西和県志編纂委員会 一九九七：七〇五）。一九六八年生まれのある県政府幹部が幼少の一九七〇年代、小麦粉の主食が食べられたのは、県内他村の学校に教師として勤めていた父親が帰宅する日曜日のみだった。西和の伝統行事の一部（〝臥鏈〟、〝臥碌碡〟など）は、いずれも農民が小麦の収穫前後に豊作を祈願するものである（西和県志編纂委員会 一九九七：七〇一）。

こうした小麦に対する特殊な感情[31]は村民の潜在意識に深く根を下ろしている。この点を示す麦村でのエピソードが、第一章第三節で紹介した村民同士の小麦の争奪戦である。こうした事態はもちろん、政府の補助金など他の配布物でも生じうるが、この場合は小麦粉という現地農民の琴線に触れる物資が対象であったために、奪い合いは余計に激しい様相を見せたと考えられる。

いずれにせよ、麦村が農地の改造により食糧生産高を増加させたことは、単純な経済効果の問題には還元されない。経済の「発展」をもたらすその他の資源を欠いている西和県と麦村において、農民の「食」、とりわけ主食の確保は、それ自体が象徴的な意義をもつ。これが、農地が集団に結びついた共有資源として重要でありつづけていることの理由である。

ここまでみてきたように、土地が私的に所有された建国以前とは異なり、現在の農地や山林という基盤型コミュニティ共有財産が「公共性」を持ち、それゆえ容易にガバナンス資源に転換しえたことは、歴史的ないしは社会文化的な背景から理解されねばならない。すなわち、①農地・山林が一九五七年に高級合作社に回収されて集団所有となったこと、さらに②一九六〇～七〇年代にかけ、個人や政府ではなく、「集団」の労働により造成され、資源としての価値を向上・修復したこと、そして③一九八〇年代初頭、基盤型財産の使用権・請負権のみが個別農家に均分されたことである。以上の状況はおよそ中国農村全体に共通した特徴だが、これら以外に、西北農村の地域的な文脈として、④集団経済の失敗、⑤水利施設の不在、⑥主食や小麦の重要性などの要因が加わることによって、麦村ではガバナンス資源としての基盤型財産の相対的・象徴的な重要性は高まったのである。

## （2）集団エリート

なぜ、人民公社時代が現在のガバナンス資源だといえるのか。本項ではこれを人材の側面から説明してみる。人民公社体制下、中国南方農村では、社会主義イデオロギーの観点から家族・宗族の表立っての活動は抑制されていた。その分、改革開放後には、抑圧されてきた家族主義が大胆に復活し、村落公共生活の主流、ないしは重要な一部を占めるに至った。その過程で生産大隊、生産隊（＝村民委員会、村民小組）などのフォーマルな「集団」は影が薄くなってしまった。これに対し、西北農村である麦村では、公社解体後も「集団」にとって代わる旺盛な家族勢力は現れなかった。もちろん、今、利に目ざとい一般の村民が人民公社時代の「集団」意識を垣間見せることは、ほとんどない。他方、「集団」の核心となった大隊幹部、基建隊、林場契約工などの経験者は、現在においても「集団」の枠組みや、そこから生まれるある種の発想方法を相対的に色濃くとどめている。以下、これら「集団エリート」の存在形態についてみておきたい。

まず、大隊幹部である。生産大隊のリーダーは多少なりとも共産党のイデオロギーを内面化し、端的にいえば、大衆のため、集団のため、国家のために服務し、自己の利益は犠牲にすることをいとわない、そのような行動原理を備えていた。彼／彼女らは一九六〇～七〇年代の主役であり、改革開放前後に退職の年齢を迎えた人々で、「初代集団エリート」と呼べるだろう。麦村でそのような代表例は、すでに幾度も触れた、もと宋李大隊書記の李言照である(32)。筆者は二〇一〇年と二〇一六年に李と面談を行ったが、その言葉や態度から感じとられた大きな指針は、要約すると次のようなものである。第一に、国家と集団に対して責任を負うことである。すなわち、「大衆を決して飢えさせない」とともに、「政府の任務も必ず完遂する」、というものである。李が書記をしていた一九六〇～七〇年代、宋李大隊は毎年、約二〇万斤（一〇〇トン）の食糧を国家に上納していた(33)。李自身は「政府も大衆も、私を支持してくれた」と総括している(34)。第二に、「大衆を飢えさせない」ことと「国家への食糧供出任務を完遂する」という両者の間に解きがたい矛盾が生じた際、彼らは大衆（集団）の側につく。第二章で触れた通り、大躍進後、一九五八～六〇年ころ展開された「反右傾運動」において、李は飢えた村民に秘密裏に食糧を与えた。これを批判され、大隊の「積極分子」に七度ほど吊し上げられたわけだが、大衆はそれを見て涙を流したという。李は殴打され、身体は痛みに耐えていたが、内心は間違ったことはしていないと誇りに思った。第三に、幹部の資質として、「絶対的に潔白である」ことを強調する。それは端的には、集団の資源を私的に流用しないことである。すなわち、大隊幹部として彼が責任を負うのは生産大隊という「集団」の枠内に居住する「大衆」（群衆）の利益であり、特定の縁者ではない。

次に、「基建隊」（「専業隊」とも呼ばれた）が挙げられる。第二節にみたように、一九六〇～七〇年代に農地、山林、小学校などの麦村コミュニティの共有財産が創造される過程では、宋李大隊の「基建隊」が無視できない役割を果たしていた。基建隊は「集団」の枠組みから派生した一つの労働組織であるとともに、若い人材を育成するための揺籃でもあった。棚田の造成や植林運動は「農業は大寨に学べ」などの政治的なスローガンに絡めて展開されたことから、これら運動の実践を通じ、一五〇名ほどの青年らが国家意識と集団意識の薫陶を受けたであろうことは想像に難くない(35)。

さらに重要であるのは、上級政府が基層レベルから新しい人材を求めた際、大隊書記の李言照は基建隊の中核メンバーのなかから人材を選んで推薦したことである。これら抜擢された人材の一部はのちに地方政府の幹部となり、麦村の範囲だけでも、こうした人材は十数名に上るという。その中には、過去や現職の天水市秦州区公安局局長、西和県統計局局長、常道鎮鎮長、西和県農牧局局長、河巴郷党委書記、西和県財政局副局長、西和県武装部科長、羅峪農業学校校長などが含まれる。前述した大隊幹部らが第一世代の集団エリートだとすれば、基建隊に参加した青年たちは第二世代の集団エリートといえる。

基建隊は公社時代のガバナンスに止まらず、麦村のその後のガバナンスにも影響をもたらした。今世紀に入ってから、中国政府の農村優遇政策の展開により、とりわけ二〇〇六年に農業諸税が廃止される前後から、県政府以上の財政力は増し、農村部へ流入する政府資金は大幅に増加した。基建隊が輩出した人材は、外部資源をコミュニティに引き込むうえで、無視できない役割を果たした。一例として、現在も県財政局の幹部である林湖は、自らの資源と関係を利用して、これまで麦村の生活改善のために幾度も骨を折ってきた。たとえば以下のごとくである。

・一九九〇年代：林湖個人の献金と、村民の資金を合わせ飲水の井戸を建設
・二〇〇五～二〇〇六年：教育部門の資金を引き込んで小学校の校舎を補修
・二〇一四年五月：現在の麦村支部書記である林双湧のために、財政局局長を通じて県貧困救済弁公室（扶貧弁）に働きかけ、麦村中心集落を取り囲む環状道路舗装工事のプロジェクト資金を獲得（本章第三節）
・二〇一四年六月：林湖自身が勤める県財政局の資金で麦村中心集落内を走る小径の舗装工事（本章第三節）

農村出身者で都市の政府部門や企業の正規部門にポストをもつ人々は、「第三の力」と呼ばれる（第四、五章）。この概念は、基本的には、家族・宗族勢力の盛んな南方農村の事例から生まれたものである。貴州石村の事例（第五章）は、血縁に加えて民族アイデンティティが加わったものであった。他方、麦村の「集団エリート」において、故郷に錦を飾る

（衣錦還郷）意識は、血縁ベースの家族意識から派生したものというよりは、彼らが青年期に参加した基建隊という「集団」に端を発するものである。彼らにとり、自分が世に出るきっかけとなった組織的な母体は家族勢力ではなく、あくまで「集団」にあった。その意識から彼らは今、麦村という「集団」に利益を還元しているのである。

さらにもう一つの集団エリートの類型として、林場の契約工が挙げられる。当時の宋李大隊には、五〇人の契約工（合同工）がおり、隣県である徽県の麻沿林場で働いていた。第二節にみた通り、麦村で造林に必要な苗木や小学校校舎の建設に使用された木材の一部は、契約工を通じて林場からもたらされていた。

一般に、「県」や「人民公社」など毛沢東時代の地方単位は、相対的に独立し完結した「自力更生」のユニットであると考えられてきた。ソ連が工業コンビナートの種類において専門特化し、他の地域との間に分業関係を形成していたのとは異なり、中国の社会主義では他の地域との間の分業関係はあまり顕著でないと考えられてきた（Donnithorne 1972; 小島一九九七）。ただし、これは中国の地方単位が完全に独立して閉鎖的であったことを意味しない。麦村らの村民にとって、隣県に分布する鉱山資源や森林資源は、人民公社時期における早期の「出稼ぎ」の機会を提供し、人民公社時期においても県を跨いだ人の流れが存在していた(36)。

それでは、契約工の主な出稼ぎ先であった徽県の麻沿林場と麦村とは、どのようにして引き合わされたのか。李言照の記憶では、契約工の契約期間は一九七一年から一九八一年の一〇年間であった。この期間の幅は、一万三〇〇〇畝の造林を行ったのが一九七二～七三年にかけて、また宋巴小学校を建てたのが一九七三年であった、との情報にタイミングとして合致する。当時、西和県は天水地区に隷属しており、その詳細な理由については不明だが、天水の当局は、麻沿林場の五〇の契約工の定員を西和県に割り当てたという。県の指導部は、さらにこの定員を、川口、劉溝、そして宋李の三つの大隊に割り当てた（三大隊はいずれも現在の河巴鎮の管内にある）。ところが川口大隊、劉溝大隊では内部の社員に定員をうまく割り当てることができなかった。また両大隊の書記は李言照とも悪くない関係だったこともあり、五〇の定員はそっくりそのまま宋李大隊の懐に転がり込むことになった。宋李大隊では、その内部を構成する三つの村におよその人口に応じて定数を割り振った。その結果、麦村から二五人、宋巴から一二〜一三人、李山から一二〜一三人の契約工の割り当てとなった。これら契約工のうち、林場で能力を認められた五人は中途から林場に正規採用（転正）となり（麦村から一人、宋巴から二人、李山から二人）、そのうちの三人は林場のリーダー層にまで昇進した[37]。

このように、林場の契約工についての詳細はまだ不明な点も多いが、少なくともいくつかの点を確認できる。すなわち、①自力更生が謳われた人民公社体制下にあっても、「集団」の外部（他村、県城、隣県など）に存在する資源へのアクセス機会が存在したこと。②それら機会へのアクセス権の配分は、人民公社体制下の「集団」の枠組みのもとで決定されたこと。さらに、③選抜の過程はすべての村民に平等に開かれていたというよりは、年齢や能力、そしておそらくは「関係」などの要素が総合的に働き、一般村民よりは一歩抜きん出た、集団の「エリート」として選抜されたという点が重要であろう[38]。これらの意味で、契約工の存在は、基建隊とも共通する「集団エリート」としての位置づけが相応しい。

## むすび

本章では、過度な出稼ぎ経済によって変化することなく、質素な暮らしを保ちながら展開してきた甘粛麦村のガバナンスについて、比較的長い時間的スパンをもちこんで検討してきた。最後に、麦村の村落ガバナンスの文脈について簡潔にまとめておきたい。

第一に、ガバナンス資源の「目立たなさ」「小ささ」についてである。麦村には集団経済も、活発な血縁集団も存在せず、一見して停滞しているように見えたが、それは現地に「資源」が存在しないことを意味しない。麦村にも様々なガバナンスの動きが存在してきたことを本章は確認してきた。そして、ガバナンスが立ち上がる際には、そこに必ず目立たない資源が見出され、使用されていた。

第二に、見出された小さな資源は狭義のコミュニティ共有財産に止まらなかった。そこでは西和県域内の資源、隣県の資源、あるいは陝西、新疆など隣接地域の資源[39]であったり、また西北全域の宗教文化資源であったりと、広義での地域資源が利用されていたのである。

第三に、これらの小さな資源は地域内を、時間をかけ、ゆっくりと循環していた。その一つの表れとして、人民公社期のガバナンスの結果、基盤型コミュニティ共有財産や集団エリートなどが生み出され、それらが現在のガバナンスの資源となって環流していた。一九七〇年代の麦村は近隣の徽県にある林場という資源と巡り合い、そこで麦村の五〇人の契約工が働くことになった。契約工と当地のリーダーとの間に「つながり＝関係」という資源が生じたことにより、麦村と宋李大隊に苗木や小学校校舎のための木材という資源がもたらされた。また、農地や山林の改造のための労働組織を通じて形成された基建隊から人材が輩出し、政府部門に入り、これもまた政府人員内部での「つながり＝関係」資源を形成した。数十年の時を経て、その「関係」は政府資源の導入に利用され、麦村のインフラ事業に用いられた。これらにより地元の付加価値は高まり、村民が近場で就業することを容易にする。村民が出稼ぎに頼りすぎず、村で過ごす時間が長くなれば、「他律的合理性」に基づく引き比べ（第一章）が発生しやすくなる。しかしそれは裏を返せば、全体としての顔見知り社会が維持されており、村の公共生活への関心が失われていないことの表れでもあった。宗教生活への積極的な関与も、基本的には地域の中で精神生活が完結できることの徴である。このように、中・長期的に緩やかな生態資源と象徴資源の間の循環がみられることは、それ自体、麦村で一定のガバナンス水準が保たれていることの指標となりうるだろう。

小さな資源の地域内循環が物語る麦村の「精神」とは、何であろうか。それは、身の丈を超えた栄達を求めようとせず、できるだけ地元を離れず、地元のモノを活かして、質素に暮らすことを善しとする生活の指針である。一言でいえば、それは「足るを知る」（知足）生活態度ではないかと思う。

# 第七章　比較村落ガバナンス論

## はじめに

ここまでの四つの章では、それぞれの地域の文脈を損ねないという意味で、村を単位としたケース・スタディを行ってきた。以上を踏まえて、本章では「比較村落ガバナンス」の視角から各地域を横断した分析を行う。第一に、ガバナンスの領域ごとの比較である。「つながり」ベースと「まとまり」ベース、そして生態領域と象徴領域を掛け合わせた四象限において、容易に対処できるものとそうではないものがあり、要は一筋縄ではいかないことを示す。そのうえで第二に、東・中・西と南・北の軸に沿って地域ごとのガバナンスの比較を行い、それぞれの地域で相対的に優勢な資源のあり方について考察する。そして第三に、それらの比較を踏まえた中国農村ガバナンスの一般的な法則性を、「長期的な資源循環モデル」として提示したい(1)。

## 第一節　領域間比較

本書では、外部者の価値から農村の現実を評価するのではなく、現場の「暮らし」の視点からそれを捉えようとしてきた。中央・地方政府の目指す上からのガバナンス（＝治理）の文脈は理解しつつも、あえて草の根の現場からスタートす

**表7-1　本書で扱った事例の分類**

| | 生態領域 | 象徴領域 |
|---|---|---|
| 「つながり」ベース | 道路（花村）<br>農作業（過去の花村）<br>飲水（麦村周辺集落） | 留守児童（花村，石村）<br>埋葬（石村） |
| 「まとまり」ベース | 農地・山林（過去の麦村）<br>集団経済（果村，過去の麦村）<br>灌漑（果村）<br>飲水（果村）<br>道路（花村，石村，麦村）<br>飲水（麦村中心集落） | 定期市（果村）<br>教育（石村，過去の麦村）<br>宗教（麦村）<br>文化（石村） |

出所）筆者作成

ることで、ある特定の地域には様々な、個別具体的な問題領域があることを示してきた。また同じ一つの村においても常に複数の問題領域が同時並行的に存在しており、最も懸念される一つの問題が解決されると、人々の関心の焦点は次の問題に移っていく。それぞれの領域は重層的に折り重りつつ、時代ごとに遷移していた。

本書で詳述してきた村々のガバナンスを、第二章で提示しておいたガバナンスの領域の中に位置づけたのが［表7－1］である。村々の暮らしの問題は、「つながり」ベースと「まとまり」ベースという区分に、生態領域と象徴領域の区分を掛け合わせた四象限に分類することができる。そのうち生態＝象徴の区分については、すでに断っておいた通り（第二章第二節）、すべてのガバナンスはこの双方の側面をあわせもっている。したがって、ここでの分類は、どちらの側面がより強く表れやすいか、という観点からの便宜的なものである。

## (1)「つながり」ベースと「まとまり」ベース

本書の検討から明らかになったのは、地域社会がある個別具体的な問題に向き合った際には、状況に応じ、より「適正な」規模の組織的取り組みが求められるという点である。この意味で、どのようなガバナンスにも対応できるような住民組織を想定することは難しい(2)。本書では、これを「つながり」ベースと「まとまり」ベースのガバナンスとして区別した。

まず、「つながりのコミュニティ」を基盤としたガバナンスは、一般にスケールが小さく、したがってコストも低い。江西花村の道路ガバナンスにおいては、道路プロジェクトの規模が、分散している同姓の小集落に対応しているような場合、資金や労働力の動員は比較的、容易であった。つまり、その小さなつながりのコミュニティの内部で象徴（つながり＝関係資本）→生態（舗装道路）への資源移転は比較的スムーズだった。貴州石村の埋葬ガバナンス、甘粛麦村の柳代溝集落の飲水プロジェクトも同様である。こうした小さなコミュニティが、自らの内部資源を用いて問題を解決するとき、市場や政府などの外部資源への依存は副次的なものとなる。

次に、「まとまりのコミュニティ」に関わるガバナンスの諸領域では、単なる狭い範囲の共同利益というレベルを超えて、複数の異なる親密圏を橋渡しするような、何らかの「原則性」が必要となってくる。山東果村や甘粛麦村の例に示された通り、一九六〇～七〇年代の人民公社時代においては、自己犠牲や国家・集団の優位などの価値に代表される社会主義イデオロギーが、小さなつながりを超えて人々を束ねる「原則」を提供していた。生産大隊レベルの「まとまり＝団結資本」の動員は容易であり、いわゆる「自力更生」の原則で、基本的には地域の内部で象徴＝生態資源の移転が起こっていた。

甘粛麦村の人民公社時代を思い出してみよう（第六章第二節）。当時、農地や山林、教育や集団経済など諸領域のガバナンスは、教育の領域でわずかな政府の資源注入がみられたのを除けば、基本的に生産大隊内部の労働力を動員し、農村環境の付加価値を高めるとともに、さらにその余剰を政府に上納する義務もあった。政府から農村への資源投入（「公」）は極めて限定的であった。同時に、計画経済のもとでは市場部門そのものの存立空間が狭小で、したがって市場資源（「私」）も有限であった。

他方、ポスト税費時代の今日、一般農村において、ガバナンスのために小さな親密圏を橋渡しできるような「まとまり＝団結資本」の動員は困難となっていた。江西花村や甘粛麦村の、全村に関わるやや規模の大きい道路プロジェクトにおいて、広範な村民を巻き込もうとする試みは失敗に終わっていた。この面においては確かに、中国農村ガバナンス研究が憂慮してやまない「苦境」が各地にみられる。例外は、社会主義農村の優等生＝プロトタイプとしての山東果村である。

そこでは、けっして強大なものとはいえないものの「集団経済」の存在が、五〇〇世帯、一五〇〇人ほどのコミュニティのまとまりを支えていた。「まとまり」のための原則性を支える要素としては、集団経済以外にも、農村リーダー、民間組織、文化的要素、などが考えられる（第二章）。たとえば甘粛麦村の家神廟の再建＝宗教ガバナンスにおける「まとまり」を支えたのは、西北農村にもともと備わっていた宗教文化や宗教組織の伝統だったと考えられる。また貴州石村の伝統文化「山歌」復興の試みの背景には、「喇叭人」の民族文化やアイデンティティが資源として使用されていた。

以上から知られるように、ガバナンスを研究するうえでは、まずそれらのスケールとコストがどれほどのものなのか、を明確にせねばならない。たとえば、同じようなサイズのインフラ建設に思えても、地形の複雑さという要因で、コストは跳ね上がる。麦村、石村を含む西部地域の村々は、険しい山岳地帯に位置する村の方がむしろ一般的であり、そこでは集落が分散しているのみならず、近接した狭い範囲であっても高低差が大きい。これに対し江西花村や山西省芮城県の窯村など中部地域の多くは、平地ないしはなだらかな丘陵地に属するものが多い(3)。

甘粛麦村の飲水ガバナンスにおいて、地形の複雑さは村の内部での利害調整コストを引き上げていた。中国北部における降水量の少なさは、それが直ちに「全般的な」飲水の不足を招来するわけではない。同じ麦村中心集落の内部でも、平地の部分は地下水位に近く、自らの掘削した井戸水からの水道で賄えるが、同じ村内で少し離れただけの傾斜の大きい場所に位置する世帯は、井戸を掘ることができず、雨水や、市場で購入した水に頼るしかない状況が生ずる。村として一致した利害が存在しないので、集合的に飲水問題を解決することが困難になる。相対的に集中した集落形態をとる北の行政村は飲水に対し、一定の責任を負うことに合理性がある。だが麦村のような状況では、村が主体となって標高の高い部分に深い井戸を掘るとしても、コミュニティの内部の負担でそれを進める場合は、すでに井戸を保有する世帯の協力を得られず頓挫することが予想される。また標高の高い場所に井戸を穿鑿する場合でも、その場所の選定について、住民の利害は一致しないだろう。ここから、麦村が飲水ガバナンスをうまく展開できていないことにより、行政村のリーダーは多少なりともジレンマを感じているはずだが、事業は暫時、「棚上げ」された状態にある。

さらに、貴州石村の道路ガバナンスにみたように、険しい山岳地帯に湾曲した舗装道路を整備しようとすれば、直線距離で済む平地と比較して数倍から一〇倍もの距離を舗装せねばならない。そうした場合、政策的措置による解決を除き、すべてを、あるいは一部を市場やコミュニティの力で解決することさえも非現実的となってしまう。その場合の道路ガバナンスのコストは「まとまり」ベースをも超過してしまうことになる。

### （2）生態と象徴

次に、生態領域と象徴領域の比較を行いたい。既述のように、あらゆるガバナンスは本来、生態的側面と象徴的側面を兼備しており、実のところはっきり区別することは困難である。そうした中でも、生態的な側面により大きな比重のある領域としては道路が挙げられ、象徴的側面に重点がある領域としては宗教が挙げられる(4)。ここから、二つの領域の比較にあたっては、道路ガバナンスと宗教ガバナンスが双方ともに重要であり、しかも「まとまり」ベースの動員が必要な規模で立ち上がっていた甘粛麦村の事例を想起するのが相応しい。

麦村で、少なくとも私たち外部者の目からは双方ともに重要に思える公共的な問題――道路ガバナンスと宗教ガバナンス――への村民の取り組みが対照的な展開をみせたのは何故だろうか。実は村民にとって、道路建設が家神廟よりも重要でなかったからか。そうではあるまい。麦村村民は常に未舗装の道路の不便さを嘆き、入村道路、環状道路、集落内の小道の舗装を待ち望んでいた。それにもかかわらず、彼らは道路建設には協力を惜しんだのである。そこには、二つのガバナンス領域においては、異なる「共同性」が作用したと考えるのが妥当である。

第六章第三節および第四節の議論を再整理したのが、［表7－2］である。

#### 現在と過去・未来

道路ガバナンス（多くの生態領域のガバナンス）においては、その目標が現実世界＝世俗のものであるために、各人・各世帯の「利益」と「負担」が可視化されやすい。「利益」について、道路ができることによる生活上のメリットは想像し

**表7-2　麦村の二つのガバナンスの比較**

| 領　域 | 道　路 | 宗　教 |
|---|---|---|
| 目　標 | 村内環状道路の建設 | 家神廟の再建 |
| 主　体 | 行政村（＝村幹部） | 宗教活動家の村民<br>成功した事業家<br>村内積極分子 |
| 時間的志向性 | 現　在 | 過去・未来 |
| 共同性の性質 | 消極的共同性<br>（手段としての共同） | 積極的共同性<br>（目的としての共同） |

出所）筆者作成

やすい。道路を日常的に利用できる受益者と、そうでない非受益者の区別は明瞭である。「負担」についても、目標を達成するために、労働力を何時間供出すべきか、金銭をいくら負担すべきかが数字として提示される。そこで、誰もが納得できる「負担」の設定は難しいため、調整コストが上昇する。つまり、誰もが他人よりも多くの利益と少ない負担を求めやすくなり、もめごとが生じやすくなる。そうした中でコミュニティの「まとまり」を動員するためには、外部資源や、強いリーダーシップに依存する必要が出てくる。

他方、宗教ガバナンスでは、参与する人々の「利益」と「負担」は可視化されにくい。その原因も「時間」にある。すなわち、寺廟の再建に参加したり、参拝したりするのは、「現在」を超えて「過去」や「未来」につながる行為である。すなわち、「未来」に向けて願を掛ける（許愿）と同時に、この願いが成就した際に、過去のものとなった神仙の加護に対しお礼参りをする（還愿）。麦村の新家神廟に一四万元の出資を行った建築請負業者の行為も、幼少時から母親の実家に近い旧家神廟に通った結果、経済的な成功者となったことへの「お礼参り」の意味が強かったはずである。このように、精神生活の組織化のための宗教や文化のガバナンスは、通常、長期にわたる時間が志向される。短期的な損得を超えて、世代を跨いだ人々の人生に意味を与えようとする活動なのである。

## 手段と目的

ここから、生態領域のガバナンスと象徴領域のガバナンスに話を一般化することも可能であろう。前者のガバナンスの目的は、広い意味でのライフ・ラインの整備であり、その目指すところは個別具体的である。その具体的な目的実現の「手段」として住民間の「つながり」や「まとまり」を動員することが必要とされる。したがってこれを「消極的共同性」と呼んでもよい。これに対し、後者のガバナンスにおいては、アイデンティティの確認や意味の生成ということが目標となっている。この目標のためには、身近な他者＝コミュニティのメンバーとの相互作用と他人からの承認がどうしても必要なのである。したがってこれは、「目的」としての共同性であり、「積極的共同性」と呼ぶことができる。

## 世俗と宗教

ここで道路と家神廟の事例からさらに踏み込んで、中国における世俗と宗教の関係を歴史的にたどってみることも有効であろう。

共産党が農村を統治する以前、中国の村々では世俗と宗教は未分化であり、相互に重なり合っていたと考えられる。清末に行われた「廟産興学」と呼ばれる運動がこの点をよく示している。この運動は、廟の建物（宗教施設）を近代教育のための学堂（世俗施設）として用途を変更するものだった。そこでは、宗教と近代教育が鋭く対立するものであるよりは、同じ一つの建物を介して緩やかに連続しているようにもみえる。中華民国期においては、各村に普遍的に存在した村廟が、世俗の組織である郷公所や青年団公所、あるいは小学校と一体化している場合があった（平野 一九四三：四二一―四二三）。あるいは村の支出が廟の保有する土地の収益から支払われることもあった（Duara 1988: 137）。

このような状況が変化したのは、共産党の農村統治が確立して以降である。フォーマルな行政組織の末端としての行政村＝党支部委員会は、伝統的な血縁原理（宗族）あるいは「宗教」には距離を置き、忌避する立場をとるようになった(5)。こうした傾向がさらに顕著になり、政教関係が水と油の関係になったのが、周知の通り文化大革命時期（一九六六～七六）である。甘粛麦村近辺の河口廟の事例にもあった通り、村廟や祠堂の多くは破壊されたり、政治的な用途に用いられたりした。

一九九〇年代以降、共産党の農村における宗教政策は、「宗教」を五大宗教に限定したうえで、オーソライズし、「宗教活動場所」のみでの活動を許す、というものだった[6]。五大宗教以外の、村廟を含む雑多な基層の宗教施設については、「政府の射程に入らない村廟」として、黙認するという態度が採られた（川口 二〇一〇）。ここから、村廟は行政が関わるべきでない「民間」の領域に属するものとされた。仮に村で廟が再建される場合も、政府系列の末端に連なる村幹部たちは、これらがあくまで「民間」の施設である点をアピールする必要が出てきた（閻 二〇一三）。

こうして、道路建設に代表される生態領域のガバナンスは、行政村＝村民委員会が主体となるのに対し、宗教に代表される象徴領域のガバナンスは、民間のリーダーが牽引する、という大まかな分業関係が中国の社会的コンテキストとして形成されたのである[7]。この結果、中国の村のフォーマルな組織は、村民の精神生活についてでなく、主として物質的に「村民を豊かにする」ことを期待されるようになった[8]。こうした社会的文脈は、しかしながら、国際的にみればけっして「当たり前」のことではない。たとえばロシアでは、経済発展に関わるガバナンスは村の一級上にある郡（*raion*）以上の自治体と州・共和国レベルによって担われているのに対し、村レベル自治体の重要な仕事の一つは象徴領域に属する文化政策である（Matsuzato and Tahara 2014; 田原 二〇一九）。またインドでは、世俗の政治政党が、選挙運動の一環として世俗生活の救済を試みるのは当然として、さらに村のカースト・コミュニティがそれぞれ所有する寺院などの建設・補修への資金供与を行うことは普遍的である[9]。インドの文脈では、宗教も世俗と並んで政治的世界の一部を構成するのは当然のことなのである。

### 政府と市場

中国農村では、二〇〇六年以降の「ポスト税費時代」に至って、農業優遇政策により、それまで流入する見込みのなかった政府の資金が流入するようになった。その際、政府資金の直接的な受け皿となるのはフォーマル組織である村民委員会とフォーマル・リーダーである村幹部である。それまでは「自力更生」でやらざるを得なかったガバナンスが、少なくとも一部は政府の力で行われるようになった。江西花村や甘粛麦村の道路ガバナンスがこの点を如実に示していた。より近年に至っては、政府資源の投入は広大な西部地域に浸透し、貴州石村の道路問題のように、すべてが政府の「ガバメント」で解決される事例さえ出てきた。こうした状況下では、道路に代表される生態領域の世俗的ガバナンスは政府の仕事であり、もはや自分たちの仕事ではない、という意識が村民の中に生まれるのは自然なことであった[10]。世俗的な「まとまりのコミュニティ」は弱体化しつつあるといえる。

これに対し、基本的に「民間」で賄われてきた象徴領域のガバナンスに政府資金が流入することは中国ではまれである。麦村で宗教ガバナンスを資金面からリードしたのは、ビジネスで富裕を実現した事業家であった。その行為は「少年時代によく来ていた家神廟に報いる」ということで、自らの人生に肯定的な意味づけをし、そこにコミュニティの住民たちを巻き込んで、承認を得ていくというかたちで進められていた。大きな背景としてあるのは、ここ二〇年ほどの中国経済の高度成長が、各地で一定割合の「成功人士」を生み出したということだろう。これら市場経済のなかから台頭した「成功人士」＝経済エリートは、平均的な庶民以上に、時間的な志向性のなかに生きている。すなわち、①過去との関係においては自らの「成功」を神仙の加護によるものとして感謝し、その意味を可視化しつつコミュニティに向けて指し示すとともに、②未来との関係においては、不安定でリスクの伴う市場経済の下で安全を確保するため、今後においても引き続き神仙の加護を必要とする（張 二〇一二）からである。成功人士ほどではないにせよ、近年における一般村民の神仙への依存も、こうした社会経済的な環境の変化から、ひとまず理解できる。

以上、ガバナンス領域間の比較をまとめる。第一に、四つのガバナンス領域の内、「つながりのコミュニティ」に依拠した小規模なガバナンスはコストが低く、どの地域でも概ね、問題なく回っている。また「まとまりのコミュニティ」に依拠したものも、象徴領域のガバナンスは勢いを増している。すなわち、「苦境」に陥っているのは、「まとまり」×「生態」の領域であるが、道路ガバナンスからわかるように、そこでは今後、ますます「外部資源」の利用が主流になるだろう。第二に、中国では、生態領域のガバナンス＝行政村、象徴領域のガバナンス＝民間という分業関係が歴史的に形成されてきた。村民委員会のやるべき仕事はインフラを中心とする生態領域のガバナンスに特化してきた。このような特徴は国際比較の視点からみれば必ずしも「当たり前」ではない、中国的な特徴として踏まえておく必要がある。

## 第二節　地域間比較

この節では、広い地域に散らばっていた四つの事例村の実態を踏まえたうえで、国内地域間の比較を行う。ここでの目的は、比較により、それぞれの地域が保有している、相対的に優勢なガバナンス資源を同定することである。この作業を経ることで、各地域の村々でどのような要素を「資源」として再発見すればよいのかという、実践的なインプリケーションが得られるかもしれない。

地域間比較が有意義なものになるかどうかは、諸事例に示された事実の中から、村落ガバナンスの違いを生み出した変数を適切に取り出せるかどうか、にかかっている。大雑把な区分として、①沿海＝内陸、②北部＝南部、③中部＝西部などの軸が考えられるが、実のところこうした「地域」は、そのままのかたちで変数を構成するわけではない。いくつかの重要な変数が掛け合わされた結果、個々の村が位置する地域の特色が生まれてくるのであり、その逆ではない(11)。

### (1) ガバナンスの地域的文脈

第一に、何がガバナンスになるか、は個別の状況に応じて千差万別であった。前章までみてきた通り、ある地域・村で組織的な取り組みが必要な「ガバナンス」となった領域が、他の地域・村でもガバナンスを構成するとは限らない。たとえば、政府によって管理される省道に接している山東果村にはそもそも入村道路の問題は生じない。また、水源の問題から灌漑施設の整備が最初から期待できない甘粛麦村で、灌漑がガバナンスの対象となることもない。

第二に、同一の領域が住民にとって関心のある争点を形成した場合でも、問題解決のコストの高・低や資源状況により、それらの解決のされ方、使用される資源は異なっていた。こうした事例として、地域を横断して現れてきていた三つの領域に注目してみよう。

**表 7-3　留守児童・教育ガバナンス**

| | 留守児童数 | コスト（教育熱心さ） | 解決法 |
|---|---|---|---|
| 江西花村 | 多 | 低 | 「共」（血縁の「つながり」） |
| 貴州石村 | 多 | 高 | 「共」（血縁の「つながり」）＋「私」（教育ビジネス） |
| 甘粛麦村 | 少 | 中 | 家族の自足原理（母親が在宅） |

出所）筆者作成

まず、①埋葬はどの村でも「つながり」ベース×象徴領域のガバナンスだが、とくに貴州石村や甘粛麦村で比較的高いコストを費やして行われ、重要なイベントとなっているのにたいし、山東果村や江西花村ではさほど目立った活動とはなっていなかった。

次に、②教育、とりわけ「留守児童」の問題をどう解決するかは、出稼ぎの浸透した二〇〇〇年代以降の内陸三村が共通して直面した問題であった。ところが、その対処の仕方には地域的な差異が存在した。江西花村では、留守児童数は多いものの、祖父母や親戚の家に預けられた児童たちは、近い血縁者らで構成される集落内の家々の間を行き来しつつ、少なくとも生活上はさしたる困難もなく過ごしていた。これは「つながり」ベースの「共」により問題が解決された状態といえる。貴州石村も同様に多数の留守児童がおり、花村と同様に血縁者の「つながり」でフォローされる部分が大きい。ただし、発展の見込みのない山岳地帯を抜け出して立身出世を目指すという意味で、留守児童の保護者たちにも高い教育水準、高等教育を目指すアスピレーションが存在している。こうした需要を見込んで、石村の周辺では宿舎付きの私立学校が増えつつある。甘粛麦村では、留守児童の問題は過度の出稼ぎを避けること、端的には小学生の母親が出稼ぎに行かず、在宅することで解決されている。これは、家族の自足原理を用い、留守児童問題の発生を未然に回避しているともいえる。以上の比較を［表７－３］にまとめた。

さらに、③行政村内道路のガバナンスについては、すべての事例村について現れていた。これを相互に比較してみよう。山東果村では、集落はコンパクトに集中している。村内道路の建設は二〇〇四年、灌漑施設と同じく集団経済の独自収入五五万元ほどを用いてセメント舗装された。江西花村では一四の集落を結びつける道路の舗装は長期間を要し、中規模な幹線から、

**表7-4　村内道路ガバナンス**

| | 工事年 | コスト | 解決法 |
|---|---|---|---|
| 果村 | 2004 | 低 | 「共」(集団経済) |
| 花村 | 2008-2017 | 高 | 「公」+「共」 |
| 石村 | 2016 | 極めて高 | 「公」 |
| 麦村 | 2014 | 中 | 「公」＞「私」＞「共」 |

出所）筆者作成

幹線と集落をつなぐ毛細血管の部分へと、段階的に進んだ。幹線の部分であるほど、また時期が遅くなるほど政府資源の導入が顕著であった。また政府がセメント部分、住民が基盤工事の部分、というように分業が行われた。貴州石村行政村内の集落形態は、山地の湾曲した道で集落が数珠つなぎになっており、建設コストは極めて高く、住民の自助努力で成し得る水準を超えていた。それゆえ村内道路の舗装工事は、最終的には純粋に政府のプロジェクトとして二〇一六年に実施された。甘粛麦村の環状道路建設のコストも相対的に高く、住民の協力が限定的であったことから、鉱山経営者である村書記の私的な財と、人間関係を通じた政府資源の調達が組み合わされ、工事は二〇一四年に完成した［表7-4］。

以上のように、同じガバナンス領域であっても、各地域・村落の空間的条件や時期によっても、問題解決のためのコストや動員する資源のあり方は異なってくる。同一の問題領域への異なる対処の比較を通じ、各地域をとりまく特殊な条件が浮き彫りになる。

## (2) 血縁と地縁

ガバナンスの主体や資源の状況からみて、四つの事例村は、大まかに、血縁（つながり）が中心の村（花村、石村）と地縁（まとまり）が中心の村（果村、麦村）に分類できそうである。

この点を、歴史的なコンテキストからざっと説明してみよう。第一章で位置づけた通り、またこの後の終章で再び国際比較を展開することにもなるが、中国農村においては歴史上、村落共同体（地縁）よりも大家族制（血縁）が社会構造上の出発点となっていた。そこに、革命と社会主義、人民公社体制が持ち込んだのが、それまで中国農民にあまりなじみのなかった、地縁的組織＝「集団」であった。

中国社会主義の文脈のもとでは、「つながり＝血縁に類似したネットワーク的関係」の顕在化は好ましくないものとして抑制され、「まとまり＝地縁に類似した集団的な団結」が強調された。労働組織としての生産大隊や生産隊などが、地縁的な「集団」に実質的な枠組みを与えることになった(12)。

一九八〇年前後に人民公社が解体すると、地縁（「集団」）の要素は急速に後方に退いていった。本書の事例が物語るのは、このタイミングで、伝統的な血縁原理に回帰してしまった村落と、人民公社の遺産として地縁的な要素が残存している村落があるという事実である。地域的傾向としてみれば、前者に近いのが花村、石村など南方であり、後者に近いのが果村や麦村など北方の農村である。

江西花村や貴州石村のように集落が広範囲に分散していれば、人民公社のもとでの集団、とくに生産大隊レベルはある意味でもともと「人工的」な存在であり、血縁者の多い生産隊レベルこそが農民にとり、重要な単位であったはずである(13)。ここから、人民公社の解体とともに、「集団」の枠組みは非現実的な存在となり、行政村を単位とするよりも、血縁者が中心の集落ごとに問題解決を図った方が合理的なことが多くなってきた。さらに、第二章第一節にみた通り、一般に、集落形態が分散しているほど、行政村の規模も大きくなる傾向にある（花村、石村の人口規模も、果村、麦村のそれよりも大きい）。集落が広く分散した行政村はこれだけ多くの分散した人口を統一的に管理することは非効率であり、不可能でもある。行政村は、各集落内部のガバナンスには介入しなくなり、行政村の「やるべき仕事」は減少する。その代わり、近隣の世帯や集落が「つながり」で解決するガバナンス領域が多くなる(14)。従来の農村研究において見出されており、石村の事例でも確認された「第三の力」は、宗族の力が顕著である南方農村に顕著な資源移転の担い手である。そしてガバナンス資源は、コミュニティ全体（その対象範囲は可変的である）に注入され、フォーマルな行政村リーダーよりも、宗族などのインフォーマルな組織に向かう傾向が強い。それらが花村のミクロな道路ガバナンスや、石村の埋葬ガバナンスの中で一定の役割を果たしていた。比較的多くの「第三の力」の資源動員により、巨大な墓碑の建築を行った貴州石村の埋葬ガバナンス、およびより大規模な道路ガバナンスについて、民族アイデンティティに支えられた高官が資源を持ち込むという構図からも、この点を看取できる。

「血縁」（つながり）と「地縁」（まとまり）との契機は、南北間の生活習慣上の差異、特に「食」をはじめとする生活ぶり全般にも現れていた。一言でいえば、主食が中心の「北」と副食が中心の「南」であり、社会関係に対応した食事の仕方にも差がみられる。南方の花村、石村では、血縁コミュニティのメンバー間での日常的な交流機会が多い。肉・野菜などの副食に、地元の村で作られたドブロクを飲みながら、長時間にわたり交流する。副食と酒の組み合わせにおいては、身近な他人との会話・交流が欠かせない要素となる。主食であるコメは、こうしたミニ宴会の最後の「締め」として食されるのみである。これに対し麦村では、小麦を中心とした主食自体がバラエティに富んでいる。基本的に、副食なしでも飽きることがない。農村の家族でも、食事の最初から麺類などの主食を食べ始めることが多い。西北地域では、空腹な状態で飲酒を始める習慣がなく、まったく飲酒の習慣がない村民も多い。人間の本能に関わるのかもしれないが、主食を食べるときは、みな意識が食べ物に集中する。主食を胃袋に詰め込んでいるとき、他者との会話や交流は余計である。麦村や、その他の北方村落の食事からは、そういった主食への「意識の集中」のようなものを強く感じる。これは、血縁コミュニティ内での日常的交流が少ないこととパラレルな関係にある。ついでながら、家屋の構造もここに関係する。麦村や山西省の窯村などでは、集落は比較的集中しているのに対し、世帯が単位となって住む家屋はまるで「城」のように外壁に囲まれ、外部からの孤立性が強い。対して、花村、石村の家屋には取り囲む壁が存在せず、互いの行き来は自由である。[15]

地縁的な「まとまり」を担保するものの一つが、繰り返し主張してきたように、これも中国社会主義が農村に残した遺産としての「集団経済」である。本書の事例村でいえば、集団経済を有する山東果村と、過去にはわずかに有したことがあっても現在はそれを有さない江西花村・甘粛麦村・貴州石村の間のガバナンスの差に現れていた。この二つのグループの間には、ガバナンスのあり方において相対的に大きな差異があると考えられる。村のフォーマル組織に毎年数十万元の独自収入をもたらす財源として、集団経済は非常に使い勝手が良い。独自の収入であるから、使途を制限されることなく、灌漑、飲水、定期市、村内道路など、村の暮らしに関わるいずれのガバナンス領域にも用いることができる。[16]

**図7-1　社隊企業従業員の対人口比（1980年）**

注）チベットのデータは欠落している。
出所）中国農業年鑑編輯委員会（1982: 10, 13）を参照して筆者作成。

それでは、このような集団経済の有無は、地域的にはどのような傾向性をもっているのだろうか。私たちの事例や、他の断片的な記述に基づけば、集団経済は沿海部の村に多く、内陸部では少ないという印象があるが、実際はどうであろうか。この点を確認するために、一つの参考として、一九八〇年時点での各省における「社隊企業」の分布密度をみてみたい〔図7-1〕。

一九八〇年の社隊企業の状況は、必ずしも集団経済の現状を示すものではない。しかし、それは一九七〇年の北方地区農業会議で「五小工業」（小製鉄所、小型化学肥料工場、小炭鉱、小型水力発電所、小型機械修理工場）を中心とする社隊企業の創設が全国的に呼びかけられた（小島 一九九七：七九―八二）のちの、各地での「成果」の度合いを示すものであり、集団経済への各地の潜在力を示すものとも解釈できる。図から結果をみれば、社隊企業の従業員数が対人口比で五%以上と相対的に高かったのは、湖南省などの例外を除けば、やはり沿海諸省に集中していた。したがって、現在の村ガバナンスに大きく影響する集団経済の有無という変数も、大まかには沿海＝内陸の軸に対応していると考えられる[17]。

以上のように、山東果村では集団経済が地縁的な「まとまり」の物質的支えとなっていたのにたいし、物質的資源に乏しい甘粛麦村では、「集団」はより目立たない形で生き永らえていた。内陸農村には、一般に、東部沿海地方の村のように強大な集団経済や私営経済は存在しない。であればこそ、二〇世紀六〇～七〇年代の社会主義経験を通じて形成・改造・修復・維持され付加価値を高められた農地、山林、校舎などが現在の村民の日常生活の中で相対的に際立ってくる。これらの基盤型コミュニティ共有財産は、現在の農村景観の中に目立たない形で溶け込みつつ、甘粛麦村のエンジュ伐採の記憶や、家神廟再建用地の選定過程にみられたように、ときおり人々の共通の体験を喚起する。学校校舎は、改築を経ながら現在でも使用されており、教師、生徒、保護者を中心として村民の関係を取り結んでいる。また、公社時期の改造により土地生産性を高められた農地は、村民の出稼ぎ経済が過度に浸透することを多少なりとも予防し、コミュニティの社会関係を緩やかにつないでいる。

甘粛麦村では、基本的には各世帯が行動主体となり、それを束ねた「社」や「行政村」という、やはり地縁的な「まとまり」の方が行動単位となっていた。血縁を軸とした人のつながりは埋葬などを除いて顕著でなく、その代わりに、人民公社期の「集団」の枠組みから派生したエリートが、改革後においても各種資源をコミュニティに還元する動きが観察された。麦村は一九五〇年代後半、国家によりいわば強制的に組織化され、麦村大隊が編成されることで、全村民がコミュニティの公共建設に駆り立てられた。家族勢力の活動がもともと顕著でない北方の農村において、組織化の経験から生まれた「集団エリート」は、公社が解体して以降も集団化時代の記憶を保持しやすい。本書が見出したのは、家族ではなく、集団を媒介とした記憶と、集団エリートの「故郷に錦を飾る」意識こそが、麦村の利用可能な資源だったという点である。過去のリーダーのみならず、現在の村リーダーも、「村内のことに責任をもつ」発想法を保ち続けている[18]。たとえば麦村の書記である林双湧は、村民からの絶え間ない批判に晒されて嫌気がさしながらも、行政村の秩序維持者としての役割を放棄してはいない。であればこそ、二〇一六年八月、彼は「責任をもって」外国人である筆者の入村を拒絶したわけである。

さらに踏み込めば、中国農村において革命と社会主義経験を通じ地縁＝集団の契機が重要になったことは、第一章で述べた農民の「他律的合理性」の成立基盤でもある。村民らの基本的な参照枠組みとして地縁的な「集団」の範囲が意識されていればこそ、そこで初めて負担や利益の配分をめぐる平等・公平ということに皆が高い関心をもつからである。メンバーシップの境界が伸縮自在な血縁原理のもとでは、こうした発想は生まれない。その意味で、「他律的合理性」は社会主義を経験した中国農民に共通の発想である。同時に地域的にみれば、「他律的合理性」がより顕著に現れるのは北方農村であろう。

それでは、公社解体後に以上の「地縁」中心と「血縁」中心の違いが生じた根本的な原因は何であろうか。一つ考えられるのは、行政村内の人口の中に「主姓」の占める割合、ということがある。村内が多くの姓の混合ではなく、単一の宗族で占められるほど、血縁的な要素が強くなるという仮説である。一般に、南方よりも北方で血縁的要素が弱いのは、雑姓村が多いためであると説明されたりもする。しかし、北方の事例村である山東果村も甘粛麦村も、池姓と林姓が人口の七割程度を占める、いわゆる「主姓村」である。にもかかわらず、これらの村では血縁よりは地縁要素の方が顕在化している。筆者の現時点の考えでは、以上の違いは村内の姓氏のバランスというより、村落ガバナンスの舞台となる集落形態に起因する。集落の形態は、端的には集中＝分散の度合いということになる。

事例村の四村で見れば、相対的に集中した山東果村・甘粛麦村に対し、分散した集落形態をとるのが、江西花村・貴州石村である。この差異は、事例の中では南＝北の軸に対応しているが、当然ながら北方でも分散した村があり、南方でも特に珠江デルタ地域の同族村落のように集中した集落形態もある。

この変数は、様々なガバナンスにおいてフォーマル地縁組織としての行政村が主体となりやすいか、それともその他のアクターが主体となりやすいか、に関わっている。集落形態の集中した果村では灌漑や飲水その他生活上のあらゆる重要な問題については、行政村の幹部が前面に出て処理することが多かった。その代わりより日常的な管理については、一〇個の村民小組が役割を果たしていた。麦村でも人口の四分の三は中心集落に集中して居住しており、特に道路や飲水の問題をめぐっては行政村が主体となることが期待されていた。このように、集落が相対的に集中していれば、地縁組織として行政村が主体となるガバナンスが多くなり、行政村が全般的に「村のことに責任をもつ」側面が強くなる。つまり、集中した集落形態は、公社解体後も「まとまり」の要素を残存させやすく、ここから社会主義的な「集団」の意識を保存しやすかった、ともいえるのである。

### (3) 象徴資源としての土着文化

宗教文化や民族文化は、基層レベルでそれを実践していくこと自体が、象徴領域の「意味とアイデンティティのガバナンス」であるとともに、コミュニティの「まとまり＝団結資本」を支える重要な資源でもある。少なくとも私たちの事例村から地域的にみれば、宗教民族文化は西部地域の石村、麦村により色濃くみられた。起伏に富んだ西部地域山岳地帯の地理的環境は、本文でもみてきた通り交通の不便さを招来し、このことは逆に土着の要素が市場経済の影響によって浸食されるのを防ぐ役割をもった、といえよう。甘粛麦村の宗教ガバナンスはその表れであるし、貴州石村の墓碑建立儀礼や山歌イベントの開催は、流出していった人材を地元につなぎ止め、さらには資源を呼び込む役割をも担うアイデンティティのガバナンスであった。貴州石村では、二〇〇〇年代以来、出稼ぎ経済が激しく浸透することで、喇叭苗の山歌の伝統が廃れてしまったという事情がある。これに比較すれば、地形のより平坦な中部農村では、土着文化はもともと存在していたとしても、交通網が整備され、市場経済の波に洗われ、消費主義が浸透することで、西部のような「人文資源」はかなりの程度、失われてしまったものと考えられる。

ここで土着文化の活着をめぐる一つの例として、やや突飛ではあるが、全国各省の埋葬における「非火葬率（埋葬全体の中から「火葬率」を引いた割合）」を図のかたちで示してみよう〔図7-2〕。全国の都市部住民ではすでに、ほぼ完全に火葬が浸透しているはずである。またチベットの鳥葬などわずかな例外を除き、「非火葬」は土葬を意味する。してみれ

**図 7-2　埋葬における非火葬率（2015 年）**

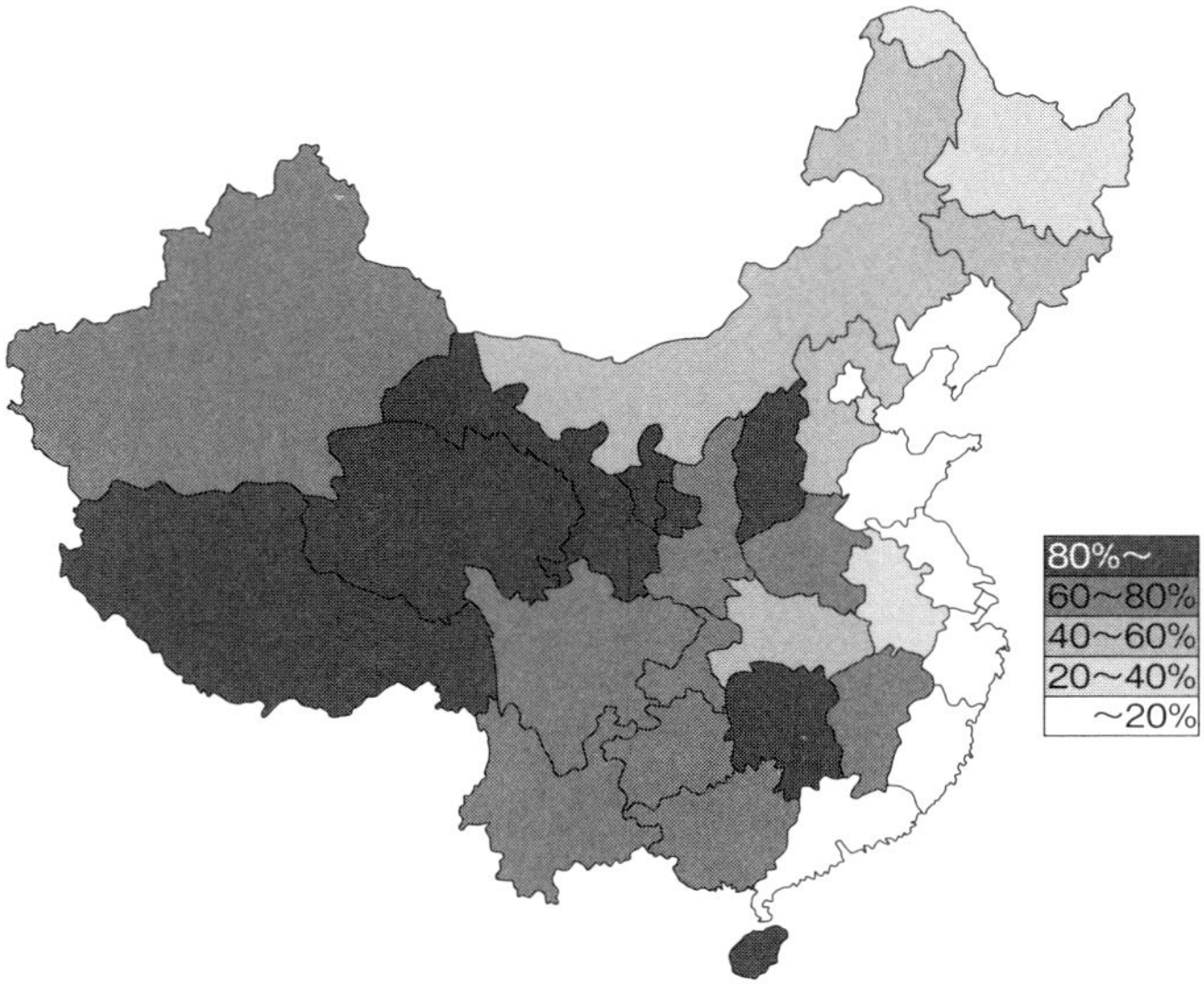


出所）中華人民共和国国家統計局（2016: 738）を参照して筆者作成。

ば、ここに示された「非火葬率」は、実態としてみれば、政府の埋葬改革の推進にも関わらず、農村部で伝統的な「土葬」の習慣が生き永らえている程度を示している。図からみれば、各省ごとの土葬率の差は非常に大きい。概して土葬率が高いのは明らかに西部地域であり、逆に沿海諸省においては土葬の習慣はほとんど死滅している。そこには、都市化の度合い、人口圧力の程度、地方政府による管理度合いなど、様々な要因を指摘できよう。

土葬と火葬の違いは、遺族が死者を弔う際の埋葬ガバナンスのコストの高さ、に現れる。一般的にいって、土葬は経済的にも社会的にも、また労力・時間の面からも、火葬に比べるとはるかに高いコストを関係者に強いる。埋葬の場所や日取りの決定や儀式の進行も含め、市場の合理性が日常生活を席巻してしまうと、どうしても迅速・簡便な火葬の方が普及する。過去からの慣習に高コストを投じ続けられるかどうかは、埋葬の領域に限られず、伝統文化の存続のしやすさ全般をも示すものであろう。

土着文化は、西部地域をはじめとする、特に山岳地帯が有している「人文資源」としてもみることができる。西部地域の多くは、険しい山岳地帯である。山地の地形の複雑さ、多様さは、人々の自然への恐れを掻き立てる。たとえば貴州石村の切り立つ山地の地形は、「勇壮」を通り越して「畏怖」の念を抱かせるに十分である。既述の通り、石村では、村を取り巻く自然の中で、命を落としていった人々の逸話を多く耳にした。厳しい自然環境の中で、人は小さな存在であることは、いまだ自然を克服しえていない石村に身を置いてみた際にとてもよく解る。麦村でも近い過去における自然災害（「五一二」四川大地震を含め）が現在にまで大きな影を落としている。こうした自然への畏怖は、より人工的な空間管理の可能である平地や丘陵地の山東果村、江西花村では希薄である。

さらに、「物語」の生成という点も重要である。起伏に富んだ複雑な地形は、前述の畏怖の念とも相まって、人間と自然との間に「物語」を生み出し、自然環境の中に社会的な「意味」を賦与することに貢献する。麦村のある西和県全域に存在する数多くの山頂には寺廟が存在し、人々の信仰の場となっている。また、石村でも、複雑な地形は「風水」の考え方を助長するのであり、とりわけ埋葬ガバナンスの精緻化と、それに絡む血縁コミュニティの結束と大きく絡んでいる。土葬においては「場所」がとても大事だが、風水の考え方では起伏に富んだ山々の間に「気」が流れるわけで、その流れが良い場所に、墓の候補地が選定される。こうした自然のリズムに沿った景観のもとでこそ、風水師や算命先生も生き延びることができる。石村での筆者のホスト・ファミリー、隆純光の家では、家族の間に起こった不幸なども、墓地の状態と結びつけられて解釈される。

もちろん、平坦な地域の村や、なだらかな丘陵地である山東果村・江西花村にも、多少の寺廟や、もちろん墓地は存在する。しかし、村民生活の中でこれらをめぐる「物語」が占める比重は、西部二村に比べると、申し訳程度であるように見える。

重要なのは、農村社会のガバナンスというものを、地形を含めた個々の生態環境の中で全体的に位置づける視点である。現場に赴いて実際に目で見るまでは、自然的・地理的な条件が人々の生活にとって、それほど大きく影響するとは思わない。しかし、「意識」の働きで設計された人工的な都市とは異なり、農村の生活というのはかなりの程度、その地域が置かれている生態的な条件に規定される（Huang 1985: chap. 3）。この点はしばしば忘れられがちであるが、強調しすぎることはない。

こうして、一般に資源が欠乏しているようにみえる内陸農村の間にあっても、異なる地域を比較してみることで、当該地域が相対的に多く依拠している資源の領域が浮き上がってくる。それこそが、当該地域の「強み」である可能性を秘めている。「足を削って靴に合わせる」（削足適履）のではなく、相対的に優勢な資源に着眼し、それを助長・利用していくような発想が必要だろう。

## 第三節 資源循環モデル

前節では、四村の比較を手掛かりとして、中国村落ガバナンスの地域的個性について考えてみた。これらの地域比較はまた、中国村落ガバナンスを貫く一般法則、その底流に流れるロジックのようなもの、の抽出にも道を開く。地域的な対比から看取できるのは、各地の村落リーダー（フォーマル／インフォーマル）が、資源の選択に優先順位をつけていることである。

### (1) 内部資源の利用

組織的な取り組みが必要となると、中国農村のリーダーおよび関連の住民は、まずコミュニティの内部にある資源を探し、生態→象徴→生態→象徴……という循環を立ち上げようとする。

なぜ、「内部資源」なのか？ ここでは中国農村の歴史的背景の理解が役立つ。第一章にみた通り、毛沢東時代の中国では、人口の八割の農民と二割の都市市民を分断し、それぞれ別のシステムで統治しようとした。その目的は農村部の作り出す限られた余剰を、効率よく都市の工業部門に振り向けることにあった。ここから、人民公社制度に縛り付けられた

**表7-5　事例村の内部資源（「共」）の状況**

| | 山東果村 | 江西花村 | 甘粛麦村 | 貴州石村 |
|---|---|---|---|---|
| | 東部・北部 | 中部・南部 | 西部・北部 | 西部・南部 |
| 集団経済 | 有 | 無 | 無 | 無 |
| 行政村のまとまり | 強 | 弱 | 中 | 弱 |
| 血縁コミュニティ | 中 | 強 | 弱 | 強 |
| 土着文化 | 弱 | 弱 | 強 | 強 |

出所）筆者作成

農村リーダーたちと農民は、ほぼすべてのガバナンスについて「自力更生」で賄ったうえで、余剰を国家に上納するという、ある種の「慣性」のもとにあった。そこで現在でも、ガバナンスの必要が生じた際は、まず、自らの「内部資源」で何とか解決できないか、と彼らは考えるのである[19]。とりわけ、第一節にみたように、政府や行政村の関与が忌避されている象徴領域のガバナンスについては、ほぼ完全に内部資源で解決することが目指される。本書の事例村のそれぞれについて、コミュニティの内部資源（「共」）の状況について整理したのが、［表7－5］である。

事例村では、これら内部資源を使用して、工夫を凝らし、暮らしの問題を解決すべく組織的な取り組みにつなげていこうとしていた。ここでは、内部資源の活用を、二つの方向で考えてみよう[20]。

まず「生態→象徴」の方向性である。ここでも、コミュニティの生態資源を「収益型」と、「基盤型」に区別して考える必要がある。まず、収益型財産（＝集団経済）は、基層ガバナンスを資金面から支える。インフラや福利を通じて村民全体に目に見える、直接的な恩恵がもたらされる。第三章で検討した山東果村では、農家経済のベースにある穀物栽培、果物栽培の基盤としての水利建設を人民公社時代以来の村のリーダーたちは行ってきた。その際に依拠したのが、収益型のコミュニティ共有財産としての集団経済であった。集団経済の恩恵を被る人々の範囲は、集団経済の保有主体である果村村民全体に重なる。ここから、比較的容易に「私たち果村村民」という意識をもつことができ、それが「まとまり＝団結資本」に還元される。ここでは、必ずしも村民のガバナンスへの参加を必要としない。ただ、共通の利益を被ることで、村民意識が生まれる。その際の村民意識の源は、行政村や村民小組といった地縁組織＝集団である。[21] 社会主義農村の優等生が示す農村ガバナンスの展開は、コミュニティ内部の生態＝象徴資源の間でのスムーズな資源循環によって示されるといってよい。

このように、集団経済が存在すれば最も手っ取り早い。しかし、大多数のケースでは村の集団経済はほぼ存在せず、ガバナンスはコミュニティの内部にあるその他資源を動員して行うしかない。たとえば、農村リーダーの人格的魅力や文化的な一体性を支えとして、コミュニティの「我々意識」に訴えて、各家庭から資金や労働力を調達するのである。コミュニティの象徴資源の動員可能性は、すでに見た通り、ガバナンスの領域や規模により大きく規定される。江西花村の一部の道路プロジェクトのように小規模で、「つながり」ベースのものであればあるほど、成功の確率は高まる。中規模・大規模な「まとまり」が必要なガバナンスは、とりわけ生態領域のガバナンスは内陸農村では、概ね「共」的資源の不足に苦しんでいる。

「基盤型財産」がコミュニティの象徴的側面に与える影響は、その恩恵が直接的でないために、より目に見えにくい。村の景観を形作っている農地、山林、共有地、ため池、道路、灌漑施設、学校、寺廟、墓碑などのコミュニティ共有財産は日常的にすぎ、収益型の資源のように、「村民」という範囲の人々に、直截なかたちでメリットをもたらすようにはみえない。それらはむしろ、より緩やかに、中・長期的に、また深層の部分で村民共通の歴史的記憶を喚起するものとして、彼らの「まとまり＝団結資本」を支えるものとなるだろう。

その意味で、羅興佐（二〇〇四）の紹介する江西省龍村のケース・スタディは興味深い。そこでは、「耕地の条件がよければ出稼ぎに行く者が少なくなり、出稼ぎに行く者が少なければ現地の人間関係における凝集力が強まる」点が示唆されているからである。[22] 本書の枠組みでいえば、耕地などの生態資源が村の「つながり」という象徴資源に変わり、さらにそれが橋、道路、松林などの生態資源に再び環流していく、資源循環の過程がそこでは示されている。同様に首藤明和（二〇〇三）による遼寧省龔家溝の事例では、元村書記がリーダーとなって、道路建設などの公共事業を実施していた。それらは個人的資質を色濃く反映しており、その意図は村民の公益への関心であるよりは、自己の村での正当性を獲得するためであったとされる。一方で、公共事業の展開により「『村のために何かしよう』という『緩やかなまとまり』が村民の間に出来事として生じたのは事実（首藤 二〇〇三：一七六）」であるとも認めている。生態資源としての公共物の建設が、象徴資源としての「まとまり」にささやかな影響を与えたことがここでは示されている。

こうした資源の交替は場合によっては顕在化したり、水面下に潜伏したりを繰り返しながら、長期にわたって続くものであり、したがって目に付きにくいものである。前記の羅興佐の観察にある通り、在地資源の価値の多寡は、最も直接的には、当該地域の「出稼ぎ経済」の浸透度に影響する。「在地資源」の代表選手は、農地である。農地は有限であり、各地の一人あたりの農地面積は変化させることはできない。しかし、農地の生産条件・生産力は、人間が手を加えることで変化させることができる。人民公社時期に行われたように、農地の基盤整備を進め、灌漑施設を整えられれば、土地の生産力が高まり、より付加価値の高い穀物の栽培が可能になるかもしれない。道路もそうである。生産物を出荷するための道路が舗装されることで、商品作物の生産・出荷が現実になり、地元農業の付加価値が高まるかもしれない。要は、コミュニティの基盤型共有財産が豊富であればあるほど、より多くの住民の労働力が吸収できる。手近に農外就業の場が多く存在すれば、多くの、特に若年の労働力が遠隔地への出稼ぎに流れることを防ぎ止められる。農村住民がコミュニティを長期間にわたって離脱することなく、就業先と地元とを適度に環流していれば、村民が互いを知っている度合い――「つながり」と「まとまり」――は高いままに保たれる。さらに地元資源の多寡は、出稼ぎ率そのものばかりでなく、出稼ぎを引退した後の、将来的な帰還（Uターン、Jターン）率にも影響するだろう。

次に「象徴→生態」の方向性である。コミュニティ内部の象徴資源は、「つながり」や「まとまり」という社会関係資本として現れる。「つながり＝関係資本」で対処できる数世帯、あるいは小規模な集落単位のガバナンスは成功を見ていた。他方で、内陸三村においては、行政村のような相対的に大きなコミュニティを単位として、「まとまり＝団結資本」を動員し、「象徴→生態」の循環を立ち上げることはすでに困難となっていた。ゆったりと時間が流れていた「伝統的」な農村社会であればいざ知らず、急速に変化する新興地域である中国農村では、できるだけ早く暮らしの諸問題＝コミュニティ・イシューを解決したいと、住民の多くは期待するであろう。そこで、コミュニティの内部資源（自力更生）のみを用いて直ちに循環を立ち上げることが叶わない場合、外部資源（「公」や「私」）の模索とその内部への引き込みが試みられる。[23]

### (2) 外部資源の内部化

近年の中国農村では、コミュニティの外部に位置する「公」的資源、「私」的資源の調達可能性はとみに高まってきた。ここで重要なのが、公・共・私資源を橋渡しする「ハブ」としての農村リーダーの役割である。特に「公」の資源に関する情報の獲得や、政府幹部への人間関係へのアクセスにあたっては、政府系統の末端に連なる行政村のフォーマル・リーダーのポストは有用である。たとえば甘粛麦村の村道建設は、村民の動員には完全に失敗したが、コミュニティ外部の「公」（政府資源）と「私」（炭鉱経営者である書記自身の資源）の資源を総動員して、なんとか完遂をみていた。「公」と「私」の「共」への引き込み・転換である。そうした観点から、本書の事例と先行研究の知見を合わせてみれば、外部資源の内部化のメカニズムには、大まかにいって以下の四つのチャンネルが存在してきた。

#### ①モデル村

まず、本書の事例村には該当するものがなかったが、共産党統治下の中国農村の中には「モデル村」と呼ばれる村々が存在してきた。モデル村とは、上級政府がある政策を推進する際に、その政策のテスト・ケースとしてその「正しさ」を証明してくれるような村のことである。正しさを証明された政策は、周囲の一般村に普及させられる。その過程で、モデル村の側は各レベル政府組織の幹部と頻繁に接触し、政治的なパトロンを多くもつことになる。これらパトロンは、村からの支持と忠誠の見返りとして、各種の政府資源を村にもたらすことになる。「模範」であるからには、全体に占めるその数は少ない。ただし、それは中国の統治システムの特徴を端的に示すアイコンのような存在である。[24]

## ②「第三の力」

外部資源の内部化に絡んで、中国農村ガバナンス研究が注目してきたのが、「第三の力」（第三種力量）である。「第三の力」とは、国家、村落社会に続く第三のガバナンスの力を指す。具体的には、村の出身者で、都市部の正規部門にポストをもつ人々、典型的には県政府の幹部などが、そのポストに起因する優勢な資源を、郷里のインフラ事業などに向けて引き込む現象に着眼するものである(25)。この現象は、政府部門に存在している、村にとっての外部資源が「つながり＝関係資本」を通じて内部化される、一つの中国的なパターンを示している。貴州石村と晴隆県北部の喇叭苗のコミュニティから輩出した政府高官の、地元への資源還元が典型的であろう。資源が少なく、ガバナンス・コストも高い石村では、「第三の力」に依存し、自らを「発見」してもらうことにより、生き永らえるしかなかった。

実のところ、第三の力は、中国社会の文脈に浸っている限りはしばしば出くわす当たり前の現象であるが、国際的にみればそれなりに特殊なシステムである。「中国的な」と形容するのは、社会文化的な意味合いにおいてよりも、村レベルの上位に競争選挙が存在しないという権威主義的政治体制とのかかわりにおいてである。次章にみる通り、中国と同様、農村のガバナンスが重要であるインド、ロシアなどの地域大国では、政府資源は通常、選挙競争を媒介として、選挙区の議員を通じて農村ガバナンスにもたらされる。中国には、こうした選挙政治を通じた政府資源の移転メカニズムが存在しないからこそ、「第三の力」に代表されるような、個人的な「つながり＝関係資本」が外部資源の調達において重要な役割を果たすようになったともいえる(26)。

## ③「富者が村を治める」

つぎに「富者が村を治める」（富人治村）現象についても、すでに多くの論者が注目している(27)。この現象は、本来は市場部門のプレーヤーである私的経営者を、村ガバナンスの主体としての村支部書記や村民委員会主任のポストに据えることで、もともとはコミュニティの外部資源である企業活動に関わる資源を、人を通じてコミュニティの内部に引き込む試みであるともいえる。この現象はとりわけ浙江省など経済発展地域に顕著だが、麦村など一般に企業体が発達していない西部地域にあっても、炭鉱経営者が党支部書記のポストに就くことで、本来は市場部門のプレーヤーのもつ資源が内部化され、農村ガバナンスに用いられる類似の状況が確認されたのである。

④農村ビジネス

「私」資源を内部化するもう一つのチャンネルが、地元出身者による農村ビジネスの展開である。すなわち、農村の公共的な諸問題が、農村ビジネス（「私」）の自然拡張的なメカニズムで解決されるケースがしばしばみられた。たとえば山東果村の飲水の一部は、村民の一人がろ過装置を用いてビジネスとして提供していた（のちに彼が村主任に当選してからは無料で提供するようになった）。また江西花村の農業ビジネス＝農業ガバナンスは、出稼ぎの浸透による夏季の労働力不足を補てんした。コンバインによる収穫は、出稼ぎにより困難となった小範囲の「つながり」による収穫労働の互助慣行を代替することになった。さらに貴州石村の教育ビジネスは、出稼ぎの浸透にも関わらず、高い教育期待をもつ父母らの間に受け入れられ、不満の多い公立学校の教育サービスを代替する役割を果たしていた。これらから指摘できるポイントは二つである。

・柔軟な「私」は、村民のニーズに素早く反応し、「共」や「公」では直ちにカバーできないニッチな公共領域に素早く入り込むことができる。
・農村部で十分に発展することのできた「私」的経営は、単なる市場プレーヤー、私的利益の追求者ではなく、すでに「私」と「共」の融合物である。

私たちの事例からみるかぎり、農村部の、とりわけ地元出身者が主体となった企業体は、有用なガバナンス資源に転化しうる可能性が高い(28)。ここでの目的は必ずしも政策提言を行うことにはないが、私的経営の第二段階（出稼ぎ経済）から第三段階（農村ビジネス）への移行を政策的に援助することは、農村部の諸問題を臨機応変に解決するという意味でも、大きな可能性を秘めていると考える。実のところ、中国政府もすでにこの点に気付いており、出稼ぎ者が帰郷して創業することを宣伝し、また援助し始めているのである(29)。

### (3) 簡略化・棚上げ・傍観

内部にも、外部にも利用可能な資源が見当たらないとき、ガバナンスはどうなるだろうか。諸ケースから見出されたのは、ガバナンスの簡略化、あるいは棚上げ、などの対応である。

まず、ガバナンスの簡略化であるが、これは目的達成のために資源が不足する際の、コスト削減措置としてみることができる。たとえば花村では出稼ぎの影響を受け、近隣の「つながり」をベースに行われていた農作業が簡略化され、田植えの代わりに投げ植えや直播き、収穫における機械の導入など、簡便な方法で代替するようになった。山林の管理もごく緩やかなものとなっていた。また麦村の道路ガバナンスでは当初、一定幅の村内道路の建設を試みたが、立ち退きの補償問題がネックとなった。そこで場所によっては道幅を狭くし、立ち退き補償の費用を節約することで、プロジェクトが頓挫する事態を回避した。

簡略化のような対応ができない場合は、ガバナンスの「棚上げ」、すなわちプロジェクト自体をペンディングする措置が採られる。実のところ、甘粛麦村中心集落の飲水問題は、いま現在も棚上げされたままである。

資源不足で「棚上げ」措置が採られている状況のもとで、内陸農村の村リーダーたち、とくにフォーマルな行政村幹部らは、まったく役割を果たしていないようにもみえるときがある。しかし、そうではない。彼らの仕事ぶりは恒常的ないしは積極的ではなく、地味ではあるが、農村基層社会の公共性の担い手としてちゃんと役割を果たしている。かつて筆者は、ポスト税費時代の中国内陸部の農村リーダーを「傍観者」(bystander) と呼んでみた (Tahara 2013; 2015a)。傍観者には何もしない、無責任・無関心でネガティブな語義が感じられる。しかし実のところ、彼ら／彼女らは次の資源のチャンスを窺いつつ、「傍ら」で「観る」役割がある。ここに、ガバナンスは放棄されたのではなく、「棚上げ」されていることの意味がある。公共生活が「棚上げ」されている期間中、農村リーダーたちは一般の村民と同じように、せっせと自らの小農家庭の経済状況の改善に励みつつ、傍らでは次の資源の機会を窺っている。そしていったん「公」や「私」の資源に関する情報が入ると、それらの資源をすかさず引っ張り込んで、ガバナンスを立ち上げる。「傍観者」は何もしないという意味ではなく、機会を窺う、という役割を果たしている。

江西花村では、入村道路や畦道の舗装は二〇〇七年前後に立ち上がり、一〇年の長きにわたり棚上げされていた。しかし住民たちは自らの蓄財に励みつつも、「傍観者」として、次なる道路ガバナンス資源の機会を窺っていた。最終的には工事は再開され、二〇一六〜一七年にかけて竣工をみた。つまり、短期的に効果が表れないからといって、ただちにガバナンスの「苦境」とみなして悲嘆に暮れる必要はない。そのことを花村の事例は示しているのである。

近年、中国国内外の民主人士の中には、行政村の廃止を唱える者もいるが、荒唐無稽であろう。村民委員会や村幹部は、それ自体、人民公社期以来の「共」的資源の担い手として認知されており、また「公」的資源の内部化が普遍化した現在、その唯一の合法的な受け皿ともなっているからだ。

## むすび

本章を締めくくるにあたり、［図7-3］のようなモデルを示しておきたい。
この村落ガバナンスの資源循環モデルを端的に要約すると、以下のようになろう。

①組織的な対応を必要とするガバナンスの領域（「つながり」ベースと、「まとまり」ベース、さらに「生態領域」と「象徴領域」）により、相応しい主体（農村リーダー、コミュニティ）の範囲が認知される。(30)

②いずれの主体も、組織的な対応にあたり、まずは内部資源の状況を把握したうえで、生態＝象徴資源間の循環を立ち

図 7-3　村落ガバナンスの資源循環モデル

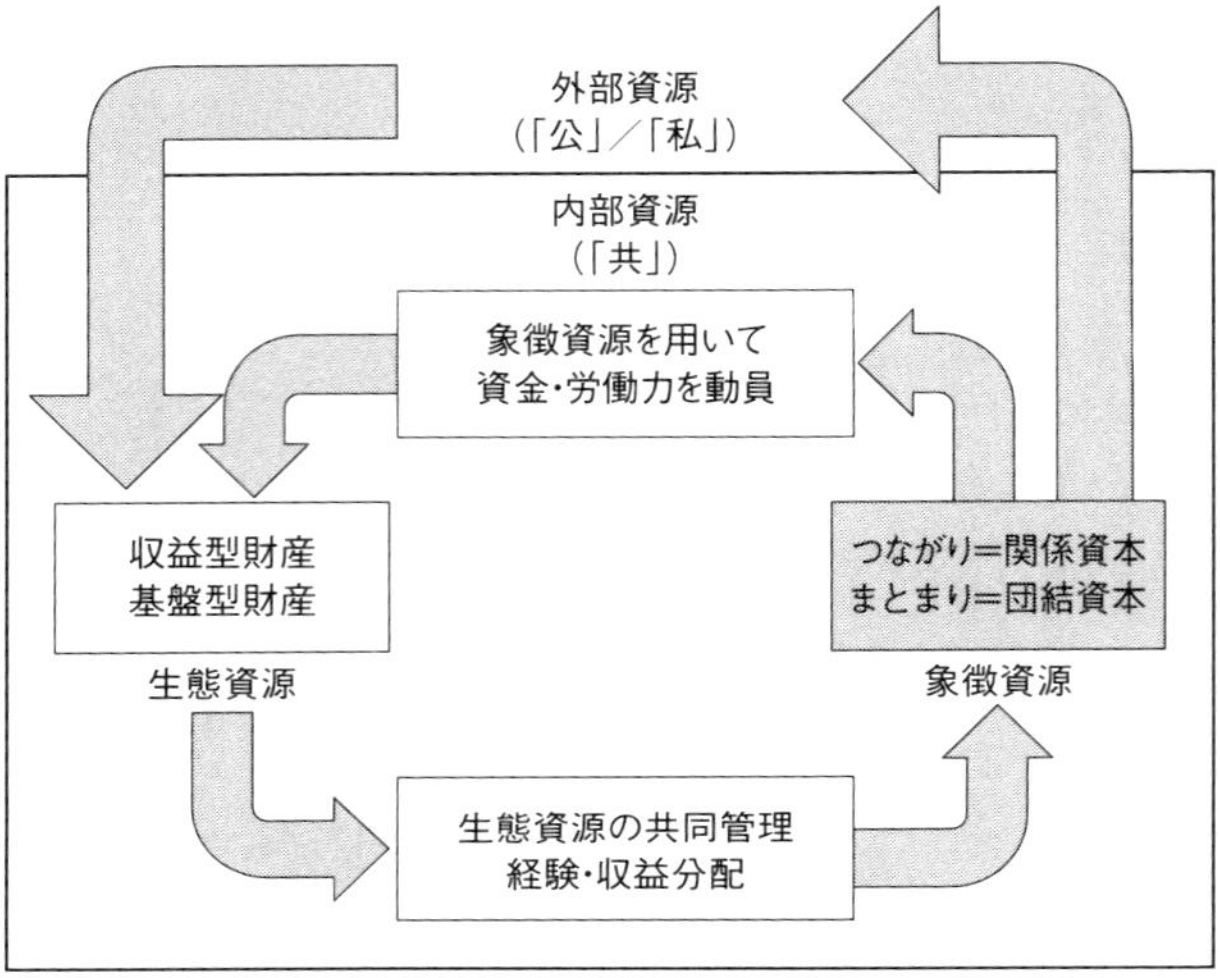


出所）筆者作成

上げようとする。

③内部資源のみで短期のうちに循環を立ち上げることができない場合、コミュニティは外部資源の状況も考慮し、それらにアクセスし、内部化を試みる。

④内部、そして外部にもアクセス可能な資源が不足する場合は、コスト削減による「簡略化」や場合によっては「棚上げ」措置が採られる。

⑤「棚上げ」の期間において、リーダーと住民は新たな資源が再発見されるまで待機の状態に入るが、資源の機会は常に「傍観」されている。

こうした資源循環モデルは、唐突に思えるかもしれないが、実は中国医学の健康観に範を得たものである。中国農村に限らず、そもそも農村社会というものは、ある自然環境のもとに置かれた一つの「生き物」として捉えることも可能である。人工的に設計された都市社会とは異なり、農村社会は地理的な位置や地形、地質、気候、風土などの諸環境に深く規定されながら命をつないでいく、一つの生命体のようなものである。であればこそ、農村社会にとっての健康状態は、人間の身体を自然の一部とみなす中国医学の考え方（仙頭 二〇一四：一二一―一二三）

によってよりよく説明できる。中国医学では、第一に、人体に病気が生じた場合、その原因となっている局部の症状だけを取り除く、という発想をもたない。あくまで身体を総合的に、全体的に見たうえで、調子を整えようとする。第二に、病気になりにくい状態を普段から作ることも心掛ける。「未病」という考え方であり、予防医学であるとされる所以である。第三に、中国医学では、身体はおのずから病気を治す自己治癒能力をもっていると考える。健康を保つために大事なのはその全体的な治癒能力を高めることである。

このような基本的発想を支えているのが、気、水（津液）、血の「循環」という考え方（仙頭 二〇一四：二〇―二一）なのである。気水血のバランスがとれ円滑に代謝や生理機能が巡っている状態は、あたかもコマの回っている様子と同じで、一見動いていないようにも見えるが、これこそが健康状態である（丁・南 二〇一四：一二七）。

世界各国の農村地域が、一見して何の特色もなく、停滞しているようにみえても、人、モノ、資金、情報などの各種資源が地域という身体の内外でスムーズに循環している際、その健康は保たれているとみなしてもよい。政府や市場などの外部資源の一時的な引き込みも、あくまで体内の資源循環を促進し、自己治癒能力を高めるためのものである。繰り返すが、たとえ農村経済が「発展」してないようにみえ、また多くの村民がそこに「民主」的に参加していないからといって、否定的な評価を下す必要はない。私たちは、「永遠のないものねだり」を停止し、新しい健康観から農村社会を再評価する段階にきているのである。

# 終　章　草の根からの啓示

## はじめに

ここまで本書の議論にお付き合いいただいた読者には、もうおわかりであろう。中国農民は単に「発展する都市のもとで搾取され、取り残される弱者」などではない。こうしたステレオ・タイプが払拭されただけではなく、草の根の中国に実際に人が生きて、喜怒哀楽を抱えながら暮らしている姿が、多少なりとも具体的・立体的に立ち上がってきたはずである。社会の基層に生きる人々にも、内在的な暮らしの論理が存在することもみえてきたのではないだろうか。

こんにち、中国農村の問題としては、都市部との（経済的）格差ばかりが取り沙汰されるが、農民自身の肌感覚から発想しようとする言説にはあまりお目にかかったことがない。実のところ、彼ら／彼女らはとりわけ今世紀に入ってからの十数年来、年ごとに豊かになる実感を得てきた。同時に、経済的に豊かになっていくからといって、中国農民はまったく利己的で、経済合理的な存在になってきたのか、といえばそれもあたらない。個別の世帯が対処することの困難な諸問題について、中国農民は、誰かがリーダーシップをとり、その時々で使用可能な資源を用いて、ときには廻り道をしつつも解決を図ってきた。本書はそうした活動や取り組みを「村落ガバナンス」と名づけ、直接的な観察の対象としてきた。

住民の目線から個別具体的な問題解決のされ方を観察対象に定めたとき、「発展」や「民主」などの、政府関係者や研究者が農村に持ち込もうとする外在的価値は、すみやかに遠景に退いていく。その代わり、よりクリアにみえてくるのは、個々の課題を克服していくための小さな資源と、それらの循環である。農村住民にとり重要な問題が首尾よく解決された場合、そこでは必ず何らかの要素が資源として発見され、使用されるという流れが生じている。問題解決の結果は現地の環境に変化をもたらし、新しい資源化の契機を生み出す。こうした組織的取り組みをみる際、重要なのは、経済発展や民主的な管理など、何か他の目的の実現のために資源を循環させるということではなく、「循環を立ち上げ、維持すること」そのものがガバナンスの営みとして本質的な意味をもつ、ということである。細く長く、コミュニティの暮らしをつないでいくことこそ、ガバナンスの究極的な課題である。端的にいえば、ガバナンスをめぐる従来の「健康観」の見直しこそ、本書で筆者がやりたかったことの一つである。

私たちは、村落というミクロな地域社会を舞台とした「ガバナンス」が存在していることを、中国農村のたどってきた地域固有の歴史的コンテキストから理解してきた。それでは、このような中国の農村社会は、どこまで一般的であり、どのような部分が特殊なのか。私たちはそこから何を読み取るべきなのか。読者のなかには、この点がまだ腑に落ちない人も多いに違いない。

実のところ、こうした地域の「個性」は、他の社会との比較を意識することによって初めて明確に理解されるものである。そこでこの最終章では、今までより一歩引いた目線で、ズーム・アウトしつつ中国を捉えてみたい。同じ「ユーラシアの地域大国」として括られ、中国と同様に「懐の深い」社会であるロシア、インドとの巨視的な比較から、前章までみてきた中国の村落ガバナンスにみられる特質をいま一度、振り返りつつ、それらを相対的に理解してみよう。(1)

## 第一節　村落ガバナンスの先進諸国

同じユーラシア地域大国として括ることのできるロシア、インドにも、中国と同様の「村落ガバナンス」が存在しているのだろうか。三国はとても個性的な国々でありながら、実は様々な共通点がある。そのうちの一つとして、三国が「村落ガバナンスの先進諸国」だという点がある。この共通点があるからこそ、ここでの比較が有意味な作業となる(2)。

第一に、三国はともに「村の国」であるという点である。「村の国」とは、どういうことか。そこにはまた二つの意味合いがある。一つは歴史的な意味である。三国はいずれも過去においては広大な農業社会であり、農村を統治した帝政権力は、何らかの形で伝統的な「村」のまとまりを統治において利用してきた(3)。もう一つは現代的な意味においてである。三国では近代以降に至っても、広大な領土・莫大な人口という前提条件は変化しなかった。ロシアについては特に領土面の条件、インドについては人口面での条件がとりわけよくあてはまる。中国は両者の中間的位置づけにある。これらの条件のために、コミュニケーション手段の発達した近代以降も、三国の政府は末端の住民と直接的に接触し、基層社会を管理することが困難であり続けた。そこで、基本的には顔見知りで構成される小規模コミュニティである「村」の枠組みを相変わらず保持し、そこにフォーマルな「行政村」という法制的な網をかけることで、いわば間接的な統治を行おうとしたのである。行政コストの節約の観点からも、相対的に「小さな政府」で統治を行う必要があった。三国においては現在でも「村」がフォーマル・インフォーマル双方の意味で、ある時は、政府ファンドの受け皿として、別の時には基層レベルの自助活動の担い手として役割を果たしている。これは偶然ではなく、人口と領土のサイズが他国に比べて突出している点から理解しておく必要がある。

この点、多くの欧米諸国や日本では、地域差は大きいものの、広域の基礎自治体が行政村に取って代わっている。山下茂（二〇一〇：二九六―二九九）によれば、西欧一五か国の基礎自治体の平均規模は五二〇〇人ほどであるが、最も規模の大きい英国（一三万七六〇〇人）と規模の小さいフランス（一六〇〇人）の間には大きな差が存在する。フランスの場合、現在でも旧来の教区である村落共同体＝パロワス（paroisse）に基礎自治体が置かれており（山下 二〇一〇：四一一）、特殊な位置づけである。他方で広域自治体を設けた多くの地域では「村」は現在、行政村としてではなく、インフォーマルな自治組織としてしか存在しない。英国の伝統的なパリッシュ（parish）もそうした一例である。また、平成の大合併後の日本の基礎自治体の平均規模は七万一六〇〇人ほどとかなり大きい。基層レベルにはもはや「村」は存在していないため、公共サービスの主たる担い手は広域の基礎自治体である市町村となる。この場合、政府（「公」）がサービス提供の主体となっている。それでも、従来、地方自治体が行っていた業務の一部は、企業やＮＰＯに民間委託されていくこともある。第二章にみた通り、欧米諸国で「ガバナンス」概念が生まれてきたのは、大きな政府のデメリットが意識されたことと深いかかわりがあった。

中・露・印の三国では、広大な領土、莫大な人口のため、地方政府と住民生活との行政的・社会的距離が非常に遠かった。そのため、そもそもの始まりから住民の身の回りの世話に政府が直接的にかかわることはなかった。ほとんどの業務は最初から「村に委託」されていたといえる。このため三国では、政府が全面的に代行することが不可能であるか、あるいは代行すると非効率であるような公共的な問題、個人・家庭と国家の間の公共的な事柄の処理のため、基層レベルに「行政村」を残しているのである。行政村は通常、いくつかの自然村＝集落を束ねたものである。中国の行政村は「村民委員会」と呼ばれている（第二章）。同様に、ロシアには村ソビエト（*cel'skii sovet*）が、インドには村パンチャーヤト（gram panchayat）が存在している。

本書が行政村周辺の、村落ガバナンスを観察対象としてきたのには、二つの理由がある。一つは、ヨコの国際比較の可能性を担保するためには、制度的に共通性をもつ「行政村」を対象にするのが有益であること。もう一つは、公・共・私のガバナンス資源のダイナミックな交錯を最も観察しやすいのが、「行政村」のサイズだからである。中国の文脈でいえば、行政村のレベルでは「共」的資源のうちの「つながり＝関係」と「まとまり＝団結」が一部重なりつつも大きくズレ、錯綜する中で、「公」や「私」の資源も引き込みながら、種々の領域のガバナンスは展開していた。この点、行政村よりも大きな基礎自治体によるローカル・ガバナンスとなれば、基本的に「公」によって担われるという前提からスタートするであろう。逆に行政村よりも小さい単位となれば、「共」的資源が主体となるだろう。

第二の共通点として、中・露・印三国は新興国として近年、目覚ましい経済発展を遂げている点がある。三国の経済発展について農村住民の生活からみれば、各家庭の消費レベルが高度化するに伴い、これに絡んだガバナンスの必要性、要求水準が高まっている点が指摘できる。たとえば、これまでシンプルな生活が維持されていた際にはあまり問題にならなかった、ゴミ処理、とりわけプラスチックや瓶・缶などの処理が、共同対処の必要な問題となってくる。また経済発展と都市化に伴い若年人口の都市への流出が起こると、村に残された児童や高齢者の日常的なケアも、家族の自足原理では間に合わなくなり、他のアクターを巻き込んでの「ガバナンス」項目の一つに転化する。総じて、急速に経済発展する新興国においては、基層レベルの諸アクターが担うべき役割は増大し、そこで様々な工夫を凝らす余地が生ずるといえるだろう。

第三に、「行政村」が残されており、高度化する公共生活の組織化のために役割を果たすことを期待されていることにくわえ、三国の基層レベルは概して、十分な独自財源には恵まれてはいない、という共通点をもっている。その意味で、村落ガバナンスは自律的ではなく、もしも村が住民の期待に応えて実際に仕事をしようとすれば、何らかのかたちでフォーマルな財政の外部に「資源」を見出し、それらを動員する必要性に駆られる。ここに、単なる行政官僚であるにとどまらない、「農村リーダー」が誕生する要件が潜んでいる。「やるべきこと」と「実際にできること」の狭間で苦悩する農村リーダーたちの姿は、三国に共通している。そうした中で普遍的な現象は、農村リーダーたちが行政村組織の外部に「パトロン」を形成することによって各種の資源を調達しようとすることである（Tahara 2015a）。

第四に、三国は総じて強力な中央政府あるいは一級行政区（sub-national）レベルの地方政府をもつ点でも共通している。新興国であり、「地域大国」でもある三国で、広大な国土から調達される財源は多い。中央政府、一級行政区レベルの財政的な再配分能力は高い(4)。常に資源不足に悩んでいる農村リーダーの目から見た際には、村ガバナンスへの上級政府からの「公」資源の流入可能性は近年、とみに高まっている。同時に、経済発展は国内のビジネスや企業体の発展をもたらすため、市場部門の「私」資源のガバナンスへの利用価値も高まってくる。こうしてみると、農村リーダーが従来からの内部資源（「共」）に止まらず、村の周辺に眠っている「公」「私」資源をも取り込んで相互転換・相互補完する「公・共・私」ダイナミズムのなかに、三国の村落ガバナンスは共通して位置づけられることになる。

## 第二節　「つながり」と「まとまり」のコントラスト

本書では、中国村落ガバナンスの「共」的資源を分析するにあたり、「つながり＝関係資本」と「まとまり＝団結資本」の概念を用い、しばしば両者が明瞭なコントラストをなしている点を見出してきた。では、この「つながり」と「まとまり」のコントラストは、中国以外のロシアやインドの村落ガバナンスにもみられるのだろうか。それともこの現象は特殊中国的なものとみるべきだろうか。

この点を考察するために、三国農村の伝統的社会構造と、近代の革命や社会変革の影響を受けての変化に着目してみたい。農村の社会構造を血縁（大家族制）と地縁（村落共同体）の組み合わせで捉え、これを伝統的構造、近代化と社会主義時期、そして現在に分けて簡略に示したのが、［表8‐1］である。

三国の構造変化をどう位置づけるか。前世紀に共産主義革命と社会主義的な社会の改造を経験し、村落の枠組みが徹底的に変革されたロシアを一方の極とし、近代以降も伝統社会の変革を実質的に経験しないまま現在に至っているインドをもう一方の極においてみることができる。中国は両者の中間に位置する。すなわち、伝統的構造が革命や社会主義によって打撃を受け、変化させられたことはロシアと共通しており、社会革命の洗礼を受けていないインド農村社会とは異なっていた。しかし、社会主義に向かう際の伝統的構造への変革の意味が、ロシアと中国では異なっていた。この流れを、以下に説明しよう。

ロシアの伝統的農村には、血縁による大家族制が存在しない、あるいは顕著でない代わりに、地縁に基づく村落共同体すなわちミールを基盤とした自治制度が存在していた(5)。一九一七年の革命を経たのちも、ミール共同体の地縁的結合はさらに強化されてしまい、共同体農民は都市の工業化に必要な商品化食糧を出し惜しみするようになってしまった。そこで、穀物調達危機の中でスターリンはミールを破壊し、新しいコルホーズによって置き換えたのである。もともと血縁的なつ

**表 8-1 村落共同体と大家族制の伝統**

伝統的構造

| | 中 国 | ロシア | インド |
|---|---|---|---|
| 血縁（大家族制） | ○ | × | ○ |
| 地縁（村落共同体） | × | ○ | ○ |

近代化・社会主義時期

| | 中 国 | ロシア | インド |
|---|---|---|---|
| 血縁（大家族制） | × | × | ○ |
| 地縁（村落共同体） | ○ | × | ○ |

現 在

| | 中 国 | ロシア | インド |
|---|---|---|---|
| 血縁（大家族制） | △ | × | ○ |
| 地縁（村落共同体） | △ | × | ○ |

出所）Moore（1967），中根（1999），Xu（2014）などを参照し筆者作成。

ながりが弱かったうえに、農業集団化によって地縁的な共同体も破壊された。さらに実態としての都市＝農村間の人的な流動性が高まり、村落自体も都市的で流動性の高い社会に転化していった。現在のロシアでは、伝統的な意味での地縁共同体は既に消失して久しい。

他方、インドは血縁的な大家族制の存在した社会であるとともに、地縁的な村落制度も機能している社会でもあった。様々なカーストが分業的に補い合う中で、村落は都市に依存することなく自律的に生きていける状態にあった。イギリス植民地支配に対し、自足的な小宇宙としての村落制度をもって抵抗を試みようとしたM・ガンジーの構想は有名である。B・ムーアも指摘する通り、大きな社会革命を経験しなかったインドの場合、血縁による大家族制と、地縁による村落共同体の枠組みは基本的に生き残ったまま近代世界に突入している（Moore 1966: chap. 6）。インドは全体として平坦な地形の地域が多く、相対的に集中した集落形態をとることも、地縁的な共同体が維持されやすかった原因であろう。村内のカースト・コミュニティは、通常、一つの集落内でエリアごとにまとまって居住している。また内婚[6]集団としてのカースト制度も、村落を舞台として確実に生き残っている。

中国農村では、伝統の破壊と保存は、両者の中間形態をとった。中国で伝統的社会構造の起点となっていたのは、地縁によるシステム（＝村落共同体）ではなく、血縁によるシステム（＝大家族制）であった。形態としての集落や村落は存在していても、社会構造の起点はあくまで家（宗族）や戸（世帯）にあった。個別の農民家族が生存を維持し、できることなら繁栄を実現しようと夢見る中で、結果として家族間の共同がみられたり、ときには村としてまとまる必要が生じたにすぎない。地縁的な結合は家々の合理的・打算的な選択の一時的な結果として捉えられる。

こうした状況下で、中国の革命と社会主義が目指したのは、生命力の強すぎた血縁・大家族制を批判・抑制しつつ[7]、新しい社会主義的な地縁組織＝「集団」の枠組みに農村社会を再編成することだった。地縁的なミールを打ち壊したソ連は逆さまに、中国では社会主義のもとで新しく地縁的な「集団」＝「まとまり」が創造されたのである。同時に、政治優位の時代にあっても小農家族の血縁原理は水面下に温存され、改革開放以降にたちまち息を吹き返すことになる。人民公社組織とイデオロギーを通じて維持された集団の枠組みもまた、人民公社システムが解体されたのちも、有形無形の資源として残された。本書の第三～六章から浮き彫りになった通り、この公社の陰影は、集団経済が多く残された沿海部や、集落形態が比較的集中した地域、北方農村でより色濃く残存したと思われる。このようにみてくると、「伝統＝血縁＝つながり＝関係」と「社会主義＝地縁＝まとまり＝団結」のコントラストは、表に示したような中国農村独自の歴史的な歩みに対応したものであった[8]。したがって、ロシアやインドの農村社会にはみられない、中国農村のユニークな特徴である、と結論づけることができる。

## 第三節　「公平さ」のダブル・スタンダード

本書では中国の村落周辺に立ち上がる様々なガバナンスをミクロな視点から、いわばクローズ・アップしながら描いてきた。しかし、これらの事例を一歩引いた都市＝農村関係の国際比較の視点から眺めてみると、やはりそこには中国なりの特色が介在していたことに気づく。すなわち、①市民＝農民間の不平等、②農村の自力更生、③その際の農村内部での平等・公平原則、などの諸特徴である。

**図8-1　中国・ロシア・インドの都市化率の推移（%）**

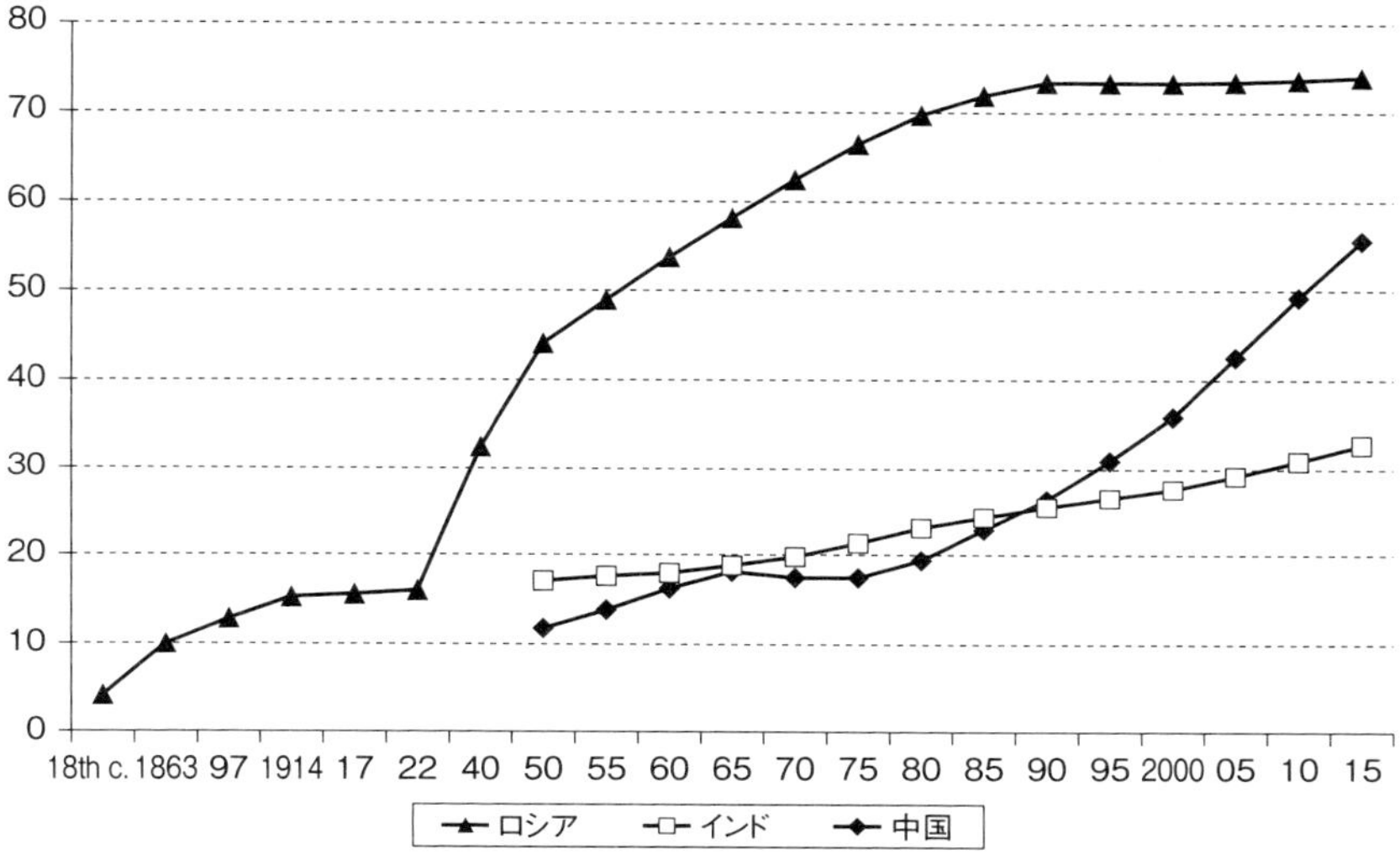


出所）United Nations（2014），川端（2004）などを参照して筆者作成。

まず、三国の都市化率の推移を確認しておこう［図8－1］。ここに示された通り、中国に先立って社会主義を経験したロシアでは、一九三〇年代以降、スターリンの集団化の強行に引き続き、コルホーズを離れ、農村から都市へ流入する人の流れが顕著となった[9]。ソ連では一九七〇年代ころまでに都市市民は国民の多数派を占めることになり、国家によって保護される対象であるよりは、自力で生き残ることを期待される存在となった。政府は都市市民に郊外の土地を無償で与え、これが別荘つき菜園としての「ダーチャ」（*dacha*）の始まりとなった。したがってロシアでは、農村が都市よりも「後進的」であるという考え方自体が存在せず、逆に都市市民は週末や夏季の休暇に郊外のダーチャで自給のためのジャガイモや野菜を栽培して過ごすようになった。現在では、ロシア市民は農村で余暇として田園生活を過ごすことを至福のときと考えている。都市と農村はゆるやかに相互浸透している。

ソ連の都市＝農村関係に照らすと、中国の都市＝農村関係は、しばしば「二元構造」と呼ばれるように独自の様相を呈す。かみ砕いていえば、都市市民＝農民の区別が重要な社会的亀裂（social cleavage）となり、生活環境や公共サービスにおける都市の農村に対する優位、市民の農民に対する優位として毛沢東時代以来、固定化されてきた。一国の中で、人口の二割以下にコントロールされた都市市民が、工業化の担い手として政府の手厚い保護の対象となり、特権化した。これに対し農村では、農民同士の間ではかなり平等であった代わりに、公共サービスやインフラの面では政府からの資源供給を期待できない「自力更生」を要請された。人口移動が制限された社会主義の下での「自力更生」の慣性は、ロシアやインドにはない特徴で、現在の中国の村落ガバナンスをなお、規定し続けている。

他方、インドの都市＝農村関係は、発展途上国型の典型である。すなわち比較的大量の農村の土地なし層が都市に流入してスラムを形成し、都市雑業に従事するというものである。一方、いわゆる「出稼ぎ」が成立するためには、出身地の農村において安定した土地所有とその経営が確保されていることが前提である。農繁期には農作業に従事し、農閑期に都市に出て工業・建設業に従事するというように、移動には季節性が存在する。ところがインド農村では、多くの場合、農村での土地なし層が、生計を求めて農村から流出して都市に滞留し、季節性・回帰性のある人口流動とはなっていない(10)。また政策的に都市＝農村間の人口流動をコントロールした歴史もないため、都市＝農村、市民＝農民という区別が主要な社会的亀裂を形成していない。むしろ民族、宗教、言語、カーストやジェンダーによる亀裂の方が重要である。ここからも、農村からの「出稼ぎ労働者」というカテゴリーは、それほど自明な存在とはならない。中国のような戸籍制度があるわけでもなく、農村からの「出稼ぎ者」とスラム住民、その他の都市労働者の分別は困難で、それらの境界は曖昧である（任・三輪 二〇一三）。

インドの都市化と比較した際、中国に特徴的なのは、一九五〇年代初頭から半ばに全国で実施された土地改革および農業集団化で、旧来の土地保有に基づく農村の階層がいったんリセットされたこと、そのうえで、一九八〇年代初頭に、極めて平等主義的なやり方で村の全世帯に使用権のみが再分配されたことである（第一章）。［図８－１］からは、中国の都市化率が近年、急速に高まり、五〇％を超えていることがわかるが、これには注意が必要である。この割合は都市への「常住人口」に基づいており、二億数千万の農民工が都市人口としてカウントされている。だが、この人口は、実際には故郷の農村と大都市の就業先の間を環流（circulate）しているのであり、都市部に永久に移住（migrate）したわけではない。このように考えると、現在のように大量の農村出身者が都市に流入しながら、スラムも形成されず、極めて秩序だった農民工の環流が都市＝農村間に形成されているのは、その背後に、すべての農民世帯が小さくとも必ず一片の農地の経営権を保有しているからだ、という因果関係に行きあたる。

以上の点は、中国の村落ガバナンスにどのような特徴を与えるか。

第一に、ロシアやインドとも異なり、中国は都市＝農村間の分断と不平等とを前提とし、人口の八〇％程度を占める農村から吸い上げた資源を都市国有セクターに投入する独自の社会主義建設を行ってきた。その過程で、中国の基層部分の「村」は、相対的に独立した「自力更生」の単位として、ガバナンスを行ってきた。長い間、中国農村ではコミュニティの内部資源（「共」的資源）がほぼ唯一、使用可能な資源だった。こうした歴史は、現在の村民、とりわけ各種の問題解決にあたって「村民の生活に責任をもつ」「とりあえず自力でやってみる」という村リーダーの行動様式——本文でみた通り、それが実際に可能であるかどうかは別として——に痕跡をとどめている。資源の調達にあたり、「内部資源」→「外部資源」の順で発想する（第七章）のも自力更生の名残である。(11)

第二に、農民は上記のごとく都市＝農村間の不平等を当然の前提として受け入れる一方で、農村コミュニティの内部、あるいは近隣のコミュニティとのあいだでは平等であるべき、とする基本的な発想をもつに至った。私たちは第一章で、これを歴史的背景と絡め「他律的合理性」として概念化した。コミュニティは日常的・直接的な引き比べが可能な小さい単位である。農民が意識するのは都市の市民たちとの格差ではなく、小さなコミュニティ内での自己の栄達、ないしは他者との平等・公平な扱いを実現することである。(12) ここから村落ガバナンスの「共」資源の動員にあたっては、負担や受益をめぐる成員間の平等・公平という点がとても重要な関心事になってくる。これも、村内に巨大な農業企業家が存在するロシアや、同様に村内の階層格差の大きいインドではあまりみられない特徴である。

中国の村落ガバナンスのもう一つの特質は、「脱政治化」として概念化できそうである。これは、国内政治システムに関わっている。

## 第四節　脱政治化

中央政府や一級行政区、あるいはそれ以下のレベルの議員や首長の選出において、曲がりなりにも競争選挙の存在しているのがインドやロシアである。とりわけ、中国の対極にあるのが、同じアジアの人口大国であり、農民が多数を占めるインドである。インドでは、一九四七年のイギリスからの独立以来、公正で民主的と呼んでもよい選挙制度が確立し、しかもインド連邦上院、下院、州、県（district）、郡（block）、そして村パンチャーヤトのそれぞれのレベルで議員の選出が行われ続けている。一九五〇～六〇年代当初は「会議派システム」（Congress system）と呼ばれる、国民会議派が選挙において圧倒的に優勢な時代があった。しかし、およそ一九七〇年代からは地方政党が登場し、各レベルにおいて多党間の競争的選挙が繰り広げられ、連邦レベル、州レベルでも頻繁な政権交代が発生するようになった。政党と議員は自らの選挙区選挙民の利害を代表していることは明らかで、選挙公約を果たすため、また次の選挙での勝利を目指して選挙区に惜しみなく「公」資源を投入するようになった（Wilkinson 2007）。村リーダーの側も、村に政府資源を引き込むために、上位の議員らとの間にパトロン＝クライアント関係を築こうとする。これは、個人的なものであるよりは、政党ベースの関係であり、村リーダーは資源をもたらす可能性のある政党の候補者をみずからの「パトロン」として選択するのである（Tahara 2015a: 90-93）。

中国は、いわば古典的な権威主義体制をとっており、中国共産党の一党制が大前提となっている。真に競争的な選挙は、村レベルで、三年に一度の村民委員会選挙においてみられるのみである。村民委員会は行政系統の執行機関であるから、選挙で選ばれているのは代議員ではない。中国で他国の「議員」に相当するのは「人民代表」である。(13) 人民代表は、郷鎮レベル、県レベルが住民の直接選挙で選ばれるが、そのさらに上の市、省、中央レベルの代表は、一級下の人民代表による間接選挙である。ただし、人民代表の選挙は「ゴム印」選挙と呼ばれるように、基本的には党によって指定された候補者を投票で追認するだけのものである。その意味で、名誉職のようなものである。一九七〇年代末までは、候補者の数と当選者の数が同じ「等額選挙」であり、七九年には競争原理を少し加えて「差額選挙」となったが、それも極めて限定的である。そこには政党間の競争は存在しないし、個人間の競争も存在しない。人民代表制度については近年、研究も進んできて、実質的な意味が全くないという考え方は、修正されつつあるのかもしれない（Xia 2008; 加茂 二〇一八）。ただし、農村部の人民代表の実態として、代表に選ばれた人々がどの範囲の誰の利益を「代表」しているのかは終始一貫して曖昧なのではないか。本人たちも自らがやるべき具体的な仕事が何なのか、よく解っていないのは否定のできないところだろう。ましてや人民代表は「資源」にアクセスが可能とは限らず、村リーダーの側も人民代表にはパトロンとしては何の期待も寄せていない。

この点、ロシアはインドと中国の中間に位置する。連邦レベル、州・共和国レベル、郡、村レベルそれぞれで選挙は実施されているが、統一ロシア党候補が常に当選するように、注意深く操作がなされている。村の議員や村長は、統一ロシア党に入党させられ、統一ロシアに忠誠を誓い、票を集めることを縦のラインで命じられる。村リーダーは、村のために外部資源を動員するためには、上部の郡（*raion*）レベルのリーダーに従属し、郡のリーダーも州・共和国のリーダーに従属する。「忠誠の滝」がロシアのシステムの特徴である（Tahara 2016）。混乱への恐怖が、その根っこにある。ソ連崩壊後の一九九〇年代、経済が大混乱に陥った時期には、小政党が乱立し、一九九五年の国会選挙では四三もの政党が議席を奪い合う状態となった（Gel'man 2008: 914）。プーチン政権になった二〇〇〇年代以降、ようやく国内が安定してきたのである。このため激しい競争で不安定になるよりは、統一と安定こそが目指されている。現在のロシアのシステムが「競争的権威主義」（Levitsky and Way 2009）の一つと目されるのは、こうした意味合いにおいてである。

以上から、改めて中国の政治システムの村落ガバナンスへの影響を述べる。一言でいえば、村リーダーが外部資源の動員にあたって、パトロンをみつけようとする際に、選挙ネットワークが存在しないために、個人的ネットワーク（中国語でいう「関係」）が必要になってくるという点である。二種のネットワークの違いは、①選挙ネットワークはすべての地域を空間的にカバーできるのに対し、個人的ネットワークはリーダー個々人に属し、個別性が強くなること、また②数年に一度実施される選挙の度に資源動員が伴う選挙ネットワークに比べ、個人ネットワークの動員可能性とタイミングは予見することが難しい点である（Tahara 2015a: 97–98）。

こうして、村落に限らず中国の現象を理解するためには、基層より上位の政治において、競争選挙が「存在しない」ことから説明可能なことも少なくない。その一つが、民衆の間での「脱政治化」、すなわち草の根の生活と上位の政治との間の直接的なリンクの欠如である。インドやロシアの状況から明らかなように、選挙で正当性を問われる政権は、集票のため農村住民をダイレクトに摑む必要がでてくる。これにたいし中国の中央政府・地方政府は農村住民を直接掌握するのではなく、全般的な農業・農村・農民優遇政策（「公」資源の提供）を通じて漠然とした支持を取り付ける。選挙による政権交代というオプションが存在しないため、社会内部の不満の火種には民主主義国家以上に敏感に、常に目を光らせておき、不穏な動きは「点」として捉え、迎撃ミサイルを撃ち込んで解決する（維穏）アプローチをとることになった。

選挙政治不在の体制下にあって、中国農民は日常生活で直面する諸問題を逞しく、臨機応変に、得られる資源を用いて解決してきた。しかし一方で、彼らはみずからの暮らしの問題を大きな政治の問題と結び付ける習慣を養成してこなかった。それは、農民らが都市＝農村の不平等・格差はあまり気に掛けず、むしろ当然の前提とみなすことや、農村の若者が現金収入最大化を求めて出稼ぎに励みつつも、共産党への入党希望者がほとんどいない点（Zhong 2003: 162）などにも現れている。農民の脱政治化は、天児（二〇一八）のいう、「政治と経済の断層」という中国政治社会の大きな特徴に対応していよう。この断層構造は「経済開放・政治引き締め」として現れるが、農民にとっては経済の開放こそが重要であり、広い意味での政治的権利の制限や言論面での引き締めの強化は目下のところ、痛くも痒くもない。中国農民の脱政治化は、彼らの富裕の夢（発家致富）に結びついた勤勉さのエートスに抵触するものではない。それゆえ、中国の各社会階層のなかでは、農民こそがこの政治と経済の断層構造と親和的なのである。

この意味で、「公」や「私」の資源を引き込みながらも、人々が基層レベルの自力更生（「共」）で暮らしの問題を解決する習慣は、現在の習近平政権のもとで、体制の維持のためには、ますます貴重な政権側の「資源」となってくるだろう。現在の中国政治は、かなりの強靱さ（resilience）を備えたシステムを形成しているといえる。

## むすび

以上、いささか大雑把ではあったが、ロシア、インドとの比較により、中国の村落ガバナンスの特色がよりクリアに浮かび上がってきたのではないだろうか。中・露・印の三国では大国の基層部分を支える環として、「村落ガバナンス」と村の自律的なリーダーシップが、政府から、また住民の側からも期待されている。これが三国に共通の前提である。ところが中国の村落ガバナンスの内容や資源の状況は、いくつかの特徴に彩られていた。再度、ごく簡単にまとめておこう。まず、前章まで処々に立ち現れてきた村落ガバナンスの資源である「つながり」と「まとまり」のコントラストについてである。このユニークな対比は、中国のたどってきた独自の血縁（大家族制）と地縁（村落共同体）の交錯パターンの史的変遷から説明が可能であった。

つぎに、「公平さ」のダブル・スタンダードは、①市民＝農民間の不平等への無頓着と、②村落ガバナンスをめぐるコミュニティ内部の平等・公平への過剰な意識として現れる。これは、中国独自の都市＝農村関係の変遷により形成されたものである。中国の村落ガバナンスにおいては、「自力更生」的な色彩が尾を引きつつ、ガバナンスにおいては村民間の「公平」ということが高い関心を集める。これらもやはり、異なる都市＝農村関係が展開してきたロシア、インドにはみられない傾向である。

さらに、「脱政治化」という特徴である。政治システムに関して、中国は村より上位に競争選挙が存在しないという意味で、インドとも、ロシアとも異なる特殊な体制に属している。中国では、村落は選挙動員のための基盤（マシーン）となる機会をもたない。したがって村リーダーは選挙で票を動員する役目を通じたパトロン＝クライアント関係をもたず、外部資源は個人的なコネクションで調達するしかない。村民の側も、選挙に動員される経験がなく、それゆえ選挙によって生活が改善された経験をもたないため、概ね広い世界の政治に関しては無関心に包まれているといえる。

最後に。日本社会のコンテキストに生きる私たちは、草の根の中国からなにを学び取るべきか。意外なことに、中国（そしてロシア・インド）農村は、村落ガバナンスの先進地であった。彼らが生きる姿からは、身近な「暮らし」の問題を、政府の与えるガバメントやお金を出しさえすれば解決してくれる市場サービス頼みにしない姿勢、を読み取ることができるだろう。「お客様」のままでいてはならない、ということである。ここまで目撃してきたように、草の根の中国には、異なる領域ごとに、フォーマル・インフォーマル様々の主体が現れ、臨機応変に資源を組み合わせ、形式にはこだわらず、しかも焦らず、可能な条件のもとで問題を解決していく人々の息遣いに満たされていた。その逞しさや自由さは、日本社会に生きる私たちの生活態度を省みるきっかけを与えてくれる。あるいは、すでに潜在的には備わっているはずの、私たち自身の意外なタフさの再発見に道を開くものにも思える。[14]

# 注

## 【序　章　草の根から中国を理解する】

（1）今世紀以来、観光や留学で来日する中国人は急増している。中国からの訪日者数は、二〇〇三年の四五万人ほどから、二〇一七年には七三六万人と、一六倍以上の伸びを示している［日本政府観光局ＨＰ（https://www.jnto.go.jp/）、二〇一八年一二月二八日閲覧］。また二〇一七年現在の中国人留学生総数は一一万人弱で、国内留学生総数二七万人弱の四割ほどを占める［日本学生支援機構ＨＰ（https://www.jasso.go.jp/）、二〇一八年一二月二八日閲覧］。もっとも、中国人の留学先として人気があるのはアメリカ、イギリス、カナダ、オーストラリア等の英語圏であるが、留学者の母数自体が増大しているので、数からみれば日本留学も増えている。

（2）本書の行論においては、できる限りこれら日本の中国農村研究の成果を参照している。

（3）こうした傾向は中国国内でも同様なようで、上海のある大学で社会学を専攻する学生たちが卒論のテーマとして「農民工」問題ばかり選びたがるので、その指導教員は「いったい、中国には農民工問題しか存在しないのかね」と学生らを諭している、というエピソードを聞いた。

（4）このような言説の典型例の一つとして、秦尭禹『中国民工調査』の邦訳本（秦 二〇〇七）を挙げておきたい。

（5）「ガバナンス」概念については第二章で詳述する。

（6）当時の国内知識界の動向について、呉毅らの議論（呉・李 二〇〇七）がよく雰囲気を伝えている。

（7）「税費」とは、農業諸税と、そこに付加される各種上納金（中国語では「費用」）を指す。農業諸税は政府に納められ、各種上納金は村レベル、および郷・鎮レベルのインフラ・福祉・人件費・教育・民兵・計画出産など公共的用途のために徴収された（厳 二〇〇二：九五―一〇一）。人民公社が解体された一九八〇年ころから、個別農家に対して農業諸税の徴収が行われた二〇〇五年末までを「税費時代」、全国で農業税が廃止された二〇〇六年以降を「ポスト税費時代」（後税費時代）と呼びならわす。

（8）これについて賀（二〇一三：二二一―二二八）は、経済発展を目指す「積極的村務」は大部分の村の現象にそぐわず、村幹部が行うべきは、もめごとの仲裁や基本的な生産・生活基盤の確保などの「消極的村務」であるとする。卓見であろう。

（9）本書に登場する四つの村の呼び名――「果村」「花村」「石村」「麦村」――は、中国農村研究の慣例にしたがい筆者が用いる仮名で、中国語では「学名」と呼びならわす。人類学者・社会学者の費孝通が調査を行った江蘇省の「江村」（費 一九三八）や雲南省の禄村、易村、玉村など（Fei and Chang 1945）がことに有名である。こうした学名を使用する理由は現地のインフォーマントのプライバシー保護の観点からでもあるが、調査村の個性を端的に示すという意味もある。本書では村名のほか、郷・鎮など県レベル以下の地名についても仮名を用いる。また本文中に登場する人名については、政界などですでに名の知れた人物を除き、基本的に仮名を使用する。

【第一章「譲らない」理由】

（1）ここでいう資源は、農民世帯の生存のための資源を指しており、本書全体のテーマであるガバナンス資源とは区別される。

（2）宮本（一九八五：一〇五―一〇七）は日本の民間に食糧確保の知恵が備わっていた点と対比しながら、中国の人口動態が「波乱万丈」であり、ようやく一億人程度で安定し始めたのは明が建国してからであったと述べている。

（3）とりわけ一九二〇年代の河南省周辺などは、政治的・社会的混乱の中心であった。同省を中心に現れた農村の武装自衛団である「紅槍会」は、農村住民らの防衛ガバナンスの試みとして理解できる。すなわち、「個々の農家をこえた危機、すなわち過酷な自然災害、土匪・敗残兵の襲撃や略奪、地方政府・軍隊による過度の収奪などのために村落全体が崩壊の危機にさらされた時には、その防衛の必要から村民全体の結束が必要となり、さらには団結と戦闘力の強化のために宗教的秘密結社のネットワークが利用され」（三谷 二〇一三：一一六）たのである。

（4）特に日中戦争期の農村での徴兵実態については、笹川・奥村（二〇〇七：六四―一二二）を参照。

（5）国民党は世帯を単位として「戸長」を置き、一〇戸を「甲」として「甲長」を置き、一〇甲を「保」として「保長」を置いた。保長・甲長の重要な仕事の一つが、壮丁の徴発であった。

（6）一家に壮丁が二人以上いる場合、その一人を「保丁」とした。

（7）一九五九年から一九六〇年にかけ、西和県全域での人口は二〇万二四〇〇人から一九万三七〇〇人と、八七〇〇人減少している（西和県志編纂委員会 一九九七：二六一）。もしもこれを、県城の人口などを考慮せず単純に現在の村民委員会数の三八四で除してみれば、この一年間の減少幅は一村あたり二三人となる。したがって二人という数字は、他村と比較しても際立って少なく感じられたことは想像できる。

（8）もと宋李大隊書記、李言照へのインタビュー、二〇一〇年八月一五日。

（9）人民公社時期の様々な非公開資料・口述資料の発掘とも相まって、当時の農民の行動を抵抗のフレームに位置づける研究は近年、盛んになってきている。たとえば、生産隊長らを主体とした生き残り戦略を明らかにしたOi（1989）、同じく農民の抵抗を「反行為」と呼んだ高（二〇〇六）、Gao（2011）、また集団の利益のため、政府の目を欺く独自の資源としての「黒地」に着眼した狄・鐘（二〇一四）などがある。

（10）「二元構造」に関するまとまった解説として、内田（一九九〇）、上原（二〇〇九：一三九―一六五）、Naughton（2018: chap. 6）などを参照。

（11）もっとも、一九八四年六～八月の西和県の大洪水にもみられるように、域内では比較的近年に至っても豪雨や旱魃による被害はしばしば発生している。農村地域である限り、否、人間が創り出した社会である限り、自然を相手取ったリスク軽減の必要性は常についてまわる、という点には留意すべきである。

（12）麦村でも、全耕地を地質の観点から一等、二等、三等（そして若干の「等外地」）に区分したうえで、一等地は三等地と組み合わせ、二等地はそのままで、世帯人数に応じ全村民に平均分配している（第六章参照）。その他の類似の事例として、Judd（1994: chap. 2）、Blecher and Shue（1996: 191-194）、Li（2009: 269-271）などを参照。

（13）何（二〇一二）は一九九〇年代の農民の行動につき、やはり農民の生存維持第一主義（〝過日子〟の発想）から説明している。

（14）呂（二〇一四：一二三）は、税費時代からポスト税費時代にかけての農民の陳情行動の分析を通じ、農民の選択が中央政府の政策と密接に連動していた点を指摘している。

（15）この点、発展した沿海部農村、都市近郊農村や幹線道路脇に位置する農村は、本書での議論とは前提を異にする。これらの農村においては、政府による土地収用により農地そのものを失うケースが多い。他方で、これらの農村では一般に近隣での農外就業の機会も豊富で、遠隔地への出稼ぎは多くない。土地をめぐっての非日常的な抵抗はメディアや学界からの注目を集めやすいが、広大な内陸地域の一般農村を代表する現象ではない。

（16）終章のインドの例を参照。また、ブラジルについて渡辺（二〇〇七）、フィリピンについて、中西（一九九一：一〇六―一〇七）を参照。

（17）Keister and Nee（2001）、Song（2017）を参照。なお、石田（二〇〇三）はこうした「片手間」の農地経営に発展性・将来性がない点を繰り返し憂えているが、家族経済戦略に組み込まれた農業は本来的に片手間的な性格をもつのであり、それが産業として発展する見込みがないからすなわち無意味であるという論調は、少なくとも農民の実感からは乖離しているといわざるをえない。

(18) 賀(二〇一四)はこれを「世代間分業に基づく半耕半農」(以代際分工為基礎的半工半農)と呼んでいる。

(19) 中共国務院扶貧弁党組「脱貧攻堅砥砺奮進的五年」『人民日報』二〇一七年一〇月一七日。

(20) たとえば、第六章でみる麦村の支部書記林双湧は炭鉱経営者として、(a)に近い位置づけの人物であり、また同村の道路建設において外部資金を持ち込んだ県財政局幹部の林湖は(c)の類型に属する。

(21) 湖北省の一農村を事例として村落の階層構造を詳細に分析した馮(二〇一九:一五五―一六四)も、同様の結論に達している。

(22) 「在外就業者」の統計的な定義は、農村戸籍保有者の中で、二〇〇六年のうちに自分の村のある郷鎮の外で一か月以上就業した者を指す。実質的には「出稼ぎ者」と同義とみなすことが可能である。

(23) 厳(二〇〇二:一六〇)によれば、「人口対土地の圧力が労働力の移出を強く働きかけたことは明らか」であるという。

(24) 田(二〇一二:一一三―一一四)は、従来の税費時代における已むに已まれぬ「権益擁護型」陳情が減少する一方で、「営利型」陳情が増えてきたことの大きな背景の一つとして、これら政府の農民優遇資金の流入を挙げている。

(25) この点に触れた研究として、小林ほか(二〇一六:六八―六九)、Zhang, LeGates, and Zhao (2016: 215-216) などを参照。

(26) 制度的には扶養者のいない障碍者や一六歳未満の者も対象に含まれる。少年の場合には埋葬の代わりに教育が保障の対象となる。人民公社時期は、公社の集団が「五保」の担い手であったが、現在では政府財政から補助が行われる。

(27) もと村長林玉文へのインタビュー、二〇一〇年八月七日、および西和県志編纂委員会(二〇一四:七五〇)。

(28) 中央政府は二〇〇六年に一二六七億元、二〇一一年には九八六億元ほどを支出している(「中央財政新増一二五億元直補糧農」『農民日報』二〇〇六年四月一二日、「今年糧食直補和農資綜合補貼資金下撥」『農民日報』二〇一一年一月二一日)。

(29) 「河巴(郷)鎮二〇〇九年糧食直補及農資綜合補貼資金発放花名冊(二〇〇九年六月二二日)」。

(30) これは「低保」が導入されて以来、全国的な現象である。たとえば幹部の縁者が低保の対象となる「関係保」の問題が指摘されている(「干部家属成低保対象困難戸被拒之門外 海南万寧:農村低保成了〝関係保〟」『農民日報』二〇〇八年一二月一〇日、「農村家庭低保認定難問題突出 民生系統已建立監督検査長効機制」『農民日報』二〇一四年二月二〇日)。

(31) 西和地域の「社」は一般地域の「村民小組」に相当し、したがって「社長」は一般地域の「村民小組長」にあたる。麦村は八つの

「八社」からなるが、八社には社長がいないため、七社の社長が八社の分もまとめて業務を担当している（第六章参照）。

(32) 二〇一五年五月三日、麦村村支部書記林双湧からの聞き取り。

(33) 退耕還林とは、生態環境保護の観点から、山岳地帯を中心とする生産性の低い農地を林野に戻す政策的措置である（白石 二〇〇五：二二三―二二八）。甘粛省は全国の退耕還林政策の重点としての地位を占めた。退耕還林がほぼ完成する二〇〇八年末までに、同省では一六六万世帯の農家に関わる二六一八万畝の耕地を林野に戻し、補助金の累計は一一六億六〇〇〇万元であった（「甘粛退耕還林成績列全国榜首」『農民日報』二〇〇九年五月二八日）。一世帯平均で計算すると、約一五畝を差し出し、約七〇〇〇元を受け取ったことになる。

(34) 麦村所蔵資料「河巴鎮二〇一〇年完善退耕還林糧食及現金補助兌現花名冊」による。

(35) 実際には村民林井泉が経営する私営の幼稚園（学前班）が存在している。

(36) 「均分」のロジックに絡み、麦村の事例ではないが、次のような事件があった。二〇〇八年の震災後、西和県南部のある村で、農民の陳情事件があった。西和県当局が認定したこの村の震災後の家屋再建補助対象世帯は四五世帯であった。ところが、実際の被害状況はどの世帯も大差はなく、この点を考慮した村幹部は補助金を各世帯に平均分配しようとした。当然ながら、先に認定されていた四五世帯はこれに不満を覚え、直接、西和県を管轄する隴南市レベルに陳情を行った。隴南市の民政庁は西和県の民政局を訪ね、現場で協議と調停を行った結果、最終的にはやはり補助金を全世帯に平均分配することで決着がついた（西和県司法局幹部へのインタビュー、二〇一〇年八月一三日）。

(37) 二〇一一年八月八日、麦村村主任（当時）林玉文からの聞き取り。

(38) とりわけ地方政府による土地収用の補償額ははっきりした数字として現れてくるため、近隣の村落の補償額が自村よりも高かった場合、住民の不満は容易に高まる。そうした事例として、馮（二〇一九：九八―一〇四）を参照。

(39) 彼は独特の性格の持ち主である。確認はできていないのだが、先に村支部書記が「低保」の枠を与えた軽い知的障碍を持つ隣人、というのは林徳恵を指していると思われる。

(40) 二〇一一年八月八日、麦村村主任（当時）林玉文からの聞き取り。

(41) 本章では大きく、第六章で取り上げる甘粛麦村のコンテキストに寄り添いながら論じてきたが、実際には農民の行動ロジックには村ごと、地域ごとに異なる事情もある。地域間の差異については、第七章において統一的に論じていくこととする。

【第二章　「つながり」から「まとまり」へ】

（1）「原子化」概念の生成に最も大きな影響を与えた著作として賀雪峰の『新郷土中国』（賀 二〇一三）、とりわけその第一篇「郷土本色」収録の諸論考を参照。

（2）この点については、終章においてロシアやインドなど、同じユーラシアの地域大国との比較を通じて再確認する。

（3）『中国統計年鑑二〇〇七』（国家統計局 二〇〇七：四六二）より算出。

（4）この理由について、南方の諸省では行政村の合併が進んでいる可能性が考えられる。なぜ、南方の諸省で合併が進みやすいのか。南方諸省では集落が分散しており、一つの行政村が多くの小規模集落で構成されるため、行政村はもともと「人工的」な存在である。ここから、行政コストを減らすための措置として合併が進められやすい。北方では単一の集落が行政村を構成することも多く、行政村により「自然」的要素が強く、まとまりがあるため、人為的な措置として合併を進めにくい状況があると考えられる。実際に、本書の事例村のうち、南方の二村、江西花村と貴州石村は近年において合併を経験しているが、北方の二村は合併を経験していない。

（5）四レベルの行政単位は、そこに対応した四つの「コミュニティ」の特徴によって規定され、それぞれが独自の働きをもつ。このアイデアは、田原（二〇〇四）によって展開されている。

（6）「中華人民共和国村民委員会組織法」『農民日報』二〇一〇年一〇月二九日。

（7）村民委員会の組織と選挙については従来から重厚な研究の蓄積があり、選出の具体的なやり方と実際の働きぶりが地方により様々でありうる点が明らかにされてきた。ここでは、代表的な研究として徐勇、張文明、何宝鋼の著作（徐 一九九七、張 二〇〇六、He 2007）を挙げておく。

（8）村支部書記が村主任を兼任する「一肩挑」と呼ばれる措置も、特に山東では多くみられる。第三章で取り上げる山東果村でも、ある時期、「一肩挑」の状況にあった。

（9）宇野（二〇一六：三三―三七）は、ガバナンスに様々な文脈が存在することを指摘し、政治分野におけるガバナンスを、①公共政策・行政学、②国際関係論（グローバル・ガバナンス）、③比較政治（グッド・ガバナンス）の観点から途上国の民主化や政府のパフォーマンスを評価）の三つから位置づけている。

（10）以下の説明は、主としてBevir（2009）に依拠した。

（11）もちろん、過去の中国において西洋起源の「ガバナンス」概念は存在していなかったから、ここでの説明はあくまで、ガバナンス概念を用いて過去の状態を再発見・再解釈しようとする試みとなる。

(12) 中国農村研究ではこうした手法は「事件＝プロセス」分析と呼ばれ、しばしば用いられる。代表的な研究として、村民委員会選挙という「出来事」の観察を通じ、より大きな構造の分析に進んだ仝（二〇〇四）を参照。

(13) こうしたニュアンス上にある「治理」を表題に冠した研究書として、「県域治理」（樊 二〇一三）や「治理基層中国」（田 二〇一二）などが挙げられる。

(14) 改革開放以降、ますます強化されるこの国家側の欲望を「規範化した国家規則」と呼び、農村社会の側の「在来的社会規則」（＝渾沌）との間のせめぎ合い・綱引きの過程として描いた最新の業績として、馮（二〇一九）を参照。

(15) この点については、Shigetomi and Okamoto (2014) に対する筆者の書評（Tahara 2015b）も参照。

(16) 日本では村落社会は大きく変貌し、より広域的な地域社会が問題になっていったが、「村の国」である中・露・印などの諸国において、村の人々がどうまとまるか、まとまらないか、という「共同性」の問題は、農村住民の生活に密接にかかわるリアルな問題でありつづける。後述する通り、そのなかでも中国の村の共同性には、独自の文脈がある。

(17) この点に関しては、日本の農村社会学でも、同様の指摘がなされてきた。たとえば中村吉治『村落構造の史的分析』では、労働互助、水利、山野利用などの「個個の契機が個別に研究されていながら、その重なった形が見逃されている」（中村 一九五六：二―三）とされる。「私たちは、今まで問題とされてきたところのものを、すべて村落という中においてみたい」（中村 一九五六：五）という。本書が様々な領域のガバナンスに注目するのも同じ理由からである。

(18) この意味で、日本農村社会学の始祖、鈴木栄太郎が、『日本農村社会学原理』（鈴木 一九四〇）において様々な機能を果たす社会組織の累積に関する議論を重ねた結果、最終的に「村の精神」の発見に至ったのは至極もっともなことに思える。

(19) 中国農村社会の互助慣行について互酬的行為、財分配行為、支援行為に分類しつつ整理した恩田（二〇一三）も、比較的小規模な「つながり」ベースのガバナンスに焦点をあてている。また華北の労働互助慣行に的を絞った研究に、張（二〇〇五）がある。

(20) A・ギデンズの古典的な定義も同様のものである。すなわち、「資源は、社会システムの再生産の中に、いかなる意味においてであれ『自動的に』参入するのではなく、個々の状況に身を置く行為者が、日々の生活の遂行でそれらの資源に依存していくかぎりにおいて作用する」(Giddens 1985: 8=1999: 16)。

(21) 集団経済は社会主義を経験した中国農村に特徴的であり、研究者の関心をひきやすかった。強大な企業群と村落指導部が一体化したいわゆる「スーパー・ビレッジ」（超級村庄）の研究（折 一九九七）、中でも全国的な知名度を誇る河南省南街村や江蘇省華西村を対象とした諸研究（項 二〇〇二、劉 二〇〇四、Hou 2013）が代表的である。

(22) 呉南（二〇一三：二二六）によれば、彼女のサンプリングした陝西農村の八〇％以上の村では、集団の収入がゼロであった。

(23) たとえば胡必亮（Hu 2007）の農村発展研究のケース選択は、山西、湖北など内陸農村を含んでいるものの、それらの内実はやはり「内陸のスーパー・ビレッジ」に近く、内陸農村の大部分の状況とは一定の乖離があるようにみえる。

(24) 賀（二〇一三：二七五—二八一）は東北人と湖北人の性格の差を、地域の「文化」に結びつけて考察しているが、そもそもこうした文化が形成された基底部分に、資源の多寡という要素があるのを見逃すべきではなかろう。

(25) 代表的な研究として羅（二〇〇六）を参照。

(26) たとえば、Hu (2007)、Tsai (2007)、鄭（二〇〇七）、苗（二〇〇八）、占（二〇一三）、呉（二〇一三）、夏（二〇一五）などを参照。

(27) この類型化に関しては、占小林（二〇一三）も参照。占は、社会関係資本が共有地のガバナンスに与える影響について、湖南の三つの村をケースとして分析し、同じ省内の村であっても、比較的大きな社会関係資本の差があることを見出している。占のいう「異質・不安定・分散」型および「同質・安定・緊密」型の分類は、大まかにいえば「まとまり＝団結資本」の多寡にかかわる。他方で、「ネットワークの質」とされているのが、資源をもたらす潜在的可能性を秘めた内外のネットワークであり、すなわち筆者の概念でいえば「つながり＝関係資本」にあたる。

(28) とりわけ中国南方農村を対象とした一部の研究は、家族・宗族をガバナンスの資源とみなしてきた（例：肖 二〇〇一）。そうした系列に連なる研究としては、「均衡型村落ガバナンス」論（梅 二〇〇〇）、「コミュニティの記憶」論（仝・賀 二〇〇二、袁 二〇〇四）、などが想起される。これらは、しばしば民主的ガバナンスの障碍とみなされる家族勢力に肯定的な評価を与える点で共通している。

(29) 血縁関係上の近＝遠は、理念的には人間関係上の親＝疎に対応しているものとみなされる。ただ、実態における親＝疎は、両者の間で過去に発生した様々な「出来事」の蓄積度合いにより、大きな開きが存在しうる（洪 二〇〇七）。

(30) この意味で、典型的かつ非常に興味深い「関係創出」のエピソードを提供しているのがHu (2007: 193-195) である。

(31) データの出所は［図1-2］に同じ。

(32) 羅（二〇〇四）、李（二〇〇七）などを参照。また江西花村行政村内の于家自然村の道路建設事例（本書第四章）も典型的である。

(33) もっとも、人民公社体制は、農村の親密圏を解体するよりは制度内に取り込むことによって体制の安定のために利用したと考える方が正しい。この点について張楽天（一九九八）は、人民公社制度の制度配置を「顔馴染み社会」に生産隊を重ね合わせた「村＝隊モデル」（村隊模式）と名づけ、公社体制が二〇数年にわたって存続しえた安定性の一つの根拠とした。

(34) この点について、詳細は田原（二〇一二）を参照。その他、現代中国の農村リーダーにフォーカスした業績としては、Seybolt (1996)、川井（一九九六）、Huang (1998)、浜口（二〇〇〇）、盧（二〇一〇）、王紅生（二〇一一）、佐藤（二〇一一）、などがお薦めである。

(35) 甘粛麦村元秘書、現村主任、林泉成へのインタビュー、二〇一〇年八月一二日。

(36) 佐々木（二〇一二）は、人民公社時期以来、形成された「持ち寄り関係」としての村の財産、本村人の間での利益均分と外村人への差別待遇などを中国の村の基本構造とみる。

(37) たとえば、総合的な研究としては仝志輝の著書（仝 二〇〇五）があり、その他、個別の事例研究としてカトリック教会（侯 二〇一一、Tsai 2007）、寺院組織（Tsai 2007）、白理事会（葬祭組織）（閻 二〇一三）などがある。

(38) 劉陽（二〇一一）は、寧夏のムスリム地域で、住民同士のもめごとがコーランの教えに基づいて解決した事例を挙げる。また範麗珠（二〇〇六）は河北省磁県における藺相如（戦国時代、趙の政治家）の墓地をめぐる民間活動や陝北玉林地区黒龍潭廟の公益活動を取り上げつつ、こうした活動こそが中国農村ガバナンスの潜在的資源であると強調する。また、林梅のモノグラフに取り上げられた吉林省の朝鮮族村落でのガバナンス事例、とりわけ観光開発をめぐる陳情の事例（林 二〇一四：chap. 4）などからは、年長者の発言の尊重や「空気を読む」ことにより争いを回避する知恵など、漢族村落とはややニュアンスの異なる民族要素が資源として利用され、村の「団結」をもたらしていた点が看取できる。

(39) 中国西北部を対象とした方（二〇〇九）によれば、「人文資源」には以下のような範疇が含まれる。①人文地理資源、②自然・人文景観資源、③人口・教育資源、④民族・民間風俗資源、⑤民間音楽資源、⑥民間美術資源、⑦民間工芸資源、⑧民間演劇資源、⑨民間舞踏資源、⑩考古・文物資源などである。

(40) 従来の国家の権威をガバナンス資源とみなす同様の立場に、呉（二〇〇二）がある。呉は二〇〇〇年前後の税費改革時代に郷鎮政府や村組織が失った主たる資源は「国家の権威」だったとしている。

(41) 中国西部地域の「人文資源」を研究する方（二〇〇九：四六―四七）が指摘する通り、「いかなる文化、いかなる人文資源の存在も、そこには一定の自然環境と社会環境が必要」である。「狩猟文化が森林に、遊牧文化が草原に淵源をもつということは、森林が消失し、草原が砂漠化してしまえばこれらの文化も存続不能となる」のである。

【第三章　社会主義農村の優等生】

（1）筆者の蓬莱市と果村での現地調査は、二〇〇二年三月、同九月、二〇〇三年三月、二〇〇四年三月、二〇〇六年八月、二〇〇八年九月、二〇一一年五月、二〇一五年八月の八度にわたり、合計九週間ほどの住み込みを通じ、聞き取りと参与観察を行った。本章で使用する情報は特に注記しない限り、これらのフィールド・ワークで得られたものである。

（2）二〇〇〇年の段階で果樹栽培面積は三万畝を超え、各種のリンゴ、梨、桃、ブドウなどのほか、ハウス野菜、椎茸栽培も大規模に行われていた。企業誘致に関しては一九九八年から、「個体私営園区」を建設しており、四八〇〇万元の投資により一〇〇〇畝規模の開発を行い、優遇政策をとって一二の私営企業、八八の個体戸を受け入れていた。また対外開放を行って、オーストラリア、香港、台湾、韓国などからの投資も呼び込んでいた。二〇〇〇年現在、各種企業が七三社あり、生産品は建材、食品、化学工業品、家具、果物加工、倉庫業、包装材料、繊維、機械など八〇種類以上に及ぶ。ここから、「利用外資工作先進単位」「対外開放先進郷鎮」「工業先進郷鎮」の称号を与えられていた（蓬莱市檔案局・蓬莱市民政局 二〇〇一：一二〇―一二一）。

（3）作物の出荷は、南方の浙江、福建などの商人が行う。村内には、外地の業者のために代理買付けを担当している経営規模の大きい農家が四～五世帯ある。また旧余家郷の中心集落にあるメイン・ストリートにも、路上の空間を利用したリンゴの「卸売市場」が形成されている。

（4）河南省南街村を扱った項（二〇〇二）、また広東省深圳の万豊村を扱った折（一九九七）などを参照。これらの村の共通点としては、さしあたって以下の五点が挙げられる（王 一九九九：五六―五七）。①公共財産が巨大であること。改革以降、企業を主体とした集団資産が形成され、これが村の重要な収入源となる。②村組織が急速にヒエラルキー化していること。組織の拡大、等級化と分業が進展し、外来人口、村の事務が増加。村の発展に貢献したカリスマによる人治の色彩をもつ。③大きな収入をコントロールし、また村内での再分配を行う職能をもつ。教育、医療、退職金など福利の提供と村民への特別ボーナスの支給がみられる。④村の多くの労働力が村内企業で就業し、村組織が労働力配分において大きな役割をもつ。村民には優先的就業権が与えられる。⑤村の境界が明瞭である。本村の人間と外来人口との厳格な区別が存在する。

（5） 行政村としての果村は、厳密にいうと二つの自然村（集落）からなっているが、両集落はほぼ切れ目なく連続しており、村民には一つの大きな集落と同じような感覚で捉えられている。
（6） 付の略歴は次の通りである。一九二七年生まれ、一九四四年、一八歳で人民解放軍に従軍し、一九四五年の日本の投降、国共内戦を経て一九四九年復員。建国初期には、小郷の郷隊長をつとめる。二つの大郷が合併して人民公社になってから、公社の宣伝委員を務める。一九六二年の困難な時期、本村出身ということもあり、公社から派遣されて果村大隊の書記となる。排水溝の建設をはじめ、農田水利建設、社隊企業創設などに力を尽くし、一九八二年退職。
（7） 「社隊企業」とは人民公「社」レベルと生産大「隊」レベルで企業の創設が奨励されたことによる呼び名である。早期の郷鎮企業と考えてよい。
（8） 『煙台市水利志』（烟台市水利局史志弁公室 一九九一：六一―六二）によれば、黄水河流域の堤防工事が黄県（現：龍口市）水利局の指揮のもとで、一九七四年、一九七五年、一九八五～八六年の三度にわたって行われており、三度目は一九八五年の台風の襲撃で堤防が決壊したことによる修復工事であった。流域の蓬萊県側については記載されていないが、果村での聞き取りの年代とほぼ一致している。
（9） 一九八八年の村民への土地請負契約は一〇年契約で行われたのにたいし、一九九八年では農民の請負権保護に傾いた国家の「三十年不変」の政策にしたがって三〇年契約となった。
（10） 第六三条に「本法の実施以前にすでに機動地を保留している場合、その機動地の面積は当該集団経済組織の五％を超えてはならない。五％に達していない場合、その機動地をさらに増やしてはならない。本法の実施以前に機動地を保留していない場合は、本法実施以後に機動地を作ってはならない」とある。
（11） 過去のトウモロコシ栽培の収入は、ほぼ〇・五元／斤で、一畝で二五〇〇斤として、総収入は一二五〇元、コストを差し引いた純収入は五〇〇元ほどだった。小麦栽培の場合は、〇・六元／斤で収量は一〇〇〇斤／畝ほど、総収入が六〇〇元、純収入はせいぜい三〇〇元／畝程度にしかならなかった。
（12） 農地経営による収入をおおざっぱに示してみる。まず果村の平均的な世帯では、リンゴ畑の経営面積は一畝程度で、その場合、リンゴの収入だけで六〇〇〇～七〇〇〇元というのが一般的である。ブドウの場合、平年では七〇〇〇斤／畝前後の収量があり、コストを差し引いても最低で四〇〇〇元／畝になる。

(13) 以上のうち、特に運送業は若い男性村民に人気の仕事である。同様の指摘は、Song (2017: 116) にもみられる。

(14) たとえば筆者の調査地の一つ、北京遠郊菜村では、行政村内部の区画として「区」をもつが、そこを選出母体とする村民代表は形式的な存在で、その働きは非常に不活発であった（田原 二〇〇五：三〇―三一）。

(15) 華北地域の村は雑姓村落が多く、血縁的要素はあまり顕著でないという一般的傾向があるが、山東半島、少なくとも蓬莱市については、村名に姓を冠した村が多く、さらに主要な同族一姓ないしは二姓で構成される村が多い。これは、蓬莱市檔案局・蓬莱市民政局（二〇〇一）に載せられた各村落の「主要姓氏」の欄からも明らかである。

(16) たとえば、第六小組が丘陵地に分配されるはずだった口糧地は、実際には丘陵地に一部、そして平地の居住区北の部分に一部と、二カ所に分かれている。これは、分配を行った一九九八年の時点で、居住区北の農地にすでに果樹を植えてしまっており、これを手放したくなかった第六小組村民について、引き続きその農地の使用を認めたためである。

(17) 河川灌漑をしている村はごく少数で、合併前の旧大門鎮管轄下の四〜五村で採用されている。果村では、一九五九年、一時的に黄水河の水を引いたこともある。これは人民公社の設計により、柳庄の脇を通って河川灌漑で平地部分の灌漑を行うプロジェクトであった。しかし日照りの際には川の水も干上がってしまうので、一九六〇年代には廃止された。

(18) 旧余家郷三六か村の農地灌漑について技術面のすべてを担当した水利担当幹部である魯氏へのインタビュー（二〇〇六年八月二〇日）による。

(19) 承包地の井戸については、これまで三つを掘ったことがある。一つ目の井戸は一九九五年前後に掘り、三〜四年間で水が枯れてしまい、畑の脇にその廃墟となった無残な姿をさらしていた。二つ目の井戸はそのすぐ近くにある一般の井戸で、一九九八年前後に掘り、二〜三年で水が枯れた。二〇〇〇年前後に掘った現在使用中の井戸は深さ四二メートルで、水量が豊富で、使いきれないほどの水が出るが、自分の土地と隣に接している他人の三畝ほどの農地に水を提供する程度である。

(20) 二〇〇六年に果村を離れる間際になって同村に見学に行こうという話になったのだが、折悪しく降雨があり、泥濘の坂道をバイクで行くのは困難なため、断念せざるを得なかった。そこで、同村から毎日、果村の購買販売協同組合（供銷社）に出勤して来る韓氏にインタビューすることで概況をつかんだ。

(21) 前出、旧余家郷三六か村の農地灌漑を担当した魯氏へのインタビュー（二〇〇六年八月二〇日）。

(22) この料金は、水代というよりは電気代である。水自体はいくら使っても無料であるが、それを汲み上げるための電気代だけを支払うのである。丘陵地のリンゴ園については、灌漑費用はため池から水を汲み上げる発動機の燃料代ということになる。

(23) たとえば果村にほど近い棗戸という村では、集団で作った井戸をすべて個人に売却してしまっており、そのため水の代金は果村の二倍はかかっている。個人が利益を上げているのである。果村の井戸請負人方式は、村で話し合って独自に考え出したもので、近隣の村では採用していないという。

(24) 揚水ステーションから貯水池まで水を吸い上げるポンプは電気を使用し、貯水池からリンゴ園に水を流すのにはディーゼル発動機を使用する。

(25) 各グループの村民小組長たちは、一度の水やりについて大隊から一五〇元の報酬を受け取る。つまり、雨が多くて灌漑の回数が少ないと、小組長の収入は減るのである。

(26) [図3-1] からわかるように、そこにはTの水を使用する承包地の耕作者と第三小組、第九小組のごく一部の世帯が含まれる。第三小組の村民は一九九八年の農地分配の際、既にそこに果樹を植えていた世帯の農地使用を引き続き認めたもの、第九小組については高速道路建設により農地を失った世帯に集団の承包地の中から補償を行ったものである。全体からすれば、これらのケースは少数の特殊事例である。

(27) 同じく山東半島に位置する莱西市孫受鎮展家埠村は集団経済が少ない村であったが、村内の荒れ地を掘り返してため池を造成するとともに、掘った土を残りの荒れ地に埋め立て一七畝の土地を造成し、これを二〇年契約、一七万元でリースを行い、ため池の工事費用を捻出した（「莱西市郷村水利建設的有効嘗試」『農民日報』二〇〇七年六月一五日）。

(28) 果村の幹部定数は、村民委員会が主任、副主任、委員の三名、党支部委員会が書記、副書記、委員の三名となる。ただし村民委員会の主任を党支部書記が兼任するいわゆる「一肩挑」が実施されていた時期には、実際の幹部数は五人であった。

(29) 筆者自身、また周囲の住民らも含め、実際に工作隊を見たという者には出会わなかった。

(30) 本書の事例村、江西花村（第四章）、および貴州石村（第五章）はこの方式である。

(31) 国内の代表的な定期市研究である石原潤（一九八七）においても、主として市場の周期・分布・空間的配置・階層などが分析されている。

(32) この点に関連して、いくつかの先行研究も、定期市が単に「自然発生的」存在でないことを指摘している。たとえば前野（二〇一四）は、清代孔阜を事例として、定期市がアクター間の駆け引きにより繁栄したり、また廃れたりすることもある、その意味で優れて

「政治的な」場でもある、という点を見出した。そのうえで、定期市をめぐるイシューを地域政治分析の題材として使用することが可能であると述べる。Eyferth（2009: 87-89）の提示する四川農村の事例も興味深い。定期市の開設・運営は宗族を主体とした「ビジネス」であり、その開設や閉鎖の裏には血縁集団間の競合や駆け引きがあることを同書は描いている。また市場間の競合については、戦前の定期市を観察した天野元之助も、次のように述べている。「地方の不文律で五支里（約三キロ）以内に二つ或いはそれ以上の市集を設ける事が出来ない。それは、市集と市集の間が近すぎると、必ず競争が起り、市集の税捐（斗捐及び牙税）の徴収を請け負う包税人は、顧客及び税捐を維持するために、県政府に訴え出て、新市集の成立を抑止し、以て旧市集の税収を維持し、旧市集の顧客が新市集に吸収されざるよう阻止するからである」（天野　一九五三：八三）。

（33）　費孝通の指摘する通り、市場における品物や貨幣の交換つまり商業行為は、「その場で清算する」ことであり、親しい血縁関係とは相いれない（費　一九四八＝一九九九：三七七―三七八）。

（34）　貴州石村（第五章）でも、付近の長留郷の中心地、および湖場村に定期市が立ち、村民は市の日には、出かけて行って時を過ごすのが常だった。ところが近年の携帯電話の普及により、定期市は比較的早い時間に終わるようになってしまったという。コミュニケーションの場としての定期市の地位が低くなったのである。

（35）　特に冷蔵庫が普及していないインド農村の場合、市の立つ日は「新鮮な野菜や肉を食べる日」との位置づけになることがある。筆者の調査地の一つ、オリッサ州カタック県のバダンバ郡では、地元民らが通常、肉を食べるのは水曜日と日曜日と決まっているが、これが市の立つ曜日と重なっているのは偶然ではないだろう。

（36）　筆者のホスト・ファミリー、池到恵家には、二〇〇四年に筆者が村滞在の返礼として冷蔵庫を贈呈するまで、冷蔵庫なしの生活を送っていた。それでも何とかやっていけていたのは、本村の他、黄城集や張家など高密度に発達した定期市のおかげで、いつでも新鮮な食料品を購入できたからである。

**【第四章　出稼ぎと公共生活の簡略化】**

（1）　筆者の余干県と花村での現地調査は、二〇〇六年四月、同一〇月、二〇〇七年六月、二〇〇八年三月、二〇〇九年三月、二〇一〇年三月、二〇一二年一一月、二〇一五年八月、二〇一八年三月の九度にわたり、合計一二週間ほどの住み込みを通じ、聞き取りと参与観察を行った。本書で使用する情報は特に注記しない限り、これらのフィールド・ワークで得られたものである。

（2）こうした簡略化されたガバナンスは、中国農村研究では「簡約治理」（丁 二〇〇九）と表現され、内陸地域の農村にかなり広範にみられるとされる。

（3）江西は、一九五九年の大躍進後の飢餓での死者が人口の一％ほどと、全国でも少なかったことで知られる。隣接する地域でありながらこの数値が一八％と極めて高かった安徽省などとは対照的であった。両省の差異を分析した陳意新によれば、原因のうちの一つは両省の農業条件の違いにあった。江西は気候が安定しており、地味が豊かで二毛作が可能であり、山林に入れば何かしら食糧が得られた。こうした条件は安徽には存在しなかった（Chen 2011: 200-206）。

（4）二〇一五年以降に花村中心集落に立てられた「村概況」より。

（5）全（二〇〇四）の調査した江西遊村もそうした集居型の同族集落の一つであり、それゆえ同族内部の支派を単位とした「家族動員」も起こりやすかったのであろう。

（6）花村中心集落（八七戸、四四五人）を対象に、二〇〇七年および二〇一七年時点の全世帯の家族構成、就業地点等につき、主として集落住民の赫堂金へのインタビューの方式で行った。ここで使用したのは二〇〇七年のデータである。

（7）在村人口には、社更郷政府所在地で就業・就学する人口も含めている。社更郷は村から四キロしか離れておらず、そこに居住する村民は、実家との間を頻繁に行き来していると考えられるからである。

（8）省都南昌と万年県を結び、余干県の北部を東西に貫通する「昌万公路」が二〇〇四年六月に開通する以前、余干県城から西に向かうルートは鄱陽湖周辺の無数の湖沼や湿地に阻まれていた。省都の南昌に出るには、県民は南の県境を越えて東郷県、進賢県、南昌県のルートを使って迂回し、現在の数倍の時間をかけなければならなかった。昌万公路の開通後、南昌へは車で二時間ほどの距離となり、ここから「南昌への出稼ぎ」という選択肢が農家経営の戦略の中に持ち込まれることになったと思われる。

（9）同様の状況は全国の村レベルに存在しており、これを問題視した地方政府は政府資金を投入して村のオフィスを建設しようとしている。たとえば「村民找不到村干部、不是小事」（『農民日報』二〇一八年四月一一日）、「貴州二〇一〇年村級組織活働場所全覆蓋」（『農民日報』二〇〇九年一二月七日）など参照。

（10）これらは二〜三世帯の関係の良い農家の間で行われる「換工」で、非常に小規模な互助活動であった。同じ江西農村を扱った鄭（二〇〇九：七四—七六）を参照。

（11）このコンバイン普及のタイミングには、同年に江西を襲った台風が影響しているかもしれない。二〇〇八年七月、台風の影響で多くの早稲が倒れてしまい、収穫の遅れが見込まれたために、余干県農機局は地元の農業機械を効率的に組織するとともに、江蘇、浙江、安徽などの省外から三四〇台のコンバインを呼び込んで収穫作業を急いだという。同年の早稲の収穫には全県で合計一二〇〇台のコンバインが投入され、機械による収穫は八五％以上に達していた（「余干県〝引機入贛〟保稲収」『農民日報』二〇〇八年七月二四日）。

（12）「流しのコンバイン」を描いた川瀬（二〇一六）は、コミュニティの外部からやってくる「麦客」などが農業サービスを提供する事例を「即興的分業」として紹介する。同事例では、農業ガバナンスが純粋に「私」資源で、外部のビジネスで解決されている。これにたいし花村の場合、地元農民によるコンバイン・ビジネスであるから、「私」＋「共」の融合による解決であるといえる。その違いは、たとえば、後者の場合、利用者に手持ちの現金が不足しているような場合、刈取り料金の支払いを春節まで猶予したりする点に現れる。同じ村の住民であればこそ、このような融通を利かせることができる。

（13）この変化の背景には、胡錦濤政権下の「三農」政策の影響、とりわけ農業機械購入に関する補助金（農機補貼）の供出があることは間違いない。赫堂金が二〇〇九年に購入した大型コンバイン「思達」は七万元であり、そのうち農機補助で二万元を賄った。江西では農機関連の補助金は二〇〇九年から多くなってきたといい、それ以前はとても少なかった。二〇〇八年、中央政府が農機購入補助に充てた予算は四〇億元と見込まれ、その額は前年の約二倍だった（「農機補貼実施工作全面展開、今年中央財政安排資金将達四〇億元」『農民日報』二〇〇八年三月二一日）。二〇〇九年には中央財政から一〇〇億元の支出がなされ、全国で少なくとも一五〇〇万世帯がその恩恵を被った（「全国農機具購置補償受益農戸逾一五〇〇万」『農民日報』二〇〇九年六月三日）。

（14）一方で、一期作の水田は現在でも田植えの方式がとられている。一期作の水田は一般に水源も良く、田植えで丁寧に作付けするので、収穫量も多い。一期作に従事するのは土地の多い者で、米は主として販売用である。平均的な規模の土地しかもたない一般の世帯は、早稲と晩稲のみを作り、特に早稲の方は自家用としている。

（15）同じく中国中部、湖北省の稲村における同様の事例として、馮（二〇一九：一一七—一一八）を参照。

（16）過去における花村の山林管理の詳細は不明だが、同じ江西農村、「邱家」の事例を引いておこう。邱家の山林は解放以来、農民個人に分配したことはなく、わずかな自留地を除き、山開き、伐採も統一的に自然村で行っていた。ところが、この仕事も困難になってきたため、一九八五年には山林を農民に分配することを決定した。村民はいつも山に目を光らせて管理しているわけにもいかず、他人による不法伐採の問題が発生した。そこで自然村で人を雇って山を管理することになった。雇用の費用は各世帯から資金徴収すると同時に、山泥棒を摑まえた際の罰金で賄った（肖 二〇〇一：三五八）。

(17) 松村圭一郎は、エチオピア村落のエスノグラフィーを通じて、土地や財産を「所有する」ということの自明性を問い直す作業を行っており、花村の事例をみるうえでも示唆に富む。とりわけ興味深いのは、所有について規定した国家の法規が絶対でなく、人々の相互行為の中で初めて「所有」が決定されてくる点である。すなわち、畑の穀物、コーヒーの実や樹木、果実などを「利用」するという行為によって初めて土地という資源が価値をもち、これらを保護する行為を通じて土地所有の排他性が生み出されていると指摘する(松村 二〇〇八:一四五―一四七)。こうしてみれば、花村の山林が何者かによって先に「使用」されてしまったのは、それが近年来、村民によってはほとんど「使用」されなくなり、資源としての価値が見出されてこなかったために、集団による山林の「所有」がただ単に法律上の条文レベルに後退してしまったためであろう。

(18) 二〇一四年、全国の留守児童数は約六一〇〇万人で、全国児童の二二%ほどを占めた(「全国農村留守児童已逾六一〇〇万 八部門要求迎〝六一〟特別関注這些孩子」『農民日報』二〇一四年五月一七日)。

(19) 二〇〇五年、四川省の三六五五世帯に対する面接調査によっても、親の出稼ぎによる流出が、子供の劣等感の発生、あるいは学習への意欲の低下などを引き起こすという通説には否定的な見解が示されている(馮 二〇〇八)。

(20) 中国農村での村民の手による道作りの事例は、新聞記事や研究者によるものを含め、無数に存在する。本書での道路ガバナンス事例(四、五、六章)は、個々の村の文脈から切り込んでいくが、全国的な道路ガバナンスの展開を「リーダーシップ」の観点から考察したものとして、田原(二〇〇八)を挙げておく。

(21) 近年、中国の山岳地帯を主とする地域では、農道の整備が大型農業機械の普及に追いついておらず、しばしば問題となっている(「広元:路通了農機才能跑起来」『農民日報』二〇一六年九月二二日)。

(22) 集落の中に掲示してあった寄付金の金額は、最高で一〇〇〇元、郷退職幹部の赫氏が五〇〇元、その他、一般的には二〇〇~三〇〇元程度が多く、合計では二四組の寄付が出されていた。ということは、この小さな村のほぼすべての世帯がいくばくかの寄付を出したことになる。ただし寄付の総額は一万元にも満たない。

(23) 別稿(田原 二〇〇八:一四一―一四四)でも論じたように、全国的な事例から見ても、道作りの提唱者は出稼ぎなど「外地経験」をもつ個人であることが多い。

(24) ある農村コミュニティの出身であり、都市部で正規の職を有する有力者で、自らのポストを利用して故郷に資源を引き込む人士を中国農村研究ではこのように呼ぶ。国家、村落社会自身に次ぐ三番目の力の意である。「第三の力」については第七章で改めてまとめる。

（25）風水の考え方は「気」の思想をベースにしている。漢族の親族観念も、同様に「気」と同じ発想である。すなわち、親と子は同じ一本の「血の流れ」の中に位置づけられる。つまり、風水と親族はそのロジックの根底において中国社会の「気」の発想に結びついている（上田　一九八八）。ここから、血縁の狭い親密圏の利害が強調されるとき、しばしば風水が持ち出されるのは偶然ではない。

（26）同じ江西省の井岡山地域の農村の史的変遷を描いた鄭浩瀾のモノグラフでも、一つの行政村のなかで、相対的に有力な複数の自然村の間に、嫉妬にも似た感情が存在したことが述べられている。すなわち「新農村建設」の模範として上級政府に注目され、評価を高めたある集落に対し、私営企業家が多く裕福な別の集落が、自ら出資してインフラ建設を進めることで政府幹部の目を引こうとした（鄭　二〇〇九：二五二―二五五）。

（27）「新農村建設」のテスト・ポイントに選定されたコミュニティには、国家の資金投入が行われるようになってきており、花村行政村の範囲でも于家、続いて李家と、二つの集落が選ばれている。

【第五章　人材流出と資源獲得】

（1）もちろん、「山区県」の全域が山岳地帯であるわけではなく、また「平原」や「丘陵」に分類された県にも部分的に山岳地帯が存在しているので、この数字はおおよその目安である。

（2）筆者の晴隆県と石村での現地調査は、二〇一〇年八月、二〇一三年七月、二〇一四年八月、二〇一六年八月の四度にわたり、合計五週間ほどの住み込みを通じ、聞き取りと参与観察を行った。本章で使用する情報は特に注記しない限り、これらのフィールド・ワークで得られたものである。

（3）県城から村までのアクセスは、それでも年を追って改善されてきている。現地での断片的な情報によれば、一九七〇年代は県城との間に自動車道は通っておらず、徒歩で一～二日かけて県城に出ていた。また比較的近年の二〇〇四年前後でも、車で一二時間ほどかかったとの証言がある。

（4）これ以下の概況については、現地調査に加え、晴隆県人民政府網站（http://www.gzql.gov.cn/）も参照した。

（5）二〇一三年の村党支部副書記の紹介では三七九六人。

（6）筆者のホスト・ファミリーのある石城組での聞き取りでは、当集落の一人あたりの配分耕地面積は〇・四畝であり、そのうち水田と畑が〇・二畝ずつである。行政村内でも耕地面積に相当の格差が存在しているようである。

（7）地下に岩石が多く、水源の良くない狼店岩など、水田がまったくなく、トウモロコシしかできない集落もある。

（8）二〇一三年の村党支部書記の紹介では五三人。

（9）第一章にみた「退耕還林」と同様、生産力の低い周辺的な耕地を対象として草地に戻す、という政策である。

（10）二〇一五年、石村は黔西南師範学院の数十名の学生を受け入れた。学生らは村民の家庭を一軒一軒訪ね歩き、家庭の経済状況を調査した。目的の一つは、学生の調査結果を村が保管している貧困世帯、最低生活保障世帯、貧困学生などのデータと照らし合わせ、精度を高めることにある。こうした政府主導の大学生による農家調査は近年、盛んに実施されている。

（11）石村ではこうしたバイク・タクシーで生計を立てるものが二〇一四年時点で三人ほどいた。

（12）たとえば四〇歳前後のある村民は七畝（水稲二畝、トウモロコシ五畝）を耕作するが、耕地は三〇か所ほどに分散しており、一枚が〇・一畝の小さな農地もあるという。

（13）石村石城組の二〇一四年時点の全世帯（四八世帯、一七四人）の世帯構成、就業地点等につき、集落出身の大学生、隆純光の協力を得て実施。

（14）現地では牛はもっぱら耕作用で、運搬には馬を使った。馬は一〇〇〜一五〇キロの荷物を運搬できるが、牛は五〇キロ程度の荷物しか運搬できないという。

（15）道の脇にある石碑には、以下の内容が刻まれている。「中央少数民族発展資金プロジェクト／プロジェクト名称：長留郷石村人行道路舗装／プロジェクト担当部門：晴隆県民族宗教事務局／実施部門：晴隆県長留郷人民政府／プロジェクト投資額：陸万元（六万元）／規模：六二五メートル／着工日時：二〇〇九年一二月五日／竣工日時：二〇一〇年一月三一日、二〇一〇年三月二〇日」。

（16）主な経歴は、以下の通りである。一九五七年晴隆県長留郷生まれ、一九七五年、地元長留小学で「民弁教師」（生産大隊などの「集団」が雇用する教師――引用者）、一九七八年、貴州農学院で学ぶ、一九八二年、貴州農業科学院水稲所実習研究員、一九八七年、同所補佐研究員、一九九三年、同所副所長、一九九六年、同院副院長、一九九九年、同院院長、二〇〇二年、貴州省発展計画委員会副主任、二〇〇四年、貴州省発展改革委員会副主任、二〇〇六年、同委員会主任（「貴州省人民政府組成部門主要領導簡暦」『貴州省人民政府公報』二〇〇九年第一期）。

（17）劉は貴州省発展改革委員会主任であった二〇一〇年、記者のインタビューに応え「貴州省の近年来の遅れはかなりの部分、交通の遅れによるものだ。そのことに多くの人々がはっきりと気づき始めている」と述べている。さらに、「二〇一〇年、貴州では新しく九六二キロの高速道路の建設に着工し、建設中の高速道路は三〇〇〇キロに近づく。さらに二〇一三年前後に、貴州の道路総延長は四〇〇〇キロを超える。これは全国から見ても遅れているとはいえない水準だ」という（「西部大開発十年 貴州交了一份怎様的答巻――訪省発展和改革委員会主任劉遠坤」『当代貴州』二〇一〇年第七期）。交通の重視自体は地方指導者として珍しいものではないが、西部大開発のスローガンのもとで、貴州の（高速）道路建設は二〇一〇年前後、とりわけ熱がこもっていたと考えてよい。

(18) 石村村民で興義在住、テレビ局勤務の隆純林へのインタビュー、二〇一三年七月二一日、興義。

(19) 石村村民で興義在住、テレビ局勤務の隆純林へのインタビュー、二〇一三年七月二一日、興義。

(20) より詳細な議論は本書第六章を参照。

(21) 中国農村教育の通時的変遷について、山東省鄒平県を事例としたThøgersen（2002）を参照。

(22) 石村石城組の子弟で、興義の初級中学、高級中学に通う生徒は、少なくとも七名いる。内訳は、黔新中学（三人）、賽文中学（二人）、興義第六中学（一人）、興義晴智中学（一人）である。

(23) もちろん、県城やそれ以上の都市部の公立小・中学校に子弟を送り込むには、戸籍により実質的な制限がかかる場合もあるが、それは「学区」とは異なるロジックである。

(24) たとえば筆者の研究協力者の隆純光（一九九二年生まれ）も、初級中学だけで地元の旅大中学、県内の鳥場鎮学官中学、さらに興義五中と転校している。

(25) 石村小学校は、二〇〇四年ころに、旅大小学校の退職した校長が、人間関係を使って政府地税局の資金を引き込み、建てたものである。石村の小学生、特に低学年の一～二年生の児童が、村内で就学できるように便宜を図ったのである。開校当初は二〇〇～三〇〇人の児童が学んでいた。ところが、同校は「教員の質」がネックとなり生徒数が減少し、二〇〇八年ころ閉校に追い込まれ、立派な校舎は三階部分に村民委員会など公的機関が入居していたものの、主要部分の教室は空き家となっていた。

(26) 教員の意識の角度から農村学校の問題を描いたモノグラフとして、Wang（2013）を参照。

(27) その結果、当地の典型的な形態として、両親が出稼ぎで実家の農村を不在にするばかりでなく、小学生を含む子供たちも別の都市の寄宿制の私立学校で学んでいる、一家離散型の家族形態も生まれている。

(28) 当地の政策では、第一子が男児であるかないかに関わらず、第二子を産むことは許されている。したがって第三子以降が罰金の対象となる。

(29) その金額は二〇一四年段階で一万六八〇〇元であった。

(30) 日本やイスラーム圏、あるいは中国国内でも都市部や沿海部であれば、遺体は速やかに火葬・埋葬されるのでこうした助言は必要ない、という点を想起されたい。第七章の土葬率に関する議論も参照。

(31) 「喇叭人」の起源は湖広宝慶府（湖南省西部の邵陽地区）に住む苗族であり、明代洪武一四年（一三八一）に傅友徳らの軍隊の南方征伐に引き連れられ、貴州の北盤江流域に移住したとされる。ここから喇叭人の言語は湖南省西南方言の特徴を残しており、民族識別の際の根拠の一つとなった。現在では晴隆県、普安県、六枝特区、水城県、盤県の県境付近に居住し、一九八二年の総人口八万人のうち、半数の四万人が晴隆県に住んでいた（貴州省晴隆県志編纂委員会 一九九三：七〇—七一、九六—九七、劉 二〇〇七）。

(32) 少数民族地域において民族問題の処理を間違えば、容易に政治的なリスクにつながりうる。それは、李昌琪をよく知る人物の回想（劉 二〇〇七：一七一）からも読み取れる。李は晴隆県県委書記を務めていたころ、喇叭人の民族識別学術討論会で講話を行った。まず、会議に参加した黔西南州、六盤水の指導者らに丁寧に歓迎の意を表し、会議の開催にあたって労を惜しまなかった他の指導者、同志に謝意を表した。続いてすぐに主題に入った。第一に、マルクスの弁証的唯物主義と歴史的唯物主義の観点によって、是非をはっきりさせ、正確な結論を引き出すべきこと。第二に、左傾の影響の束縛から抜け出し、党の実事求是の思想路線を堅持すべきこと、第三に、民族団結の願いから出発し、党の民族政策を貫徹し、各種の矛盾、関連の問題をしっかり解決すべきこと、第四に、民主と集中の関係を正しく処理し、問題を討論し、皆が言いたいことを言い、各自が見解を出し、問題が基本的に統一されてから、そのうえで皆の意見を集中し、結論を出すべきで、意見が一致しない部分は保留すべきこと。喇叭人の民族識別にあたっても、党の原則を持ち出しながら、慎重に議論を進めようとした点が描写されている。逆にみれば、この問題の処理が、それだけリスクの伴う仕事であったことを示す。

(33) 李昌琪が故郷に対し深い感情をもつ人物であることは、『我愛黔西南』という出版物に「故郷」の尊さを述べる序文を寄せている（『我愛黔西南』編委会 一九九一：一—二）ことからもうかがわれる。

(34) 劉校長への聞き取り（二〇一六年八月二五日、石村）。他方、少数民族身分の獲得により、政府の計画生育の適用が緩くなる、とは考えられていない。現地の計画生育政策は少数民族に対しても緩いわけでなく、近年に至っても厳格であるという。

(35) この点は、現地、長留郷出身の貴州民族大学卒業生の卒業論文（李 二〇一五）でも強調されている。

(36) 本章では取り上げなかったが、旅大中学の学生宿舎は「国家農村寄宿制学校建設工程プロジェクト」による中央政府の六二万元ほどに加え、朱英龍という著名な成功人士が二〇万元を寄付して建造された。

(37) もっとも、そこには現代生活と伝統的慣習とのコンフリクトも存在する。墓碑を作り終えた長い一日の最後の宴が終わるころ、隆純林は埋葬に伴う様々な煩瑣で根気のいる儀式と慣習について、「必ずみんなが十分に満足するまでやらねばならないから、けっこう大変なんだ」(一定要做到譲所有的人都満意、所以比較麻煩的)とこぼしていた。

【第六章 小さな資源の地域内循環】

(1) 本文で論じる通り、現地の農民生活にとって小麦は格別の象徴的意義を備えている。筆者の西和県と麦村での現地調査は、二〇〇九年七月、二〇一〇年八月、二〇一一年八月、二〇一五年五月、二〇一六年七~八月の五度にわたり、合計七週間ほどの住み込みを通じ、聞き取りと参与観察を行った。本章で使用する情報は特に注記しない限り、これらのフィールド・ワークで得られたものである。

(2) 中国農村のガバナンス資源を扱った研究は、集団・私営経済の豊富な東部や、宗族組織の目立った南部を扱うことが多いが、呉南(二〇一三)は、西北部の陝西農村を例として「資源欠乏型コミュニティ」の村民自治を分析している。著者によれば、ここでいう「資源欠乏型」とは、物質的・経済的資源の不足を指しており、社会的な資源が不足しているわけではないという。こうした村々では、経済的資源が少ないからこそ、逆に社会関係資本やリーダー、コミュニティの「情感」の要素が、当該地域の村民自治にとっては重要になってくる(呉 二〇一三:一二〇)。

(3) 本節の記述は、筆者のフィールドでの見聞を除き、西和県志編纂委員会(一九九七、二〇一四)、西和県統計局(二〇〇七、二〇〇八)、中国県域社会経済年鑑編輯部(二〇〇六)、国家統計局農村社会経済調査司(二〇一一)などに基づく。

(4) 西和県全体の村民委員会の平均規模は二〇五世帯、九九〇人ほどである(国家統計局農村社会経済調査司 二〇一一)。

(5) 現地では「三〇〇〇畝以上」とする説もあったが、実態にそぐわないという感触をもった。

(6) 生産隊は年に二度、農暦の一~五月分と六~一二月分に分けて労働点数の計算と分配を行った。収入分配の基準は、全体の六〇%を世帯人数により、残りの四〇%を各自が稼いだ労働点数を基準に分配した。

(7) カラスビシャクの球茎。生薬の一種であり、鎮嘔、鎮咳、唾液分泌亢進、腸管内輸送促進作用がある(仙頭 二〇一四:一三八)。

(8) 杭州から夜行列車で一泊したのち天水でバスに乗り換え、西和県城まで二時間半。さらにバスを乗り換え、村まで約三〇分かかる。

(9) 同村で八つある「社」のうちの第五社(六二世帯、三〇四人)を対象に、全世帯の家族構成、就業地点等につき、社長へのインタビューの方式で行った。

（10） 複数の資料の挙げる数字は一致しない。『西和県志』（西和県志編纂委員会 一九九七：二九三、三二五）では一六万五八〇〇畝、窦（二〇一六：五六）では二五万畝以上、胡（二〇〇四：二五二）では「累計」面積として二九万五五〇〇畝で、耕地面積全体の四三・五％に達したとする。

（11） 初年度はまずジャガイモを植え、次年度から小麦を植える。造成したばかりの農地の土はまだ馴染んでいない「生土」であり、小麦の栽培には向かないためである。まずジャガイモで土壌を馴染ませてから、小麦を植える。

（12） 棚田造成の効果についていては、現地の村民の中にも異なる評価が存在する。一九七四年に村リーダーの一人であった陳氏（柳代溝集落在住）は、棚田を作ったことは、実際にはほとんど効果はなかったとみる。なぜなら「当時はまず何を置いても任務の完成ということが強調され、みなちゃんとやったふりをせざるを得なかった」（〝当時首先強調完成任務、大家只能做表面工作〟）からである。

（13） 菅沼（二〇〇二：一一―一三）の調査では、請負制導入時に「機動田」を残さなかった村が多数を占めた事実が見出されている。

（14） セリ科の多年草、トウキの根。鎮痛、消炎（炎症を鎮める）作用がある。補血、活血の効果があり、婦人科領域の生薬として使用される（仙頭 二〇一四：一三八）。

（15） この事例のように、村の小規模インフラ事業の実施において、「風水」への影響が理由となり、計画が頓挫するケースは中国農村では広くみられる。江西花村の畦道整備の事例（第四章第三節）を参照。

（16） 全国で再開発やインフラ建設に伴う土地収用が進む中、このように立ち退き補償の増額を狙った農民による新規建築はかなり普遍的である。そのような措置は「建物を植える」（種房子）と呼ばれる。湖北省の一例として、馮（二〇一九：八二―八七）を参照。

（17） 最低生活保障が本来の目的を離れ、幹部のガバナンス資源として使用される例は近年、全国で観察され、中国農村研究の一つのイシューともなっている。一例として郭（二〇〇九）を参照。

（18） この点については、天野（一九四〇）も参照。

（19） 寺観神廟の財産を没収して地方における初等・中等教育の費用に充当しようとする清末・民国初期の政策・運動であり、康有為、張之洞なども提唱していた（村田 一九九二）。

（20） 一九一一年、もともとの義学、私塾は小学堂に転換、民間の祠堂や廟も学堂に再編された（西和県志編纂委員会 一九九七：五八六）。

（21） 白雀寺境内の掲示板による。

(22) 以下は、二〇一一年八月九日、北義村の河口廟での廟管理人へのインタビューに基づく。
(23) 麦村の隣村である鉄鼓村の普化寺も尼僧が住み込んで管理し、信徒の寄付金や供え物で生活を維持している。ただし、世話人が出家し、廟に住むかどうかは個人の問題であり、世話人の必須の条件ではないという。
(24) 麦村では幹部への報酬として提供されたため、このように呼ぶ。より一般的には臨機応変に使用できるという意味で「機動地」と呼ばれる。
(25) 小麦粉でできた大きな円盤状のお焼きである。本章第六節を参照。
(26) 金銭の管理を行う「村民委員会」とは、実際には村主任である林泉成のことである。
(27) 第七、八社社長陳氏への聞き取り(二〇一一年八月四日)。
(28) 胡有智(二〇〇四:二五二)は、一九七〇年代の食糧生産高増大の要因として、①気候の要素、②棚田造成による土壌の改造と深耕、③肥料の向上、④品種改良、および⑤農業科学技術の普及、の五つを挙げている。これらのうち、①を除く四者は人為的な要素であり、とりわけ②は人民公社の「集団」体制の下でより推進しやすかったことは指摘できる。
(29) 羅興佐の一連の研究(羅 二〇〇六など)がその経緯を詳細に報告している。
(30) 一九九五年の西和県の耕地六〇万二四〇〇畝のうち、有効灌漑面積は四万一四〇〇畝(西和県志編纂委員会 一九九七:二八八、三一六)で、全耕地の六・九%を占めるにすぎない。麦村の周辺では、紅江ダムが一九五九年三月に着工、一九六〇年三月に竣工しているが、有効灌漑面積は二八〇〇畝で、紅江村一村に給水できる規模にとどまる(西和県志編纂委員会 一九九七:三一七—三一八)。甘粛省水利庁が二〇一〇年前後に行った農地灌漑プロジェクトでは、地下パイプの敷設により宋巴、李山、紅江、麦村の四村に関わる灌漑システムの整備が行われたが、灌漑面積は総計で七〇〇畝にすぎなかった。
(31) 安徽省北部でフィールド・ワークを行った人類学者の韓敏(一九九九:一一五)も、「村人は、一日三食、小麦粉の『マントウ』を食べられることを非常にあり難く思っている」と指摘する。また、食糧作物の種類は農民の階層分化とも対応している。富裕層は中国語でいうところの「細糧」(米や小麦)を中心に食すのに対し、貧困層は「粗糧」(その他の雑穀)しか食べることができなかった(Huang 1985: 110)。
(32) 李の略歴は以下の通りである。一九三一年前後に出生、建国前に二~三年間、小学校に通う。建国後は夜間学校に通う。秧歌(中国北方農村で広く行われる民間舞踊)隊の隊長や共青団団支部書記なども務め、一九五六年には従軍。その後、人民公社の生産隊長を経て、一九六一年に当時の李山大隊の支部書記となる。一九六五年に三つの大隊が合併し、宋李大隊が成立するとその支部書記となる。一九八〇年の公社解体後は李山村の支部書記として二〇〇一年まで務め、二〇〇二年から二〇〇七年までは副書記、後に完全引退。村レベルの職位を除き、河巴郷の党委員会委員、西和県人民代表大会代表、天水市人民代表大会代表、西和県政治協商会議委員なども歴任。生涯を通じ、八〇回ほど表彰を受けている。

(33) 西和県全体の食糧買い付け量の一九七〇年代、一九八〇年代の平均は一〇七六万斤と一二四七万斤であった(西和県志編纂委員会 一九九七:四〇六―四〇七)。宋李大隊の上納量が二〇万斤だったとすれば、県全体でのその貢献の割合は一・九%と一・六%ほどになる。

(34) 西和県の退職幹部による「農業は大寨に学べ」運動の記録(竇 二〇一六:四六―四七)には、当時の全県二二八の大隊のリーダーの中で突出した四一名の氏名が列挙されており、その中には李言照の名も含まれている。ここから、李が県当局から高い評価を受けていたことは間違いない。

(35) 竇(二〇一六:四四)は、西和全県の棚田造成運動のために各大隊で「基建隊」が組織されたこと、さらに運動を通じて現れた「典型」すなわち模範的な四二の大隊の名前を列挙しているが、そのうちには宋李大隊も含まれている。

(36) とりわけ隣県である徽県は、歴史的に森林資源が豊富であった。西和と同様に、戦乱や火災、とりわけ大躍進期の製鉄のために森林は大きく減少していたものの、一九八四年時点で林業用地総面積は二五一万四八〇〇畝で、まだ全県総面積の六一・五%を占めていた(徽県志編纂委員会 二〇〇三:二五八)。一九八二年の西和県の、四二万畝、一五%と比較しても差は歴然としている。『徽県志』が出版されている二〇〇〇年前後、麻沿林場の総面積は四五万六四〇〇畝であり、森林面積は一六万四七畝であった(徽県志編纂委員会 二〇〇三:二五六)。

(37) 毛沢東時期の都市国営工業部門では、農村戸籍の住民を臨時工・契約工として雇用することで、都市戸籍保有者(=市民)の数を抑制したまま部門内の労働力不足をまかなう措置が採られていた。農民を臨時に採用することで、県政府の側は正規労働者よりも低賃金・低福利で、かつ柔軟な雇用計画を実現することができたからである(上原 二〇〇九)。この点に関し、河北省的辛集市(旧束鹿県)の実例として、Blecher and Shue(1996: 113-120)を参照。当時、西和周辺の「林場」が政府部門を通じて農民の契約工を採用していたことも、これらと同様のロジックであったと想像できる。

(38) 村民らへの聞き取りによれば、徽県の麻沿林場で正規の契約工となった五〇名以外にも、各地の林場で「出稼ぎ」を行った村民が多くいたことが確認できる。たとえば林凱恵は一九七一年ころ、現在の天水市麦積区に位置する百花林場で二年間働いた。また別の村民（旧家神廟の主人）は一九八〇年代に近隣の両当県の林場に出稼ぎに行ったが、これは「契約工」ではなく、もぐりの出稼ぎ（「黒包工」）であった。彼によれば、麦村から一緒に働きに行った出稼ぎ者は三〇〜四〇人ほどに上り、二か月間、労働し、三〇元ほどの収入になったという。一方、正規の契約工に選ばれるためには村で良い「関係」を持っていなければならないという。

（39）本文では触れられなかったが、杭州での出稼ぎが主流になる以前の麦村の早期の出稼ぎ先としては、新疆での綿花摘みや陝西での麦刈り（麦客）があった。複数の村民が自身の経験について証言している。

【第七章　比較村落ガバナンス論】

（1）毛里（二〇一二：九―一〇）は、比較の三つの効用として、①主要対象をより鮮明に浮かび上がらせること、②比較を通じて普遍性や概念化に近づくこと、③先行事例との比較を通じて対象事例の将来を読み解くこと、を挙げている。これに照らせば、第一節、第二節の目的は①に、第三節の目的は②にある。

（2）この点に関し、重冨ら（Shigetomi and Okamoto 2014）は、アジア各国・各地域において現地の農村開発に適した住民組織のタイプがあると主張する。すなわち、①行政村・自然村が合意形成と住民動員の力をともに備えている地域、②行政村・自然村が合意形成の力を備えているが、住民の動員力を欠いている地域、③行政村・自然村が単に外部資源の受け皿として機能する一方で、血縁集団や二者間関係がより顕著な役割を果たす地域、である。同書で中国は②のタイプに分類されている。このような類型化は、地域ごとに得意とする住民組織の特徴を大まかに把握するのには適している。ただし、本書でみてきたように、ある一つのコミュニティの中で、①、②、③の特徴はどのような地域であっても、異なるガバナンスの領域によって同時に必要とされる可能性がある。

（3）種々の事情から研究拠点とすることはできなかったものの、筆者は二〇一五年三月に同村で短期のフィールド・ワークを実施した。

（4）これはあくまでも「重点」の問題である。道路ガバナンスに「栄誉」や「名声」などの象徴性が伴うことは、本書第四章の［図4-11］が物語っている。逆に宗教ガバナンスがもつ生態的側面についても、それが物質的な「廟」として建造されねばならない［図6-5］点から明白である。

（5）たとえば、福建省厦門の村幹部、葉文徳のライフ・ヒストリーであるHuang（1998）を参照。

（6）『西和県志』において「宗教組織」として取り上げられるのも、政府によってオーソライズされた道教、仏教、カトリック、プロテスタント、イスラームの五種類に限定されている（西和県志編纂委員会 二〇一四：七五三―七五四）。

（7） 実際、ソフトな村落ガバナンスに政府＝村民委員会が全く関与しないかというと、そうではない。家神廟の事例では、村民委員会はあくまで民間のリーダーたちの裏側で、建設用地の選定・交渉や現金の保管・管理などの面でサポートしていた。ポイントは、象徴領域のガバナンスでは、政府や行政村は裏方ないしは黒子として働き、表舞台には登場しない、という点である。

（8） この点の例外としては、山東果村の廟会における劇団招聘（第三章第四節）が挙げられる。同時に、果村当局による廟会主催も一九九五年ころまで停止されており、その後は控えめになっていることから、やはり全体としては、フォーマル組織の象徴領域から撤退傾向を指摘できるかもしれない。

（9） インド総選挙が実施された二〇一四年四～六月にかけて、筆者は南部のテランガナ州ペダマラレディ村でフィールド・ワークを実施した。ここでの記述は当時の知見に基づく。

（10） この点は、陳峰の次の指摘に一致する。「プロジェクト資金の獲得は通常、郷村幹部が私的な人間関係を動員して行う。農民自身は公共事業の建設においていかなる人力、物力、財力も投入することはない」（陳 二〇一五：一〇五）。

（11） 現在の中国農村社会の地域差の問題を最も包括的に論じた決定版として、賀（二〇一七）が挙げられる。同書では、農民家庭の相続、分家、高齢者ケア、「面子」意識、冠婚葬祭儀礼、自殺、アウトロー、出産と子育て、村集団の負債など多岐にわたる領域がカバーされている。そのうえで、それらが、華南、華北、長江流域など異なる地域でどのような差異をもって現れてくるのかが検討されている。他方で、同書は地域差を生み出している変数を見出すというよりは、北部、中部、南部などの地域そのものを変数として扱う傾向も見受けられる。

（12） 従来の中国農村研究もこの点に無自覚だったわけではない。たとえば、Friedman, Pickowicz, and Selden（1991）、Ruf（1998）、張（一九九八）、佐々木・柄澤（二〇〇三）、佐々木（二〇一二）などに、そうした問題意識を比較的鮮明に感じ取ることができる。

（13） 繰り返しになるが、血縁的親密圏に、生産隊という「集団」を重ね合わせる制度配置を、張楽天（一九九八）は「村＝隊モデル」と呼んだ。

（14） 滝田（二〇〇九）は江西農村を事例に、近年の行政村レベルの「村民自治」が衰退する一方で、集落レベルの「社区」の方が実質化しつつある点を指摘している。

（15） 一度だけ短期の住み込み調査を行った山西省芮城県の窯村の暮らしからも、こうした主食中心の食文化を強く感じた。なお、山東果村は地域的には華北に属するが、内陸部の北部とはよほど食習慣を異にしている。筆者自身の経験と観察によっても、山東地域では飲食文化が複雑・精緻な発展を遂げており、その分、人間関係の形成において飲食がもつ意味が大きい。

(16) 本書では取り上げなかった筆者のもう一つの定点観測地、北京菜村（田原 二〇〇五）もこちらに含まれる。

(17) もしも従業員数ではなく、一公社あたりの「企業数」でカウントすると沿海＝内陸の対比はそれほど鮮明ではなくなる。しかし、全体としての集団経済の規模を推し量るうえでは、従業員数を尺度とする方がより適切である。

(18) 中国北方農村における「集団」の意義に関係して、同じく北方の、都市化の波に呑まれつつある天津市の「X村」を事例とした閻（二〇一〇）は示唆的である。すなわち、新農村建設推進のために村民の農地収用と団地への移住を目指す武清区政府に対し、農民らが交渉のルートとして拠り所にしようとしたのは村や隊レベルの「集体」（＝集団）であった。人民公社時期、「集体」は国家と農民が対話する際に公認されてきた唯一のルートだったからである。同様に、麦村と同じ甘粛省の一一村を調査した山田（二〇一五）も、農村の経済活動において行政村や村民小組の役割が顕著であった点を見出している。すなわち、外部企業との契約による種子用トウモロコシへの集団転作や、出稼ぎ者増加に伴う、残された農地の集積と大規模経営への転換などは、これらの村々ではいずれも村幹部のイニシアチブで行われていた。ここから、集団経済をもたない内陸の村々であっても、「共通の利益や必要性が存在すれば『村』単位の組織的な合意形成が可能である」（山田 二〇一五：八一）とされる。本書の文脈からすれば、これは資源に乏しいとされる西北地域の農村にまだ「集団」が残存していることを示す興味深い一事例である。

(19) インドのシステムでは、農村住民はまず、「政府が救済してくれないか」と考えるだろう（田原・松里 二〇一三）。

(20) 社会関係資本に関する諸研究では、象徴資源としての社会関係資本が生態資源（典型的には農村インフラや公共サービス）の形成に与える方向性については検証されているが、その逆方向はあまり考慮されていない。

(21) 共有財産を有する北京、江蘇の村の調査に基づくYamada（2014）も、財産の管理を通じて行政村（北京）、村民小組（江蘇）などフォーマル集団の働きが明瞭になる点を見出している。

(22) 龍村（四七戸、二二四人の自然村）は郷政府の中心から三キロ、郷内の平地部に属し、耕地の条件が良く、肥沃でもある。出稼ぎに行く村民が少なく、その数は一〇人に満たないうえ、そのほとんどが女性であった。村民は一般に外地の波にもまれるよりは、村において農業と副業をすることを選ぶ。また、龍村では家の新築、冠婚葬祭などでの助け合いの習慣が残っている。宗族同士は姻戚関係で緊密に結びつけられ、村全体として凝集力があるとされる。

(23) 南(二〇〇九)のフレーム・ワークによれば、村の自治には自らの手で解決可能な問題について「共同性」に基づきながら解決を図るレベルと、自らの手によるだけでは解決困難なため、「公共性」に訴えかけて外部の支持を獲得しようとするレベルがある。前者は本書でいう内部資源に対応し、後者は外部資源へのアクセスに対応している。

(24) 筆者の拠点村の一つである北京菜村(田原 二〇〇五)はそうしたモデル村の一つである。また、農業集団化のモデルとして見出され、地方レベルのみならず、中央レベルにまで連なる政治パトロンをもった河北省の五公村の長期的な観察として、Friedman, Pickowicz, and Selden (1991; 2005) がある。同村は建国後の中国の政治変動のなかで、複数のパトロンを取り換えながら生き延びた。同書の書評(加島 二〇一〇)もあわせて参照されたい。

(25) 「第三の力」については、羅(二〇〇二、二〇〇四)、崔・李(二〇〇七)、崔(二〇〇八)、陳(二〇〇九)、駱(二〇〇九)などの研究がある。たとえば羅興佐(二〇〇四)の事例とした前掲の江西龍村は、内部の社会関係資本も豊富でありながら、外部資源を内部化するメカニズムをも備えていた。当村では、建国以来、従軍、進学などで村を離れた村民が一〇人ほど、省城である南昌の大病院の院長や高等教育機関の教員、また県城の政府部門、郷鎮のリーダーなどの要職を占めていた。これらの人員は、①一九九三年、一九九八年の二度にわたる架橋工事、②一九九四年の道路建設、③一九八六年、上級の割り当てによる松の植樹など、龍村での各種ガバナンスの展開で役割を果たしたという。彼らの故郷の村への関心は高く、公益事業への参与により彼ら自身の村での地位・名声は高まり、その栄誉は一族や親戚、友人にも及ぶ。

(26) 本書終章、および田原・松里(二〇一三)、Tahara (2015a) を参照。

(27) たとえば、賀(二〇一二:二九〇—三〇七)、袁(二〇一五)、陳(二〇一六)などを参照。

(28) 一方で、川瀬(二〇一六)の紹介する「流しのコンバイン」は地元民によるビジネスではなく、外地の業者によるもので、純粋な営利追求のビジネスに近いと思われる。マレー農村における中国人ビジネスによるコンバイン導入(Scott 1985)も、外部者によるものであり、「モラル・コミュニティ」の破壊者として描かれている。両者とも、花村の現象とは大きく異なる。

(29) 「陽原県鼓励農民工回郷創業」(『農民日報』二〇〇七年一一月一七日)、「輸出去的是労働力返回来的是生産力　六盤山区農民回郷創業順風順水」(『農民日報』二〇一二年一二月一七日)など参照。なお、近年来、政府が奨励してきた「農業産業化」政策も同様の社会的文脈上にある。すなわち、多くは地元出身者の経営する農産物加工企業が、地元県政府と密接な関係を保ちつつ、地元農家と契約を結んで、技術指導、農産品の買い取り、雇用先の創出などで役割を果たす。その意味で農業産業化の担い手は、「農村リーダー」として位置づけられる（田原 二〇〇九）。

(30) 鄭浩瀾の指摘する通り、「有力者は、また村落レベルの公共事業の種類によって変わる。たとえば、水利の修築の場合は、村民小組長が比較的影響力をもっているのに対し、道路の舗装の場合には一定の財力を有する者が比較的影響力をもっている。また、墓参りや族譜の編集など宗族に関わる活動の場合には、一定の文化水準を持つ年配者の発言力が最も大きい」（鄭 二〇〇九：二五六―二五七）からである。

**【終　章　草の根からの啓示】**

(1) ここでの議論がよって立つ視点は、大きく、二〇〇八～二〇一二年度に展開された文部科学省新学術領域研究「ユーラシア地域大国の比較研究」（課題番号：20101003、研究代表者：田畑伸一郎）に負うところが大きい。中国に焦点をあてた本書では、本格的な比較を試みることはできないが、これまでの研究の成果の一部として、田原・松里（二〇一三）、Tahara（2013）、Matsuzato and Tahara（2014）、Tahara（2015a）、Tahara（2016）、田原（二〇一九）などを参照されたい。

(2) 「共通点」に関わる以下の議論について、詳細はMatsuzato and Tahara（2014）、Tahara（2015a）を参照。

(3) そもそも「村」というもののまとまりは、国家の社会にたいする統治にとって便利な存在である（鳥越 一九九三：七一）。

(4) 三宅（二〇一三）によれば、三国はともに一級行政区の「財政連邦主義」的枠組みを用いながら、それを中央集権に利用してきた点で共通している。

(5) 徐（Xu 2014）はここでいう血縁（大家族制）と地縁（村落共同体）を、それぞれ中国語の表現で「家戸制」と「村社制」と呼んでいる。英語では、“household system”および“village system”となる。

(6) 「内婚」（endogamy）とは自身が所属している集団内に配偶者を求めるシステム、「外婚」（exogamy）とは逆にその集団外に求めるシステムである（石川ほか 一九九四：一三二―一三三）。インドのカーストは前者に、中国の宗族は後者にあたる。

(7) 人民公社体制下の親族組織についての最も行き届いた記述・分析として、Parish and Whyte（1978）、聶（一九九二）を参照。

(8) 恩田守雄のフレーム・ワークでは、この両者のコントラストは、「共生互助組織」（つながり）と「強制互助組織」（まとまり）の勢力関係として表現されている。すなわち、「中国の場合、この強制互助組織と共生互助組織の勢力関係による主導権の交替である「周流」が他の国以上に激しく揺れ動く側面を持っている」（恩田 二〇一三：四八）という。また筆者自身も、両者の史的展開について、清水（一九三九）の概念を援用し、「生成的自治」（つながり）と「構成的自治」（まとまり）のダイナミックな関係として捉えたことがある（田原 二〇〇〇、二〇〇一）。

（9）本節のロシア（ソ連）と中国の都市＝農村関係の対比に関して、より詳細な議論は田原（二〇一九）を参照。

（10）全国調査に基づけば、一九八八～八九年にかけ、インドの都市においてスラムに居住する世帯の割合は一四・六％であり、ボンベイ（三〇・六％）やコルカタ（二八・九％）など巨大都市でその割合はより高かった（Visaria 1997: 282）。

（11）南裕子は、中国農村では、「個人、地域それぞれが、自らの課題を各自が保有する個人的つながりの中で解決するという一種の入れ子的な構造（南 二〇〇九：二五〇）」が存在すると指摘する。この点は、国際比較を導入することで、さらに明瞭な像を結んでくる。

（12）中国農民の平等観に関する応星の指摘（応 二〇〇一：三二二、二〇一一：一八二―一八三）も本書の「他律的合理性」に符合する。応は、中国農民は異なる参照系に属する三つの平等世界をもっているという。第一に、「自分」を参照系とした平等世界であり、自らの現在の生活、地位と利益が外部の人間によって影響されてはならず、他人によって損害を被った場合にはそれなりの補償がなされるべきだとするもの。第二に、「農民」という同類を参照系とした平等世界であり、同じ農民同士であれば互いの付き合いは対等・互恵であるべきであり、「外部」あるいは「上位」にある政府は自分たち農民カテゴリーに対し一視同仁の扱いをすべきだというもの。第三に、人類を参照系とした平等世界であり、すべての人間の間での平等世界である。しかし、農民が実際に抗議行動に出るのは、第一、第二の平等が侵された場合に限られ、逆に「滅多なことでは、自分の運命をその他の階層の運命と引き比べたりはしない」（応 二〇〇一：三二一）という。応は農民の普遍的な性質としてこれらの点を語っているが、本書が見出してきた「他律的合理性」は、むしろ第一章で跡付けてきたような、中国農村がたどってきた個別具体的な軌跡によって規定されたものとして提示している。

（13）以下、人民代表については、毛里（二〇一二：一三一―一三六）を参照。

（14）ほんの一例に過ぎないが、日本の山形県を事例として新沼（二〇一三）の明らかにした家族の医療行動がある。医療資源が相対的に希少な農村地域で、地域内に散らばる家族・親族内のネットワークを動員して公共サービスの不足をカバーしている事例であり、家族のつながりがうすれ原子化したといわれる日本社会にも、ある種の「逞しさ」が息づいていることに気づかせてくれる。

# あとがき

本書で展開した村落ガバナンスの研究は、二〇〇一年三月、北京遠郊の菜村からスタートした。その際に現地の村との橋渡しをしてくれた、農村への下放経験もある某大学教授の助言が、その後の筆者の調査スタイルを決定づけることになった。

彼曰く、「農民がお前を相手にしてくれないとすれば、それはお前の調査が政治的に敏感であるとか、そういう問題ではなくて、彼らは単に自分と関係のない人間と付き合うのが面倒くさいだけさ。逆に彼らと友達になりさえすれば、何でも自分から話してくれる。村に入ったら、最初の何日かは何にもせずに、ぶらぶら散歩して、酒でも飲んで、ただ遊んでいればいいよ。そのうち気の合う人間が現れるから、そういう連中とお喋りをしているうちに自然に欲しい情報は入ってくるさ」。

こうして、自分にとっての現地調査とは、組織や肩書とは無関係の自由な一個人として、現地の人々と顔の見える私的な関係を築いていく、そのような活動となっていった。研究の題材となる情報は、そうした交流関係の一つの結果としてついてくればよい。プロジェクト型の調査でよくあるような会議室での「ヒアリング」は、筆者の場合は皆無であり、インフォーマントと向き合っての「インタビュー」でさえ、どちらかといえば副次的であった。その意味では人類学的フィールド・ワークに近いのかもしれない。ただ、筆者の場合、人類学者のように一か所に長期間、住み込むことはできなかった。その代わり、定点観測地に定めた村への短期の訪問を長期にわたり繰り返すことに努めた。さらに、「比較」を意識して異なる地域の複数の村を拠点とし、順繰りに訪問する、というのもまた極めて自己流のやり方であった。

実のところ、こうした方法では情報収集の効率は悪い。一度や二度の訪問で何かが書けるわけでもなく、三度、四度と継続する必要があり、その分、研究の「生産性」は低くなってしまう。当然のことながら、そういう鈍臭いやり方で対象に関わっている地域研究者は、周囲にはあまり見当たらなかった。ただ、それだからこそ、「自分がやらねば」というある種、根拠のない使命感（?）も感じていた。広島県央の山間部から東京に出てきて、都会と田舎の問題に格別のこだわりを持つ自分が、中国の田舎に入り続けることには、何かの必然性と意味があるように思えた。とまれ、こうして細々と集めたフィールド・データをもとに、数編の文章を書いた。

二〇〇九年には一つの転機があった。新領域研究のプロジェクト「ユーラシア地域大国の比較研究」のメンバーに加わり、中国以外の、ロシアやインドの村々にも繰り返し通うようになったのである。中国農村を他国の農村と比較することにより視野が広がったのはいいが、研究対象が空間的に拡大したことから、成果を出すスピードはますます遅くなってしまった。同時に、このプロジェクトを通じて日本のロシア研究者やインド研究者らと交流する機会を持ったことで、自分がそれまで、ほぼ百パーセント、日本マーケットに向けて日本語のみで文章を発表してきたことに飽き足らないものを感じるようになった。そこで、二〇一二年には初めて中国語で、山東人民出版社から個人論文集（『日本視野中的中国農村精英』）を刊行した。

そのような前著の刊行は、おりしも同年九月の尖閣諸島「国有化」のタイミングと重なっていた。周知のとおり、これを機に日中関係は急速に悪化していく。さらに強面の習近平政権の到来とともに、農村調査のフィールドにおいても、空気の変化を感じるようになった。端的にいえば、外国のフィールド・ワーカーは、「招かれざる客」となったのである。かつての中国では、北京の教授の助言にもあった通り、現地の人との間に友情と信頼関係を築くことさえできれば、フィールド調査にも自ずと展望が開けてきた。たとえ現地の地方当局が「政府の許可のない外国人の調査は禁止」という四角四面の「官話」を持ち出してきた場合でも、関係者が「自分の友人だから」と庇護してくれれば、曲がりなりにも現地への滞在は可能だった。それに比して、現在の状況はより複雑である。仮に友情や信頼が十分であっても、外国人がフィールド調査を行うこと自体が、それを受け入れた現地の友人に重い責任と政治的リスクを負わせかねない行為になってきたからだ。社会の実態を外部に知らせまいとする政府の監視が、基層の村々にまで及んできている。

本文でも触れたように、筆者もすでに「友人」だと思っていた村幹部に入村を拒絶されるようになった。現地で方言通訳として有能な助手を務めてくれた大学生もその後、筆者との連絡を絶った。河南や山西では日本人であるという身分を隠して活動せねばならず、結果的にそれら地域での調査の継続を断念した。こうして、本来であれば良い友人になれたであろう人々と縁が切れていくのは無念で仕方がない。中国社会がかつてもっていた豊かな「隙間」の部分、ニュアンスに富んでいた「おおらかさ」が失われつつある、今はそんな時期なのかもしれない。

「村に分け入る」ことを生業としてきた身としては、まさに商売あがったり、の心境であった。少なくとも短期間のうちには、状況は好転しそうもない。さて、どうしたものか——。

ここで筆者は発想を転換した。フィールド・ワークが困難に直面している現在のこのタイミングこそ、これまでに収集した情報を整理・分析・理論化するときではないか。村に入る頻度を減らす代わりに、筆者がこれまで付き合ってきた中国農村の実態を、改めて自分なりに消化して、日本語の単著として、日本の読者に向けて提示すべきではないか。思えば、今までフィールド調査を続けてこられたのは、文部科学省の科学研究費補助金が継続的に得られたことが大きい。究極的には、日本社会の生み出す余剰によって自分のフィールド調査は支えられてきたのだ。だとすれば、どんなにささやかで、地味なものであっても、その知見は日本社会に還元されるべきだろう。

このように愚考し、二〇一八年の初め、無謀かとも思ったが、東京大学出版会に自ら企画を持ち込んだ。幸運にもこの願いは叶えられ、本書はいまこうして、読者と邂逅することができている。捨てる神あれば拾う神あり、である。

この本は二〇年近く、草の根の中国に分け入ろうともがいてきた愚鈍な筆者なりの中間報告である。各章の構成は、既発表のいくつかの文章（次頁の①〜⑥）をもとにしつつも、分割や合併を伴う大幅な加筆・修正を加えたものとなっている。各章と、既発表の論考の関係を示せばおよそ以下のとおりである。

序　章：文献③の一部に大幅加筆
第一章：文献④および文献⑥の一部を併せ、大幅修正
第二章：文献③の一部に大幅加筆
第三章：文献②に大幅加筆
第四章：文献①に大幅加筆
第五章：書下ろし
第六章：文献⑤および文献⑥の一部を併せ、大幅修正
第七章：文献③の一部に大幅加筆
終　章：書下ろし

①「道づくりと社会関係資本――中国中部内陸農村の公共建設」『近きに在りて』第五五号、二〇〇九年。
②「水利施設とコミュニティ――中国山東半島果村の農地灌漑システムをめぐって」『アジア経済』第五〇巻第七号、二〇〇九年。
③「農村ガバナンスと資源循環――『つながり』から『まとまり』へ」『ODYSSEUS 東京大学大学院総合文化研究科地域文化研究専攻紀要』第二二号、二〇一八年。
④「『発家致富』と出稼ぎ経済――二一世紀中国農民のエートスをめぐって」代田智明監修、谷垣真理子・伊藤徳也・岩月純一編『戦後日本の中国研究と中国認識――東大駒場と内外の視点』風響社、二〇一八年。
⑤「『資源』としての人民公社時代――中国西北農村のガバナンス論序説」『村落社会研究ジャーナル』第四八号、二〇一八年。
⑥「弱者の抵抗を超えて――中国農民の『譲らない』理由」『アジア経済』第五九巻第三号、二〇一八年。

ともかくも本書が一つのかたちとなったのは、中国の村々に住む友人たち、そして研究協力者たちが、彼ら／彼女らの人生の時間の一部を、フィールドで筆者と共有してくれたお陰である。好奇心であれ、気まぐれ・退屈しのぎであれ、あるいは義務感からであれ、短い時間でも外国からの闖入者を相手にしてくれたその懐の深さに感謝したい。大きな時代の環境に影響され、色々と残念なこともないではなかったが、何をおいても本書はまず、草の根の中国に生きる友人たちに捧げられるべきである。

本書の内容は、奉職している東京大学教養学部でも講義の形で展開してきた。地域文化研究学科日本・アジア・コースの必修授業である「アジア社会文化論」では、二〇一二年、二〇一六年、二〇一八年とすでに三回ほど、本書に関わる内容について受講生に語ってきた。草の根に分け入っていくとりとめのない話に、どこに連れていかれるかわからず困惑した受講生も多かったに違いない。申し訳ない気持もあるが、少しでも現場の空気感が伝わってくれたなら本望である。毎回の授業内容に対する受講生のコメントや質問は、直接的・間接的に本書の記述に活かされている。その意味で、各年度の受講者の皆さんにも感謝せねばならない。

最後に、今回の出版に関しては、東京大学出版会の山田秀樹さんに大変お世話になった。一年半あまり、「チーム」としてタッグを組ませていただき、原稿執筆に取り組むにあたり、常に激励の言葉と的確な助言を下さった。幸せな出版体験をさせていただいたことに、深く御礼申し上げたい。

二〇一九年七月　駒場にて

田原史起

［付記］

本書のもとになった現地調査の実施、およびデータの分析にあたっては、以下の複数の文部科学省科学研究費補助金の交付を受けた。記して謝意を表したい。

・二〇〇三〜二〇〇五年、若手研究（B）「中国村落の社会経済構造と自治形式をめぐる地域間比較分析――北京・山東・江西」（課題番号：15710178、研究代表者：田原史起）。
・二〇〇六〜二〇〇八年、基盤研究（C）「中国中部内陸農村の開発と社会関係資本――湖北・江西村落コミュニティの比較を通じて」（課題番号：18606002、研究代表者：田原史起）。
・二〇〇九〜二〇一一年、基盤研究（C）「中国西部内陸農村のコミュニティ公共建設と社会関係資本――甘粛・雲南村落の比較研究」（課題番号：21510256、研究代表者：田原史起）。
・二〇一二〜二〇一四年、基盤研究（C）「中国農村の基層ガバナンスと政府・市場・コミュニティ――内陸四村の比較分析」（課題番号：20308563、研究代表者：田原史起）。
・二〇一三〜二〇一六年、基盤研究（B）「地方政治の中・露・印比較――社会政策、地方自治、政党政治」（課題番号：25300009、研究代表者：田原史起）。
・二〇一三〜二〇一六年、基盤研究（A）「中国抗議型維権活動拡大のメカニズム――認知の解放・支配方式の転換・動員手段の多様化」（課題番号：25257103、研究代表者：唐亮）。

# 索　引

## あ　行


天野元之助　256
維穏　5, 240
遺産　16, 95, 102, 183, 186, 207, 208
医師　125, 130
石細工職人（石匠）　150
石原潤　255
移住（migration）　237
一級行政区　231
一肩挑　255
一帯一路　143
井戸水灌漑　87, 88, 91-93, 97
稲作　135, 136, 157
飲酒　187, 208
請負人　91, 92, 95, 97, 169, 255
牛　70, 139, 261
内堀基光　70
馬　141, 261
占い師（算命先生）　150
噂　28, 123
運送業　81, 254
英語教育　148
衛生所　178
NPO　230
宴会　29, 52, 64, 84, 100, 151, 208
エンジュ（槐樹）　166, 210
煙台　1, 74, 78
燕麦　164, 165
王漢傑　166
応星　273
オフィス　47, 61, 76, 96, 98, 112, 113, 257
お布施　177, 180
お礼参り　174, 200
恩田守雄　272


## か　行


カースト　202, 233
海鮮　101
外部資源　9, 59, 133, 141, 200, 203, 219, 224, 237, 239, 242
家屋の構造　208
顔馴染み　39, 84, 97
顔馴染み社会（熟人社会）　65, 100, 251
顔見知り社会（半熟人社会）　44, 65, 99
格差　3, 24, 227, 240
学堂　201, 265
革命根拠地　108
果樹園　60, 169
果樹栽培　81, 82
家神廟　54, 174, 177-179, 198-201, 203, 210, 269
賀雪峰　248
火葬　212, 213, 263
家族経済戦略　18, 19, 246
学区　147
合併（村の）　136, 159, 248
何宝鋼　248
紙銭　176, 178
灌漑施設　61, 186, 204, 205, 217
願掛け　174
関係　192, 206, 207, 268
冠婚葬祭　269, 270
ガンジー（M. Gandhi）　233
甘満堂　176
簡略化　9, 107, 112, 115, 116, 133, 147, 172, 185, 222, 224, 257
還流（circulation）　237
気　260
記憶　13, 71, 85, 131, 146, 179, 184, 191, 210, 217, 250
企業家精神　108

企業の制度改革（改制）　78, 80
基建隊　168, 188–193, 267
寄宿制（小学校）　148, 149, 262
帰省　114, 126, 150, 156, 161, 162
基層幹部　16
基礎自治体　229, 230
ギデンズ（Anthony Giddens）　249
機動地　165, 253
基盤型財産　60, 61, 183–186, 188, 217, 218
貴陽　1, 135, 141, 142, 150
教育ガバナンス　144, 146–149, 156
教育資源　119, 145, 148
教育ビジネス　149, 221
郷紳　13, 145
行政村　40–44, 60, 65, 66, 91, 95, 96, 112, 136, 137, 159, 164, 198, 201, 202, 207, 210–212, 216, 219, 223, 229–231
競争選挙　220, 238, 240
競争的権威主義　239
共同性　54, 55, 201
郷土社会　39
競売　92
均分　27, 30, 31, 35, 166, 188, 247
グッド・ガバナンス　248
グローバル・ガバナンス　248
群体性事件　6
計画出産（生育）　26, 32, 47, 149, 243, 263
景観　61, 135, 210
契約工　168, 188, 191–193, 267, 268
劇団　57, 101, 175, 269
血縁　38–41, 63, 64, 83, 118, 130, 133, 135, 152, 153, 190–192, 201, 206–208, 210, 211, 232–234, 241
血縁コミュニティ　156, 208, 214
結束型（bonding type social capital）　62, 64
県域　2, 157, 177, 192
権威主義体制　45, 238
原子化　37, 63, 186, 248, 273
県城　2, 74, 121, 136, 137, 141, 142, 147, 158, 169, 174, 175, 178, 260
黔西南　142, 153
建築請負業者（包工頭）　179
建築許可証（荘基証）　171
交換原理　60, 68, 69
興義　1, 141–143, 146, 147, 150, 154
高級合作社　163
高級中学　140
豪俠　66, 67
公共井戸　169, 182
公・共・私　49, 219, 230, 231
耕作放棄　122, 139
鉱山　158, 172, 173, 191, 206
工商局　100, 142
降水量　84, 94, 98, 158, 181, 186, 198
紅槍会　244
高速道路　74, 93, 142, 143, 262
交通ガバナンス　137
交通局　173
高等教育　19, 119, 140, 145, 149, 205
抗日戦争　13
公平（感）　10, 30, 31, 234, 237, 241
公弁（教師）　145
公立学校　147, 155
口糧地　79, 81, 84, 90
故郷に錦を飾る（衣錦還郷）　131, 142, 153, 190, 210
胡錦濤　4, 5, 23, 69
国土（資源）所　171
国民会議派　238
穀物調達危機　232
互酬性原理　59, 70, 137
五小工業　209
個人的ネットワーク　240
戸籍（制度）　14, 25, 236
五保戸　19, 26, 30
ゴミ処理　51, 231
小麦　26, 31, 34, 81, 139, 159, 161, 164, 165, 170, 186–188, 208, 264
小麦粉　30, 31, 32, 180, 187, 266
米　139
ご利益主義　175, 176
コルホーズ　232, 235
コンバイン　114, 119, 139, 257, 258, 271

## さ　行


菜園　116
祭祀圏　175, 177
財政局　173, 190, 246
最低生活保障（低保）　26, 29, 30, 32, 171, 172, 265
済南　1
再分配原理　59, 69
裁縫　110, 111
差額選挙　239
サクランボ　81, 82
差序格局　63
雑姓村　40
山岳地帯（山区）　42, 98, 108, 135, 136, 139, 143, 144, 155, 158, 159, 199, 205, 213
三教融合　175
三十年不変　80, 253
「三農」問題　5
算命先生　214
ジェネラリスト　46
直播き（直播）　115, 222
資源化　58, 185, 228
資源欠乏型コミュニティ　157, 264
私塾　146
市場の中のコミュニティ　82
自然災害　11-13, 31, 214
自然村　40-43, 65, 137, 230
四川大地震　27, 158, 214
思想改造　176
自足原理　52, 137, 205, 231
市町村　230
祠堂　70, 71, 109, 178, 201, 265
し尿処理　51
寺廟　174, 176, 177, 200, 214, 217
司法所　171
社会関係資本　62, 218, 250, 264, 270, 271
社会主義イデオロギー　66, 154, 188, 197
社会主義革命　184
ジャガイモ　26, 159, 180, 187, 265
弱者　23
社隊企業　15, 76, 168, 209, 253
社長　33, 159, 178, 246
収益型財産　60, 67, 183, 184, 216
宗教活動場所　201
宗教ガバナンス　174, 198-200, 203, 212
宗教政策　201
習近平　132, 241
集団（集体）　15, 40, 88, 92, 93, 102, 112, 137, 167, 183, 188, 189, 191, 192, 206, 207, 210-212, 234, 270
集団エリート　188-190, 192, 210
集団経済　9, 21, 60, 66, 67, 73, 76, 78-80, 91, 96, 102, 131, 163, 168, 183, 184, 188, 197, 198, 205, 208-210, 216, 217, 234, 270
集団所有　17, 163, 188
集落形態　206, 207, 212, 233, 234
主業型出稼ぎ　185
手工業　78, 81, 100
主食　139, 186-188, 208, 269
主姓村　40, 83, 211
首藤明和　217
循環　10, 73, 157, 193, 195, 215, 217, 218, 223-225, 228
春節（旧正月）　30, 32, 111, 114, 126, 154, 162, 258
障碍者　18, 19, 100
小学校　112, 113, 167, 168, 176, 189, 190, 191, 193, 201
小郷　41
消極的村務　243
上饒　1
常設店舗　101
象徴資源　59, 61, 62, 69-71, 193, 217, 218
象徴領域　10, 55, 56, 99, 102, 151, 174, 195, 196, 199, 200, 202, 203, 205, 212, 223
省都　1, 135, 141, 142
小農経済　16, 17
消費　52, 56, 112, 184, 212, 230
商品化食糧　232
商品作物　218
承包地　79, 80, 90
初級合作社　163
食糧直接補助　26, 32

食糧を要とする（以糧為綱） 76
植林 15, 167, 184, 189
初等教育 9
ショベルローダー 172
自力更生 15, 35, 47, 49, 60, 87, 88, 102, 132, 145, 167, 173, 181, 191, 192, 197, 202, 216, 234, 236, 237, 241
私立学校 146, 148, 149, 155, 205
人口圧力 22, 23, 159, 213
新公共管理（New Public Managiment） 48
新興国 18, 52, 230, 231
人口センサス 152
震災 27, 28
新築 29, 111, 122, 142, 178, 270
新農村建設 132, 260
人文資源 68, 213
親密圏 57, 64-66, 68, 130, 197
人民公社解体 15, 17, 78, 145
人民代表 238, 239, 267, 273
森林 166, 167, 191, 267
水電局 182
水道 29, 182, 198
水利施設 186, 188
スーパー・ビレッジ 7, 74, 250
スキナー（G. W. Skinner） 99
スコット（James Scott） 12, 18
鈴木栄太郎 249
スターリン 232, 235
スペシャリスト 46
スラム 17, 236, 237
正規部門 140, 190, 220
政権交代 238, 240
成功人士 19, 156, 176, 179, 203, 263
生産隊 44, 60, 83, 159, 164, 168, 183, 188, 207
生産大隊 41, 44, 60, 87, 96, 131, 159, 168, 169, 188, 189, 197, 207
生産隊長 166
生存維持 13, 15, 16, 18, 19, 34, 245
生態資源 59, 69-71, 193, 197, 216-218
生態領域 10, 55, 99, 151, 174, 195, 196, 199, 200, 202, 203, 217, 223
製鉄運動 166
税費改革 132
税費時期 15, 16
西部大開発 143, 262
政府のプロジェクト 9, 124, 142, 171, 182, 206
晴隆 136, 142, 153, 220
西和 14, 157, 158, 164, 166, 177, 192, 247
世界金融危機 18, 143
籍貫 39
石碑 261
積極的村務 243
積極分子 189
一九八二年憲法 44
選挙運動 202
選挙競争 220
選挙動員 242
選挙ネットワーク 240
葬儀 51
葬儀ビジネス 150
双槍 114
宗族 13, 67, 70, 109, 157, 178, 190, 201, 207, 234, 256, 272
族田 70
族譜 109, 272
組織 234
蕎麦 159, 161, 165
ソファー工場 76, 78
ソ連 191, 235
村村通 129
村＝隊モデル（村隊模式） 251, 269
村内道路 208
村廟 201
村民委員会 33, 44-46, 50, 65, 67, 76, 83, 98, 137, 158, 159, 176, 179, 181, 188, 202, 223, 238, 248
村民委員会委員 45
村民委員会主任 46, 99
村民委員会組織法 44, 45
村民小組 44, 45, 60, 65, 83, 84, 94, 96, 97, 112, 136, 168, 188, 212, 216

村民小組長　46, 73, 83, 84, 93, 94, 96, 101, 246, 272
村民自治　264, 269
村民総出稼ぎ時代　23, 24
村民代表　45, 46, 83, 101
村落共同体　206, 232, 233, 241

## た　行

ダーチャ（dacha）　235
大学生　110, 137, 140, 145, 155, 261
大学統一試験（高考）　26, 153
大家族制　13, 38, 206, 232-234, 241
耐久消費財　24
退耕還草　137
退耕還林　27, 29, 32, 159, 247
第三の力（第三種力量）　131, 144, 155, 190, 207, 220, 271
第十一期五か年計画　124
大躍進　14, 166, 189, 257
立ち退き　170-172, 222
脱政治化　10, 238, 240
棚上げ　107, 198, 222-224
棚田　162-164, 166, 184, 189, 266, 267
種田山頭火　1
ダム　85, 87, 88, 92-94, 97, 113, 131
ため池　85, 87, 88, 92, 93, 95, 97, 217
他律的合理性　8, 35-37, 193, 211, 237, 273
単位　14
団結　207
炭鉱　246
単姓村　40
地域大国　10, 231
小さな政府　229
地縁　38-40, 64, 206-208, 210, 211, 216, 232-234, 241
地下水　88, 98, 186, 198
地下パイプ　90, 91, 95
地区級市　1
地税局　262
地方交付税　47
中華人民共和国農村土地承包法　80
中国医学　224, 225
中国中鉄股份有限公司（中鉄）　143
中国農村ガバナンス研究　197
忠誠の滝　239
張文明　248
張楽天　251, 269
徴兵（逃れ）　13, 14, 40, 244
貯蔵用井戸（旱井）　29, 169, 182, 183
治理　5, 52, 53, 195, 249
陳意新　257
陳情　3, 6, 32, 246, 247
陳峰　269
つながり　8, 10, 37, 57, 62-66, 68, 114, 115, 118, 130, 133, 137, 152, 154, 193, 195-197, 201, 203, 205-208, 217, 218, 220-223, 230, 232, 234, 241
定期市　56, 81, 99-102, 174, 208, 255, 256
鄭浩瀾　272
出稼ぎ経済　12, 19, 21, 22, 107, 111, 112, 115, 116, 118, 133, 135, 146-148, 162, 184, 185, 192, 210, 212, 218, 221
出来事中心のアプローチ　50
テスト・ポイント（試点）　164
天水　1, 158, 169, 191
統一ロシア党　239
党員　30, 46, 101, 108, 136
等額選挙　239
当帰　169
道士　150, 151
仝志輝　251
党支部委員　46
党支部委員会　44, 46, 67, 201
党支部書記　46, 127, 132, 173, 221
トウモロコシ　26, 76, 81, 139, 159, 165, 187
道路ガバナンス　9, 108, 122, 129, 132, 133, 141, 173, 174, 179, 199, 202, 203, 207, 222, 223
独自財源　231
都市化　231, 235
都市＝農村二元構造（城郷二元結構）　25, 35, 49, 145
土葬　212, 213, 263
土地改革　16, 163, 236

土地収用　3, 245
土地廟　174
土地補償　93, 125, 127, 128, 131, 132
ドブロク　139, 208

## な　行

内装　111
内部化（外部資源の）　132, 219, 220, 223, 224
内部資源　59, 131, 215, 216, 219, 223, 224, 231, 237
中村吉治　249
投げ植え（拋秧）　115, 222
南京国民政府　40
南昌　1, 110, 111, 257
日常的抵抗　12, 14, 16
日中戦争　244
入札　80, 129
入村道路　74, 119, 121, 124, 132, 169, 199, 204, 223
入党　240
農外就業　16-18, 21, 23, 76, 81, 82, 218, 245
農機購入補助　258
農業ガバナンス　221
農業企業家　237
農業産業化　271
農業資材総合補助　26
農業集団化　16, 233, 236
農業税　6, 113, 122, 132, 190
農業センサス　19, 121
農業は大寨に学べ　76, 79, 164, 189, 267
農業ビジネス　133, 139, 221
農業用トラック　170
農作業　112, 114, 115, 133, 161, 162, 222, 236
農村開発　53, 268
農村社会学　54, 184, 249
農村ビジネス　60, 69, 116, 221
農村優遇　25, 31, 49, 141, 190
農村リーダー　45, 66, 67, 130, 131, 154, 198, 216, 217, 219, 222, 223, 231, 271
農田（水利）建設　15, 79, 253
農民工　4, 17, 117, 236, 243
農民負担　4, 16
飲水ガバナンス　51, 98, 198

## は　行

バイク　125, 127, 130, 136, 137, 141, 142
廃校　148
排水　85, 88, 95, 128, 171, 172, 186, 253
ハウス野菜　82
橋渡し型（bridging type social capital）　62, 64
バス　136, 137, 142, 158, 169
発家致富　240
伐採　166, 167, 173
発展　5, 6, 7, 53, 135, 143, 145, 147, 155, 187, 202, 205, 225, 227, 228, 230, 231, 243
発展改革委員会　142, 261
パトロン　13, 16, 34, 153, 219, 231, 238-240, 242, 271
パリッシュ（parish）　229
パロワス（paroisse）　229
「反右傾」運動　14, 167, 189
半夏　31, 159, 161, 162
引き比べ　4, 7, 9, 31, 35, 119, 193, 237
非公式のアカウンタビリティ（informal accountability）　68
費孝通　11, 39, 63, 244, 256
匪賊　13, 14
一人あたり耕地面積　22, 185, 218
非日常的抵抗　16
日雇い職（散工）　110
廟会　57, 101, 174, 175, 269
廟産興学　176, 201
標準市場圏　99
表土　164, 187
平等観　273
広井良典　51
貧困救済（扶貧）　91, 128, 137, 158, 190
貧困削減　173
フィールド・ワーク　3, 4, 8
風水　127, 131, 170, 214, 260, 265
プーチン（V. Putin）　239
付加価値　61, 81, 184-187, 193, 197, 210, 218

副業　162
副業型出稼ぎ　185
富者が村を治める（富人治村）　220
仏教協会　178
仏像　176
ブドウ　81, 82
腐敗　3
ブルドーザー　116, 123
文化政策　202
文化大革命　176, 201
平均主義　15, 17, 164
平均分配　35, 61, 245
平成の大合併　229
傍観者　133, 222, 223
報酬地　165, 171, 179
蓬萊　74, 79, 85, 100
募金運動　128, 179, 180
保甲制　40
ポスト税費時代　6, 7, 17, 19, 23, 24, 32, 34, 50, 197, 202, 222, 243, 245
舗装　29, 121, 124, 125, 127-130, 136, 141, 142, 169, 171, 173, 190, 197, 199, 205, 272
墓地　170, 214
保（甲）長　13, 244
北方地区農業会議　209
墓碑　150, 151, 156, 212, 217

## ま　行

埋葬　9, 51, 63, 150-153, 156, 185, 196, 197, 205, 207, 210, 212-214, 246
埋葬ビジネス　152
薪　116, 167
松村圭一郎　259
まとまり　8, 10, 57, 62, 64-66, 69, 82, 97, 130, 131, 154, 156, 195-201, 203, 206-208, 210, 212, 216-218, 223, 230, 232, 234, 241
ミール　232
水争い　131
南裕子　273
苗族　152, 153, 154
民営化　48, 78
民間信仰　174
民間組織　66-68, 198
民主　5, 6, 7, 45, 53, 225, 227, 228
民政局　247
民族識別　152, 153, 263
民俗宗教　175
民弁（教師）　145, 261
ムーア（Barrington Moore）　233
麦場　33, 34
棟上げ　29, 84
村ソビエト（cel'skii sovet）　230
村の国　229
村パンチャーヤト（gram panchayat）　230, 238
毛細血管　55, 99, 107, 121, 123-125, 129, 130, 132, 141, 143, 181, 206
もぐりの出稼ぎ（黒包工）　268
モデル村　219, 271

## や　行

夜間学校（夜校）　168
山歌　154, 156, 198, 212
山火事　116, 117
山下茂　229
Ｕターン　218
養殖　81, 113
揚水ステーション　85, 87, 88, 92-95, 97, 255
養豚　139, 168, 183
余干　108, 119

## ら・わ　行

羅興佐　217, 218, 266
喇叭人（苗）　152-154, 156, 198, 212, 220, 263
蘭山書院　148, 149, 153, 154
蘭州　1
リーダーシップ　76, 95-97, 107, 137, 149, 178, 200, 227, 241
李昌琪　144, 153, 263
劉遠坤　142, 144, 153
林業隊　76
リンゴ　81, 94, 96, 168, 169
林語堂　66

臨時工　267
林場　188, 191–193, 267, 268
林梅　251
留守児童　4, 117–119, 147, 149, 205, 259
霊験あらたか（霊）　176, 180
恋愛結婚　118
老人　18, 19, 26, 31, 51, 100, 116, 177
老人養護施設（五保家園）　34
労働蓄積　15, 61
隴南　158, 177, 247
ローカル・ガバナンス　48, 49

渡邊欣雄　175

# 参考文献


**日本語**

朝倉美香（2005）『清末・民国期郷村における義務教育実施過程に関する研究』風間書房。

天児慧（2018）『中国政治の社会態制』岩波書店。

天野元之助（1940）「現代支那の市集と廟会」『東亜学』第2号。

———（1953）『中国農業の諸問題（下）』技報堂。

石川栄吉ほか編（1994）『文化人類学事典』弘文堂。

石田浩（2003）『貧困と出稼ぎ——中国「西部大開発」の課題』晃洋書房。

石原潤（1987）『定期市の研究——機能と構造』名古屋大学出版会。

上田信（1988）「解説　清代の福建社会」陳盛韶著，小島晋治・上田信・栗原純訳『問俗録——福建・台湾の民俗と社会』平凡社。

上原一慶（2009）『民衆にとっての社会主義——失業問題からみた中国の過去，現在，そして行方』青木書店。

内田知行（1990）「戸籍管理・配給制度からみた中国社会——建国—1980年代初頭」毛里和子編『毛沢東時代の中国』日本国際問題研究所。

内堀基光（2007）「序——資源をめぐる問題群の構成」内堀基光編『資源と人間』弘文堂。

宇野重規（2016）「政治思想史におけるガバナンス」東京大学社会科学研究所・大沢真理・佐藤岩夫編『ガバナンスを問い直す［I］越境する理論のゆくえ』東京大学出版会。

閻美芳（2010）「中国新農村建設にみる国家と農民の対話条件——天津市武清区X村における農村都市化の事例から」『村落社会研究ジャーナル』第16巻第2号。

———（2013）「中国農村にみる共同性と村の公——山東省X村における農村都市化を事例として」『社会学評論』第64巻第1期。

大川健嗣（1994）『出稼ぎの経済学』紀伊國屋書店。

恩田守雄（2013）「中国農村社会の互助慣行」『流通経済大学社会学部論叢』第24巻第1号。

加島潤（2010）「批評と紹介　E. フリードマン・P.G. ピゴウィッツ・M. セルデン著『中国村落における革命・抵抗・改革』」『東洋学報』第92巻第2号。

加藤弘之編（1995）『中国の農村発展と市場化』世界思想社。

加茂具樹（2018）「民主的制度の包容機能——人代改革の起源と持続」『現代中国の政治制度——時間の政治と共産党支配』慶應義塾大学出版会。

川井悟（1996）「農民と農村幹部」石田浩編著『中国伝統農村の変革と工業化——上海近郊農村調査報告』晃洋書房。

川口幸大（2010）「廟と儀礼の復興，およびその周縁化——現代中国における宗教の一つの位相」小長谷有紀・川口幸大・長沼さやか編『中国における社会主義的近代化——宗教・消費・エスニシティ』勉誠出版。

川瀬由高（2016）「流しのコンバイン――収穫期の南京市郊外農村における即興的分業」東京都立大学・首都大学東京社会人類学会編『社会人類学年報』第 42 号。

川端香男里［ほか］監修（2004）『新版　ロシアを知る事典』平凡社。

韓敏（1999）「人類学のフィールドワークで出会った『衣・食』民俗」『中国 21』（愛知大学現代中国学会）第 6 号。

北原淳（2005）「東アジア地域社会の構造と変動――農村社会を中心として」北原淳編著『東アジアの家族・地域・エスニシティ――基層と動態』東信堂。

厳善平（2002）『農民国家の課題』名古屋大学出版会。

――― （2009）『農村から都市へ――1 億 3000 万人の農民大移動』岩波書店。

洪郁如（2007）「漢族社会における『関係』生成の論理――ある台湾家庭の『礼簿』の分析」『接続』第 7 号。

小島麗逸（1997）『現代中国の経済』岩波新書。

小林一穂・秦慶武・高暁梅・何淑珍・徳川直人・徐光平（2016）『中国農村の集住化――山東省平陰県における新型農村社区の事例研究』御茶の水書房。

笹川裕史・奥村哲（2007）『銃後の中国社会――日中戦争下の総動員と農村』岩波書店。

佐々木衞・柄澤行雄編（2003）『中国村落社会の構造とダイナミズム』東方書店。

佐々木衞（2012）『現代中国社会の基層構造』東方書店。

佐藤寛（2001）『援助と社会関係資本――社会関係資本論の可能性』アジア経済研究所。

佐藤仁史（2011）「回顧される革命――ある老基層幹部のライフヒストリーと江南農村」山本英史編『近代中国の地域像』山川出版社。

清水盛光（1939）『支那社会の研究』岩波書店。

首藤明和（2003）『中国の人治社会――もうひとつの文明として』日本経済評論社。

白石和良（2005）『農業・農村から見る現代中国事情』家の光協会。

菅沼圭輔（2002）「中国農村における耕地利用権の平等分配システム――現状と問題点」『中国研究月報』第 652 号。

鈴木栄太郎（1940）『日本農村社会学原理』（『鈴木榮太郎著作集』第一，二巻）時潮社。

瀬川昌久（1982）「村のかたち――華南村落の特色」『民族学研究』第 47 巻第 1 号。

――― （2004）『中国社会の人類学――親族・家族からの展望』世界思想社。

善教将大（2009）「ローカル・ガバナンス論の中での民間委託――市職員意識調査を用いた実証分析」『政策科学』第 16 号。

仙頭正四郎（2014）『カラー図解　東洋医学　基本としくみ』西東社。

滝田豪（2009）「『村民自治』の衰退と『住民組織』のゆくえ」黒田由彦・南裕子編著『中国における住民組織の再編と自治への模索――地域自治の存立基盤』明石書店。

田原史起（2000）「村落統治と村民自治――伝統的権力構造からのアプローチ」天児慧・菱田雅晴編著『深層の中国社会――農村と地方の構造的変動』勁草書房。

――― （2001）「村落自治の構造分析」『中国研究月報』第 639 号。

――― （2004）『中国農村の権力構造――建国初期のエリート再編』御茶の水書房。

――― （2005）「中国農村における開発とリーダーシップ――北京市遠郊 X 村の野菜卸売市場をめぐって」『アジア経済』第 46 巻第 6 号。

―――（2008）「中国農村の道づくり――『つながり』・『まとまり』・リーダーシップ」竹中千春・高橋伸夫・山本信人編『市民社会（現代アジア研究第2巻）』慶應義塾大学出版会。

―――（2009）「農業産業化と農村リーダー――農民専業合作社成立の社会的文脈」池上彰英・寳劔久俊編『中国農村改革と農業産業化』アジア経済研究所。

―――（2019）「都市＝農村間の人的環流――中露比較の試み」『ODYSSEUS 東京大学大学院総合文化研究科地域文化研究専攻紀要』第23号。

田原史起・松里公孝（2013）「地方ガバナンスにみる公・共・私の交錯」唐亮・松里公孝編著『ユーラシア地域大国の統治モデル』ミネルヴァ書房。

張文明（2006）『中国村民自治の実証研究』御茶の水書房。

秦尭禹著／田中忠仁・永井麻生子・王蓉美訳（2007）『大地の慟哭――中国民工調査』PHP研究所。

塚本隆敏（2010）『中国の農民工問題』創成社。

鄭浩瀾（2009）『中国農村社会と革命――井岡山の村落の歴史的変遷』慶應義塾大学出版会。

丁宗鐵・南伸坊（2014）『丁先生，漢方って，おもしろいです。』朝日出版社。

鳥越皓之（1993）『家と村の社会学（増補版）』世界思想社。

中西徹（1991）『スラムの経済学――フィリピンにおける都市インフォーマル部門』東京大学出版会。

中根千枝（1999）『中国とインド――社会人類の観点から』国際高等研究所。

中村吉治（1956）『村落構造の史的分析――岩手県煙山村』日本評論新社。

新沼星織（2013）「現代農山村家族の医療行動――山形県小国町における実態とその背景」『村落社会研究ジャーナル』第20巻第1号。

聶莉莉（1992）『劉堡――中国東北地方の宗族とその変容』東京大学出版会。

日本村落社会研究会編（2007）『むらの資源を研究する――フィールドからの発想』農山漁村文化協会。

任哲・三輪博樹（2013）「出稼ぎ労働者のガバナンス」唐亮・松里公孝編著『ユーラシア地域大国の統治モデル』ミネルヴァ書房。

浜口允子（2000）「村と幹部」三谷孝他著『村から中国を読む――華北農村五十年史』青木書店。

平野義太郎（1943）「北支村落の基礎要素としての宗族及び村廟」東亜研究所編印『支那農村慣行調査報告書　第一輯』。

広井良典（1997）『ケアを問いなおす――〈深層の時間〉と高齢化社会』ちくま新書。

馮川（2015）「中国農村の農外就業モデルと農村社会における付き合いの『負担』――湖南省常徳市G村・T村の比較分析」『アジア地域文化研究』（東京大学大学院総合文化研究科）11（3月）150-169。

―――（2019）『渾沌の死と生――中国農村基層ガバナンスの苦境とその対応（1980-2015）』東京大学大学院総合文化研究科博士学位論文。

馮文猛（2008）「中国農村における人口流出による家族及び村落への影響――2005年四川

省の実証調査から」『村落社会研究ジャーナル』第15巻第1号。

前野清太朗（2014）「19世紀山東西部の定期市運営をめぐる郷村政治――孔府檔案からの検討」『中国研究月報』第68巻第2号。

増田奏（2009）『住まいの解剖図鑑――心地よい住宅を設計する仕組み』エクスナレッジ。

松村圭一郎（2008）『所有と分配の人類学――エチオピア農村社会の土地と富をめぐる力学』世界思想社。

丸田孝志（2013）『革命の儀礼――中国共産党根拠地の政治動員と民俗』汲古書院。

三谷孝（2013）『現代中国秘密結社研究』汲古書院。

南裕子（2009）「中国農村自治の存立構造と展開可能性」黒田由彦・南裕子編著『中国における住民組織の再編と自治への模索』明石書店。

三宅康之（2013）「中央地方政府間関係の中露印比較――財政制度変更のダイナミズム」唐亮・松里公孝編著『ユーラシア地域大国の統治モデル』ミネルヴァ書房。

宮本常一（1985）『塩の道』講談社学術文庫。

村田雄二郎（1992）「孔教と淫祠　清末廟産興学思想の一側面」『中国　社会と文化』第7号。

莫邦富（2009）『「中国全省を読む」事典』新潮文庫。

毛来霊（2018）「現代の廟会・集市」内山雅生編著『中国農村社会の歴史的展開――社会変動と新たな凝集力』御茶の水書房。

毛里和子（2012）『現代中国政治［第3版］――グローバル・パワーの肖像』名古屋大学出版会。

山下茂（2010）『体系比較地方自治』ぎょうせい。

山田七絵（2015）「中国農村における集団所有型資源経営モデルの再検討――西北オアシス農業地域の事例」『アジア経済』第56巻第1号。

山本秀夫（1965）『中国農業技術体系の展開』アジア経済研究所。

林梅（2014）『中国朝鮮族村落の社会学的研究――自治と権力の相克』御茶の水書房。

渡邊欣雄（1991）『漢民族の宗教――社会人類学的研究』第一書房。

渡辺雅子（2007）「巨大化する都市と蓄積される貧困――ラテンアメリカ」北川隆吉・有末賢編著『都市社会研究の歴史と方法』文化書房博文社。

## 英　語

Bernstein, Thomas P. and Xiaobo Lü（2003）*Taxation without Representation in Contemporary Rural China*, Cambridge, UK: Cambridge University Press.
Bevir, Mark（2009）*Key Concepts in Governance*, London: SAGE Publications.
Blecher, Marc and Vivienne Shue（1996）*Tethered Deer: Government and Economy in a Chinese County*, Stanford, Calif.: Stanford University Press.
Chen, Yixin（2011）"Under the Same Maoist Sky: Accounting for Death Rate Discrepancies in Anhui and Jiangxi," Kimberley Ens Manning and Felix Wemheuer eds., *Eating Bitterness: New Perspectives on China's Great Leap Forward and Famine*, Vancouver: UBC Press.

Donnithorne, Audrey (1972) "China's Cellular Economy: Some Economic Trends since the Cultural Revolution," *The China Quarterly*, 52.

Duara, Prasenjit (1988) *Culture, Power, and the State; Rural North China 1900-1942*, Stanford: Stanford University Press.

Embree, John F. (1939) *Suye Mura: A Japanese Village*, Chicago: University of Chicago Press（＝ジョン・F・エンブリー著／植村元覚訳『日本の村——須恵村』日本経済評論社，1978 年）.

Eyferth, Jacob (2009) *Eating Rice from Bamboo Roots: the Social History of a Community of Handicraft Papermakers in Rural Sichuan, 1920-2000*, Cambridge, Mass.: Harvard University Press.

Fei, Hsiao-tung and Chih-I Chang (1945) *Earthbound China: A Study of Rural Economy in Yunnan*, Chicago, Ill.: University of Chicago Press.

Friedman, Edward, Paul Pickowicz, and Mark Selden (1991) *Chinese Village, Socialist State*, New Haven and London: Yale University Press.

——— (2005) *Revolution, Resistance, and Reform in Village China*, New Haven: Yale University Press.

Gao, Wangling (2011) "A Study of Chinese Peasant 'Counter-Action'," Kimberley Ens Manning and Felix Wemheuer eds., *Eating Bitterness: New Perspectives on China's Great Leap Forward and Famine*, Vancouver: UBC Press.

Gel'man, Vladimir (2008) "Party Politics in Russia: From Competition to Hierarchy," *Europe-Asia Studies*, 60(6).

Giddens, Anthony (1985) *The Nation-state and Violence*, Cambridge: Polity Press（＝アンソニー・ギデンズ著／松尾精文・小幡正敏訳『国民国家と暴力』而立書房，1999 年）.

He, Baogang (2007) *Rural Democracy in China: The Role of Village Elections*, New York: Palgrave Macmillan.

Hou, Xiaoshuo (2013) *Community Capitalism in China: The State, the Market, and Collectivism*, New York: Cambridge University Press.

Hu, Biliang (2007) *Informal Institutions and Rural Development in China*, London: Routledge.

Huang, Philip C.C. (1985) *The Peasant Economy and Social Change in North China*, Stanford, California: Stanford University Press.

Huang, Shu-min (1998) *The Spiral Road: Change in a Chinese Village through the Eyes of a Communist Party Leader*, Second Edition, Boulder: Westview Press.

Judd, Ellen R. (1994) *Gender and Power in Rural North China*, Stanford: Stanford University Press.

Keister, Lisa A. and Victor G. Nee (2001) "The Rational Peasant in China: Flexible Adaptation, Risk Diversification, and Opportunity", *Rationality and Society*, 13(1).

Kipnis, Andrew B. (1997) *Producing Guanxi: Sentiment, Self, and Subculture in a North China Village*, Durham: Duke University Press.

Levitsky, Steven and Lucan A. Way (2010) *Competitive Authoritarianism: Hybrid Regimes after the Cold War*, Cambridge [England]; New York: Cambridge University Press.

Li, Huaiyin 2009. *Village China under Socialism and Reform: A Micro History, 1948-2008*, Stanford, Calif.: Stanford University Press.

Lin, Yutang (1939) *My Country and My People*, New York: J. Day（＝林語堂著／鋤柄治郎訳『中国＝文化と思想』講談社学術文庫，1999 年）.

Matsuzato, Kimitaka and Fumiki Tahara (2014) "Russia's Local Reform of 2003 from a Historical Perspective: A Comparison with China," *Acta Slavica Iaponica*, 34.

Moore, Barrington (1966) *Social Origins of Dictatorship and Democracy: Lord and Peasant in the Making of the Modern World*, Boston: Beacon Press（＝バリントン・ムーア Jr. 著／宮崎隆次ほか訳『独裁と民主政治の社会的起源——近代世界形成過程における領主と農民』岩波書店 1986-1987 年）.

Naughton, Barry (2018) *The Chinese Economy: Adaptation and Growth (2nd edition)*, Cambridge, Massachusetts and London, MIT Press.

Oi, Jean C. (1989) *State and Peasant in Contemporary China; Political Economy of Village Government*, Berkeley: University of California Press.

Parish, William L. and Martin K. Whyte (1978) *Village and Family in Contemporary China*, Chicago: The University of Chicago Press.

Pietz, David A. (2015) *The Yellow River: the Problem of Water in Modern China*, Cambridge: Harvard University Press.

Popkin, Samuel L. (1979) *The Rational Peasant: The Political Economy of Rural Society in Vietnam*, Berkeley: University of California Press.

Putnam, Robert D. (2000) *Bowling Alone: The Collapse and Revival of American Community*, New York, N.Y.: Simon and Schuster（＝ロバート・D・パットナム著／柴内康文訳『孤独なボウリング——米国コミュニティの崩壊と再生』柏書房，2006 年）.

Ruf, Gregory A., (1998) *Cadres and Kin: Making a Socialist Village in West China, 1921-1991*, Stanford: Stanford University Press.

Scott, James C. (1976) *The Moral Economy of the Peasant: Rebellion and Subsistence in Southeast Asia*, New Haven: Yale University Press（＝ジェームス・C・スコット著／高橋彰訳『モーラル・エコノミー——東南アジアの農民叛乱と生存維持』勁草書房，1999 年）.

——— (1985) *Weapons of the Weak: Everyday Forms of Peasant Resistance*, New Haven: Yale University Press.

Seybolt, Peter J. (1996) *Throwing the Emperor from His Horse; Portrait of a Village Leader in China, 1923-1995*, Boulder: Westview Press.

Shigetomi, Shinichi and Ikuko Okamoto eds. (2014) *Local Societies and Rural Development: Self-organization and Participatory Development in Asia*, Cheltenham and Northempton: Edward Elgar Publishing, Inc.

Skinner, G. William (1964, 65) "Marketing and Social Structure in Rural China," *The*

*Journal of Asian Studies*, 24(1, 2, 3)（＝G.W. スキナー著／今井清一・中村哲夫・原田良雄訳『中国農村の市場・社会構造』法律文化社，1979 年）.

Song, Jing (2017) *Gender and Employment in Rural China*, Abingdon, Oxon: Routledge.

Tahara, Fumiki (2013) "Principal, Agent or Bystander? Governance and Leadership in Chinese and Russian Villages," *Europe-Asia Studies*, 65(1).

—— (2015a) "Client, Agent or Bystander? Patronage and Village Leadership in India, Russia and China," Shinichiro Tabata ed., *Eurasia's Regional Powers Compared: China, India, Russia*, London and New York: Routledge.

—— (2015b) "Book Review: Shinichi Shigetomi and Ikuko Okamoto eds., Local Societies and Rural Development: Self-organization and Participatory Development in Asia," *Development Economy*, 53(4).

—— (2016) "A Village Perspective on Competitive Authoritarianism in Russia," *ODYSSEUS* (Department of Area Studies, Graduate School of Arts and Sciences, The University of Tokyo), 20.

Tawney, R. H. (1932) *Land and Labor in China*, London: George Allen and Unwin（＝R. H. トーネイ著／浦松佐美太郎・牛場友彦訳『支那の農業と工業』岩波書店，1935 年）.

Thøgersen, Stig (2002) *A County of Culture: Twentieth-century China Seen from the Village Schools of Zouping, Shandong*, Ann Arbor: University of Michigan Press.

Tsai, Lily L. (2007) *Accountability without Democracy: Solidary Groups and Public Goods Provision in Rural China*, New York: Cambridge University Press.

United Nations (2014) *Revision of World Urbanization Prospects* (https: //esa.un.org/unpd/wup/; accessed on 5th February, 2018).

Vermeer, Eduard B. (1998) "Decollectivization and Functional Change in Irrigation Management in China," Eduard B.Vermeer, Frank N. Pieke, and Woei Lien Chong eds., *Cooperative and Collective in China's Rural Development: Between State and Private Interests*, Armonk, N.Y.: M.E. Sharpe.

Visaria, Pravin (1997) "Urbanization in India: An Overview," Gavin W. Jones and Pravin Visaria eds., *Urbanization in Large Developing Countries: China, Indonesia, Brazil, and India*, Oxford, New York: Clarendon Press.

Wang, Dan (2013) *The Demoralization of Teachers: Crisis in a Rural School in China*, Plymouth, UK: Lexington Books.

Wilkinson, Steven I. (2007) "Explaining Changing Patterns of Party-Voter Linkages in India," Herbert Kitschelt and Steven I. Wilkinson eds. *Patrons, Clients, and Policies: Patterns of Democratic Accountability and Political Competition*, New York; Cambridge: Cambridge University Press.

Xia, Ming (2008) *The People's Congresses and Governance in China: toward a Network Mode of Governance*, Abingdon, Oxon: Routledge.

Xu, Yong (2014) "China's Household Tradition and Its Rural Development Path: With Reference to Traditional Russian and Indian Village Communities," *Social Sciences*

*in China*, 35(3).

Yamada, Nanae (2014) "Communal Resource-driven Rural Development: the Salient Feature of Organizational Activities in Chinese Villages," Shinichi Shigetomi and Ikuko Okamoto eds., *Local Societies and Rural Development: Self-organization and Participatory Development in Asia*, Edward Elgar Publishing, Inc.

Zhang, Li, Richard LeGates, and Min Zhao (2016) *Understanding China's Urbanization: the Great Demographic, Spatial, Economic, and Social Transformation*, Cheltenham and Northampton: E. Elgar.

Zhong, Yang (2003) *Local Government and Politics in China: Challenges from Below*, Armonk, N.Y.: M.E. Sharpe.

Zweig, David. (1989) *Agrarian Radicalism in China: 1968-1981*, Cambridge, Mass.: Harvard University Press.

**中国語**

陳柏峰（2016）「富人治村的類型与機制研究」『北京社会科学』2016 年第 9 期。

陳峰（2015）「分利秩序与基層治理内巻化：資源輸入背景下的郷村治理邏輯」『社会』2015 年第 3 期。

陳濤（2009）『村将不村——鄂中村治模式』済南：山東人民出版社。

崔俊敏（2008）「基于第三種力量的農村公共産品共給模式」『商場現代化』第 558 期。

崔山磊・李睿（2007）「新農村建設背景下郷村外出精英的郷土回帰——以河南省 C 県実施"回帰工程"為例」『斉斉哈爾大学学報』（哲学社会科学版）2007 年第 2 期。

狄金華（2015）『被困的治理——河鎮的複合治理与農戸策略（1980-2009）』北京：生活・読書・新知三聯書店。

狄金華・鐘漲宝（2014）「変遷中的基層治理資源及其治理績効」『社会』2014 年第 1 期。

丁衛（2009）『複雑社会的簡約治理』済南：山東人民出版社。

董海軍（2008a）「作為武器的弱者身份——農民維権抗争的底層政治」『社会』2008 年第 4 期。

———（2008b）『塘鎮——郷鎮社会的利益博弈与協調』北京：社会科学文献出版社。

董世華（2016）『西部農村寄宿制小学功能定位及実現路径研究——基于義務教育均衡発展視角』北京：中国社会科学出版社。

竇相武（2016）「我所了解的西和県農業学大寨運働始末」中国人民政治協商会議西和県委員会編『西和文史資料』第五輯，蘭州：甘粛文化出版社。

段学紅（2013）「石家荘集市与廟会初探」『石家荘職業技術学院学報』第 25 巻第 5 期。

樊紅敏（2013）『転型中的県域治理　結構，行為与変革——基于中部地区 5 個県的個案研究』北京：中国社会科学出版社。

範麗珠（2006）「公益活働与中国郷村社会資源」『社会』2006 年第 5 期。

方李莉（2009）「従遺産到資源——西部人文資源研究」『民族芸術』2009 年第 2 期。

費孝通（1938）「江村経済」（『費孝通文集』第二巻，北京：群言出版社，1999 年）。

———（1948）「郷土中国」（『費孝通文集』第五巻，北京：群言出版社，1999 年）。

高王淩（2006）『人民公社時期中国農民“反行為”調査』北京：中共党史出版社。
貴州省晴隆県志編纂委員会編（1993）『晴隆県志』貴陽：貴州人民出版社。
国家統計局編（2007）『中国統計年鑑 2007』北京：中国統計出版社。
国家統計局農村社会経済調査司編（2011）『2011 中国県（市）社会経済統計年鑑』北京：中国統計出版社。
国家統計局住戸調査弁公室編（2017）『中国住戸調査年鑑 2017』北京：中国統計出版社。
甘満堂（2007）『村廟与社区公共生活』北京：社会科学文献出版社。
郭亮（2009）「従“救済”到“治理手段”？　当前農村低保政策的実践分析——以河南 F 県 C 鎮為例」『四川行政学院学報』2009 年第 6 期。
国務院第二次全国農業普査領導小組弁公室・中華人民共和国国家統計局編（2009a）『中国第二次全国農業普査資料彙編（農村巻）』北京：中国統計出版社。
———（2009b）『中国第二次全国農業普査資料彙編（農民巻）』北京：中国統計出版社。
何紹輝（2012）「“過日子”　農民日常維権行働的分析框架——以湘中 M 村移民款事件為例」『中国農村観察』2012 年第 6 期。
賀雪峰（2012）『組織起来——取消農業税後農村基層組織建設研究』済南：山東人民出版社。
———（2013）『新郷土中国（修訂版）』北京：北京大学出版社。
———（2014）『城市化的中国道路』北京：東方出版社。
賀雪峰等（2017）『南北中国——中国農村区域差異研究』北京：社会科学文献出版社。
賀雪峰・徐揚（1999）「村級治理——要解決的問題和可借用的資源」『中国農村観察』1999 年第 3 期。
賀雪峰・袁松・宋麗娜等（2010）『農民工返郷研究——以 2008 年金融危機対農民工返郷的影響為例』済南：山東人民出版社。
侯紅霞（2011）「村庄治理資源配置情況的働態分析——以太原市三個城郊村庄為例」『生産力研究』第 11 期。
胡有智（2004）「西和県七十年代糧食生産情況分析」政協西和県委員会編印『西和文史資料』第二輯。
徽県志編纂委員会編（2003）『徽県志』西安：陝西人民出版社。
李波（2007）「滇西北郷村民主実践与資源管理的関係研究——迪慶蔵族自治州一個蔵族社区的案例研究」何俊・班傑明・許建初主編『郷村治理—村民自治—自然資源管理』北京：中国農業大学出版社。
李傑瑾（2015）『論黔西南晴隆県長流郷喇叭苗山歌』貴州民族大学人文科技学院畢業論文。
劉凡富（2007）「北盤江的苗族（原喇叭人）」中国人民政治協商会議黔西南州委員会編印『黔西南苗族文史資料専輯』。
劉倩（2004）『南街社会』上海：学林出版社。
劉陽（2011）「民族地区治理中軟性治理資源的運用探析——以寧夏回族自治区為例」『法制与社会』2011 年第 8 期（下）。
盧福営（2010）『能人政治——私営企業主治村現象研究』北京：中国社会科学出版社。
駱建健（2009）『十字路口的小河村——蘇北村治模式初探』済南：山東人民出版社。

羅興佐（2002）「第三種力量」『浙江学刊』2002 年第 1 期。
———（2004）「論村荘治理資源——江西龍村村治過程分析」『中国農村観察』第 56 期。
———（2006）『治水　国家介入与農民合作——荊門五村水利研究』武漢：湖北人民出版社。
呂小莉（2014）「農民上訪的弾性邏輯与算計理性——四川田村上訪故事的個案研究（1995-2011）」『中国農村研究』2014 年第 1 期。
馬世勝（1999）「售租結合——村企改制的有益嘗試」『中国郷鎮企業』1999 年第 8 期。
馬向陽（2015）「村域視野下的民間信仰与“祭祀圏”——以西和県馮村春節祭祀家神為例」『天水師範学院学報』第 35 巻第 1 期。
梅志罡（2000）「伝統社会文化背景下的均衡型村治——一個個案的調査分析」『中国農村観察』2000 年第 2 期。
苗月霞（2008）『中国郷村治理模式変遷的社会資本分析——人民公社与“郷政村治”体制的比較研究』哈爾濱：黒竜江人民出版社。
蓬萊市檔案局・蓬萊市民政局編印（2001）『蓬萊区劃概覧』。
蓬萊県農業区劃委員会弁公室編印（1986）『蓬萊県農業区劃』。
山東省蓬萊市史志編纂委員会編（1995）『蓬萊県志』済南：斉魯書社。
孫潭鎮主編（1995）『現代中国農村財政問題研究』北京：経済科学出版社。
田先紅（2012）『治理基層中国——橋鎮信訪博弈叙事 1995-2009』北京：社会科学文献出版社。
田原史起（2012）『日本視野中的中国農村精英——関係，団結，三農政治』済南：山東人民出版社。
仝志輝（2004）『選挙事件与村庄政治』北京：中国社会科学出版社。
———（2005）『農村民間組織与中国農村発展——来自個案的経験』北京：中国社会科学出版社。
———（2006）「農民国家観念形成機制的求解——以江西遊村為個案」黄宗智主編『中国郷村研究（第四輯）』北京：社会科学文献出版社。
仝志輝・賀雪峰（2002）「村庄権力結構的三層分析——兼論選挙後村級権力的合法性」『中国社会科学』2002 年第 1 期。
王紅生（2011）『郷場，市場，官場——徐村精英与変動中的世界』上海：上海辞書出版社。
王暁毅（1999）「国家，市場与村荘——対村荘集体経済的一種解釈」中国社会科学院農村発展研究所組織与制度研究室編『大変革中的郷土中国——農村組織与制度変遷問題研究』北京：社会科学文献出版社。
『我愛黔西南』編委会編（1991）『我愛黔西南』貴陽：貴州教育出版社。
呉南（2013）『西部資源匱乏性社区村民自治研究——以陝西農村為例』北京：社会科学文献出版社。
呉毅（2002）「缺失治理資源的郷村権威与税費征収中的干群博弈——兼論郷村社会的国家政権建設」『中国農村観察』2002 年第 4 期。
呉毅・李徳瑞（2007）「二十年農村政治研究的演進与転向——兼論一段公共学術運働的興起与終結」呉毅主編『郷村中国評論　第 2 輯』済南：山東人民出版社。

西和県統計局編印（2007）『西和県国民経済及社会発展統計資料（2006）』。

———（2008）『西和県国民経済及社会発展統計資料（2007）』。

西和県志編纂委員会編（1997）『西和県志』西安：陝西人民出版社。

———（2014）『西和県志 1996-2013』蘭州：甘粛文化出版社。

夏敏（2015）『当代中国農村地区社会資本研究』北京：社会科学文献出版社。

項継権（2002）『集体経済背景下的郷村治理——南街，向高，方家泉村村治実証研究』武漢：華中師範大学出版社。

肖唐鏢等（2001）『村治中的宗族——対九個的調査与研究』上海：上海書店出版社。

徐勇（1997）『中国農村村民自治』武漢：華中師範大学出版社。

煙台市水利局史志弁公室編印（1991）『煙台市水利志』。

楊克棟（1985）「対西和森林資源現状分析和進一歩発展林業的幾点意見（1985 年 4 月 6 日）」未刊稿。

応星（2001）『大河移民上訪的故事』北京：生活・読書・新知三聯書店。

———（2011）『“気”与抗争政治：当代中国郷村社会穏定問題研究』北京：社会科学文献出版社。

袁松（2015）『富人治村——城鎮化進程中的郷村権力結構転型』北京：中国社会科学出版社。

袁小平（2004）「弱社区記憶下的村荘権力結構——贛中山区一個自然村落的個案調査」『社会』2004 年第 3 期。

岳謙厚・賀蒲燕（2007）「山西省稷山県農村公共衛生事業述評（1949-1984 年）——以太陽村（公社）為重点考察対象」『当代中国史研究』第 14 巻第 5 期。

占小林（2013）『社会資本対農村公用土地資源自主治理的影響——理論框架与実証研究』長沙：湖南大学出版社。

張浩月（1996）「回憶潘恵民先生」西和県政協文史資料委員会編印『西和文史資料』第一輯。

張君梅（2011）「従民間祠祀的変遷看三教融合的文化影響——以晋東南村廟為考察中心」『文化遺産』2011 年第 3 期。

張廷哲（1996）「西和民国時期的社会軍事訓練和征兵丁」西和県政協文史資料委員会編印『西和文史資料』第一輯。

張楽天（1998）『告別理想——人民公社制度研究』上海：東方出版中心。

張思（2005）『近代華北村落共同体的変遷——農耕結合習慣的暦史人類学考察』北京：商務印書館。

張祝平（2012）「新農村建設中村廟意義的再認識——浙南 Z 村馬氏天仙殿的当代変遷及重建実践考察」『社会科学戦線』2012 年第 7 期。

趙継士（2006）「西礼県六零年大飢荒」政協西和県委員会編印『西和文史資料』第三輯。

趙文（2012）「人民公社時期農村公共産品供給特征研究」『連雲港職業技術学院学報』第 25 巻第 4 号。

折暁葉（1997）『村庄的再造——一個“超級村庄”的社会変遷』北京：中国社会科学出版社。

鄭伝貴（2007）『社会資本与農村社区発展：以贛東項村為例』上海：学林出版社。
中国農業年鑑編輯委員会編（1982）『中国農業年鑑 1981』北京：農業出版社。
中国県域社会経済年鑑編輯部編（2006）『中国県域社会経済年鑑（2000-2005）』北京：中国経済出版社。
中華人民共和国国家統計局編（2011）『中国統計年鑑 2011』北京：中国統計出版社。
———（2016）『中国統計年鑑 2016』北京：中国統計出版社。
中華人民共和国国土資源部編印（2001）『中国国土資源年鑑 2001』。
周伝斌・韓学謀（2016）「劇場，儀式与認同——西北民族走廊唐氏“家神”信仰的人類学考察」『西南民族大学学報』2016 年第 6 期。
朱冬亮（2003）『社会変遷中的村級土地制度』廈門：廈門大学出版社。

**著者略歴**

1967 年　広島県生まれ
1998 年　一橋大学大学院社会学研究科博士課程修了
　　　　博士（社会学）
現　在　東京大学大学院総合文化研究科准教授
専　攻　農村社会学，中国地域研究

**主要著書**

『中国農村の権力構造』（御茶の水書房，2004 年）
『二十世紀中国の革命と農村』（山川出版社，2008 年）
『日本視野中的中国農村精英』（山東人民出版社，2012 年）

草の根の中国
村落ガバナンスと資源循環

2019 年 8 月 22 日　初　版

［検印廃止］

著　者　田原史起《たはらふみき》

発行所　一般財団法人　東京大学出版会
代表者　吉見俊哉
153-0041 東京都目黒区駒場4-5-29
http://www.utp.or.jp/
電話 03-6407-1069　Fax 03-6407-1991
振替 00160-6-59964

組　版　有限会社プログレス
印刷所　株式会社ヒライ
製本所　誠製本株式会社


ISBN 978-4-13-030212-8　Printed in Japan

高原明生・丸川知雄・伊藤亜聖 編　東大塾　社会人のための現代中国講義　二八〇〇円

毛里和子・園田茂人 編　中国問題　三〇〇〇円

溝口雄三・池田知久・小島毅 著　中国思想史　二五〇〇円

卯田宗平 著　鵜飼いと現代中国　七五〇〇円

山下晋司 編　公共人類学　三二〇〇円

高橋哲哉・山影進 編　人間の安全保障　二八〇〇円